高等职业教育系列教材

电工技术基础项目教程

主　编　周永闯　张红丽
副主编　班　晴　何玉婷　周晓利　魏继红
参　编　周俊玲　闪晨曦　李　超　杜　一
主　审　苏海滨

机械工业出版社

本书内容充分考虑高职高专学生目前的知识层次、学习能力和应用能力的实际情况，以基础知识掌握为前提，附加知识的延伸与拓展，方便学有余力的学生对知识有较全面的理解和掌握。本书采用项目式教学形式，全面、系统、深入地讲述了电工技术的基本知识和基本技能。具体内容包括：直流电路的测试分析、正弦交流电路的测试分析、一阶动态电路的测试分析、磁路测试和分析及安全用电技术。

本书具有内容新、理论深度适当、实用性及实践性强等特点，注重基本概念、基本原理和基本分析方法的阐述，注重联系工程实际，突出理论知识的实用性和适度性，可作为高职高专院校电气与电子类各专业电路分析课程的教材，同时也可以作为电学爱好者和相关专业工程技术人员的参考书。

本书配套电子资源包括二维码形式的微课视频、电子课件、习题解答、源程序和参考资料等，需要的教师可登录 www.cmpedu.com 免费注册，审核通过后下载，或联系编辑索取（微信：13261377872；电话：010-88379739）。

图书在版编目（CIP）数据

电工技术基础项目教程 / 周永闯，张红丽主编．—北京：机械工业出版社，2023.6（2025.6 重印）

高等职业教育系列教材

ISBN 978-7-111-73105-4

Ⅰ. ①电⋯　Ⅱ. ①周⋯　②张⋯　Ⅲ. ①电工技术-高等职业教育-教材　Ⅳ. ①TM

中国国家版本馆 CIP 数据核字（2023）第 076137 号

机械工业出版社（北京市百万庄大街 22 号　邮政编码 100037）

策划编辑：李文轶　　　　　　责任编辑：李文轶　周海越
责任校对：郑　婕　赵小花　　责任印制：李　昂

涿州市京南印刷厂印刷

2025 年 6 月第 1 版第 4 次印刷

184mm×260mm・12.5 印张・325 千字

标准书号：ISBN 978-7-111-73105-4

定价：55.00 元

电话服务　　　　　　　　　　网络服务

客服电话：010-88361066　　　机　工　官　网：www.cmpbook.com
　　　　　010-88379833　　　机　工　官　博：weibo.com/cmp1952
　　　　　010-68326294　　　金　　书　　网：www.golden-book.com
封底无防伪标均为盗版　　　　机工教育服务网：www.cmpedu.com

Preface 前言

党的二十大报告指出，要办好人民满意的教育，全面贯彻党的教育方针，落实立德树人根本任务，培养德智体美劳全面发展的社会主义建设者和接班人，加快建设高质量教育体系，发展素质教育，促进教育公平。本书以二十大精神为指导，紧跟职业教育的改革与发展，以服务为宗旨、以就业为导向、以能力为本位，融入当前电工技术的新发展，按照"问题导入-实验-理论-练习-测试"思路编写。本书是郑州电力职业技术学院"双高"建设标志性成果之一，也是河南省教育科学规划一般课题（课题批准号：2023YB0499）研究成果，得到河南省高等学校重点科研项目（项目编号：21B470012）资助。本书通俗易懂、简明实用，便于初学者快速入门和逐步提升。

本书结合高等职业教育的特点，采用项目式教学体系，以学习任务为主线进行授课内容的衔接，每个任务都有相关的任务导入、学习目标、实践操作、总结与提升、知识链接、知识拓展、练习与思考模块。本书的特色主要有：

1）打破传统教学模式，从问题及典型实验导入教学内容。典型实验后附加总结与提升模块，该模块对实验结论及时进行归纳总结，加深学生实践印象；知识链接模块进行相关理论知识的讲解，理论知识链接前面介绍的典型实验，达到理论和实践能力同步提升的目的；练习与思考模块选取典型习题，从实验与理论两个方面综合考核学生学习效果。从编者多年实践教学效果来看，这种模式更加适合目前高职高专学生。

2）理论知识部分附加"注意"要点，该要点是编者多年教学经验的总结，能够提升学生理论认知高度；理论知识部分按照由浅入深的顺序安排，各学校可按照自己学校专业及生源特点进行教学内容的删减。

本书为电气与电子专业基础课程，其任务是使学生掌握从事电类相关职业工种所需的电工通用技术，并为学生学习后续课程、提高全面素质、形成综合职业能力打下基础。

本书由周永闯和张红丽担任主编，周永闯和张红丽对本书的编写思路与编写大纲进行了总体策划，指导全书编写，周永闯对全书进行了统稿。本书共分为5个项目，周永闯编写项目1、项目2和项目4，张红丽和班晴编写项目3，何玉婷编写项目5，周晓利、闪晨曦、周俊玲参与本书视频制作，魏继红、李超、杜一参与本书课件制作。本书由华北水利水电大学苏海滨教授主审。国家电网河南送变电公司技术研发中心主任刘建锋对本书编写提出了很多指导意见，在此表示感谢。

由于编者水平有限，书中难免存在疏漏和不足，敬请广大读者批评指正。

编 者

目录 Contents

前言

项目1 直流电路的测试分析 …… 1

任务1 双电源供电电路基本物理量
　　　测量分析 …… 1
1.1 电路及其基本物理量 …… 4
　1.1.1 电路和电路模型 …… 4
　1.1.2 电路的基本物理量 …… 6
　1.1.3 电路的工作状态 …… 11
　1.1.4 电气设备的额定值 …… 12
[知识拓展] 用电能表测量家电功耗的
　　　　　简易方法 …… 12
[练习与思考] …… 13
任务2 惠斯通电桥电路测量分析 …… 14
1.2 电路基本元件及连接方式 …… 17
　1.2.1 欧姆定律 …… 17
　1.2.2 电路基本元件 …… 17
　1.2.3 元件串并联与混联电路 …… 25
[知识拓展] 常见的电阻、电容与电感 …… 30
[练习与思考] …… 31
任务3 双电源供电电路基尔霍夫
　　　定律的测试分析 …… 32
1.3 基尔霍夫定律及支路电流法 …… 34
　1.3.1 基尔霍夫定律 …… 34
　1.3.2 支路电流法 …… 37

[知识拓展] 电阻的主要参数与电阻值的
　　　　　表示方法 …… 38
[练习与思考] …… 40
任务4 双电源供电电路等效电路分析 …… 41
1.4 戴维南、诺顿定理及电源等效
　　变换 …… 43
　1.4.1 戴维南定理 …… 43
　1.4.2 诺顿定理 …… 45
　1.4.3 电压源与电流源的等效变换 …… 45
[知识拓展] 最大功率输出问题 …… 49
[练习与思考] …… 50
任务5 双电源供电电路综合应用
　　　分析 …… 52
1.5 网孔电流法、节点电压法及叠加
　　定理 …… 54
　1.5.1 网孔电流法 …… 54
　1.5.2 节点电压法 …… 55
　1.5.3 叠加定理 …… 57
[知识拓展] 非线性电阻电路的分析
　　　　　方法 …… 58
[练习与思考] …… 59

项目 2 正弦交流电路的测试分析 ······ 62

任务 1 白炽灯电路元件参数的测试分析 ······ 62

2.1 交流电基本概念与交流电的运算 ······ 64
    2.1.1 正弦交流电路基本概念 ······ 64
    2.1.2 正弦量相量表示法 ······ 68
    2.1.3 单一参数的交流电路 ······ 71

[知识拓展] 中国电力"一特四大"战略和"三华"特高压同步电网 ······ 78

[练习与思考] ······ 78

任务 2 三相异步电动机单相空载运行电路分析 ······ 81

2.2 交流电串联、并联及混联电路分析 ······ 84
    2.2.1 RLC 串联交流电路 ······ 84
    2.2.2 GLC 并联交流电路 ······ 88
    2.2.3 正弦交流混联电路分析 ······ 90
    2.2.4 电路中的谐振 ······ 92

[知识拓展] 全球能源态势 ······ 95

[练习与思考] ······ 96

任务 3 荧光灯电路功率因数提高测试分析 ······ 97

2.3 正弦交流电路功率及功率因数的提高 ······ 98
    2.3.1 正弦交流电路功率 ······ 99
    2.3.2 正弦交流电路功率因数的提高 ······ 101

[知识拓展] 荧光灯的工作原理及维修方法 ······ 103

[练习与思考] ······ 105

任务 4 三相交流电路的测量分析 ······ 106

2.4 三相交流电路 ······ 109
    2.4.1 三相电源 ······ 110
    2.4.2 三相负载 ······ 113
    2.4.3 三相功率 ······ 115

[知识拓展] 家庭用电线路安装与设计简介 ······ 117

[练习与思考] ······ 119

项目 3 一阶动态电路的测试分析 ······ 122

任务 1 闪光灯电路分析 ······ 122

3.1 动态电路的描述与一阶 RC 电路的分析 ······ 124
    3.1.1 动态电路的描述 ······ 124
    3.1.2 一阶 RC 电路的分析 ······ 128

[知识拓展] 储能技术发展方向 ······ 133

[练习与思考] ······ 134

任务 2 汽车电子点火电路分析 ······ 135

3.2 一阶 RL 电路的分析与三要素法 ······ 137
    3.2.1 一阶 RL 电路的分析 ······ 138
    3.2.2 一阶电路的三要素法 ······ 142

[知识拓展] 电源技术发展方向 ······ 143

[练习与思考] ······ 144

项目 4 磁路测试和分析 ……………………………………………… 145

任务 1　磁性材料与磁路应用 ……… 145

4.1　磁路 ……………………………… 147
　　4.1.1　磁场的几个基本物理量 …… 148
　　4.1.2　常用铁磁材料及其特性 …… 151
　　4.1.3　磁路基本定律 ……………… 155
　　4.1.4　电磁感应定律 ……………… 159

[知识拓展]　电磁储能与干簧式继电器
　　　　　　简介 ……………………… 161

[练习与思考] ……………………………… 162

任务 2　单相变压器磁路分析 ……… 165

4.2　变压器 …………………………… 167
　　4.2.1　变压器基本概念 …………… 168
　　4.2.2　特殊用途变压器 …………… 172

[知识拓展]　霍尔元件简介 …………… 173

[练习与思考] ……………………………… 174

项目 5 安全用电技术 ……………………………………………… 177

任务 1　预防触电的安全措施训练 …… 177

5.1　电工安全基础知识 ……………… 178
　　5.1.1　预防触电的基本知识 ……… 178
　　5.1.2　触电事故断电操作方法 …… 183

[知识拓展]　国家电网组织总体架构与
　　　　　　各层功能定位 …………… 185

[练习与思考] ……………………………… 185

任务 2　触电急救与电气火灾处理 …… 186

5.2　触电急救与电气火灾 …………… 187
　　5.2.1　触电急救 …………………… 187
　　5.2.2　电气火灾 …………………… 188

[知识拓展]　两个替代与全球能源观 …… 190

[练习与思考] ……………………………… 193

参考文献 …………………………………………………………… 194

项目 1　直流电路的测试分析

教学导航

本项目介绍电路的基本概念、基本定律和基本分析方法，主要有电路的组成和作用、电路和电路模型、电路的基本物理量、电压和电流的参考方向、电位的概念及计算、电路的基本定律（欧姆定律、基尔霍夫定律、叠加定理和戴维南定理等）、电路的综合分析方法。

任务 1　双电源供电电路基本物理量测量分析

[任务导入]

作为电力系统中一名电气设备运行与维护人员，日常巡视工作的一部分是观察分析电气设备相关的基本物理量，这些基本物理量的值要在正常范围内，超出正常值表明电气设备出现异常，需要给予重点关注，那么电气设备的基本物理量有哪些？这些物理量又该如何测量呢？电气设备的额定值（正常值）是怎么定义的？在电气设备的哪些地方可以找到电气设备额定值？电气设备在额定电压下工作时其工作电流是否一定是额定电流呢？完成任务 1 的学习后这些问题将得到很好的解答。

[学习目标]

1）了解电流、电压、电位、电动势、功率、电能的概念。
2）掌握电流的测量分析方法。
3）掌握电压、电位、电动势的测量分析方法。
4）掌握功率的计算方法。
5）掌握功率的测量方法。

[工作任务]

图 1-1-1 为双电源供电电路，U_{S1}=15V、U_{S2}=12V、R_1=100Ω、R_2=200Ω，各元件都有其额定值，在双电源供电方式下，需要测量流过各元件的电流及各元件两端的电压。在实际工作中会把这些额定值通过测量装置进行监测，一旦出现异常将会报警。本次任务是识别图 1-1-1 中各元件额定值，并测量验证元件实际运行值。

[任务仿真]

教师使用 Multisim 软件按照图 1-1-1 连接双电源供电电路。

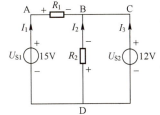

图 1-1-1　双电源供电电路图

连接好电路后,教师分别使用电流表测量各支流电流,使用电压表测量任意两点之间电压,使用功率表测量各元件功率,测量时要求学生注意电流表、电压表、功率表极性、量程、连接方法及读数。

[任务实施]

电路中基本元件及基本物理量的分析很重要,所以首先要学会使用常用仪表对电路中的基本元件及物理量进行测量分析,再使用电路的基本理论进行理论方面的分析计算,最后验证理论分析和实际测量的一致性。理论分析和实际测量是学习电工技术的两个重要方面,缺一不可,不能只重视理论分析能力,而忽略动手实践能力。

1. 认识元件、连接电路

1)元件模型。在电工技术的电路原理图中,不可能把每个元件都完全按照其原型画出来,只能用一些特定符号来表示。

电路中基本理想元件有 5 种:电阻元件、电感元件、电容元件、理想电压源和理想电流源。它们都是通过两个连接端子与电路相连的,因此又称二端元件。基本理想电路元件符号如图 1-1-2 所示,均由图形符号和文字符号组成,请学生将电路元件符号与实物模型对照学习。

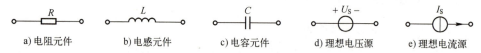

图 1-1-2 基本理想电路元件符号

2)连接电路。按照图 1-1-1 所示的实验电路连接电路。

2. 测量分析直流电路的电流

1)直流电流表的使用。在测量直流电路的电流时,需要将直流电流表串联接入电路中,如图 1-1-3 所示。图 1-1-1 中电流方向为假设方向,假设方向可以任意,但是测量时一定要让假设电流从直流电流表的正极流入、负极流出,同时还需要正确估计被测值,从而选取直流电流表的适当量程。电流表的内阻很小,在某些情况下可以忽略不计。

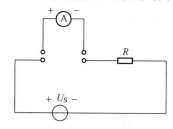

图 1-1-3 直流电流表的使用

2)测量分析直流电流。测量图 1-1-1 中各元件上的电流 I_1、I_2、I_3,并将数据填入表 1-1-1 中,测出的电流为正说明假设电流方向和实际方向相同,测出的电流为负说明假设电流方向和实际方向相反,根据测量出的电流值分析是否超过元件额定电流值。

表 1-1-1 电流的测定 （单位:A）

元件电流	I_1	I_2	I_3
测量值			

3. 测量分析直流电路的电压、电位

1）直流电压表的使用。在测量直流电路中某个元件两端的电压时，需要将直流电压表的两极接在待测元件两端，与待测元件并联，如图 1-1-4 所示，直流电压表的正极接参考高电位点，负极接参考低电位点；同时，还应正确估计被测值，从而选取电压表的适当量程。测量电路中某点电位时，直流电压表的负极需要接参考点，正极接待测点。

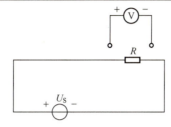

图 1-1-4　直流电压表的使用

直流电压表的内阻很大，一般情况下可以忽略它对电路的影响。

2）测量分析直流电压、电位。分别以图 1-1-1 中的 A、B 点作为电位参考点，测量电路中其他各点的电位值及相邻两点之间的电压值 U_{AB}、U_{AC}、U_{AD}、U_{BC}、U_{BD}、U_{BA}，将测得的数据填入表 1-1-2 中。

表 1-1-2　电位、电压的测定　　　　　　　　　　　　　　　（单位：V）

电位参考点	电位				电压					
	V_A	V_B	V_C	V_D	U_{AB}	U_{AC}	U_{AD}	U_{BC}	U_{BD}	U_{BA}
A										
B										

3）观察实验数据后思考两个问题：①电位参考点不同，各点电位是否相同；②电位参考点不同，两点之间的电压是否相同。为了使实验结果更具普遍性，可以在教师指导下改变元件参数进行多次测量，查看实验结果是否具有普遍性。

4. 测量分析直流电路功率

使用一个直流电流表和一个直流电压表就能测量计算出电路元件产生的功率，具体电路如图 1-1-5 所示。

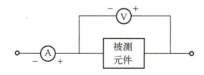

图 1-1-5　测量直流电路元件产生的功率

其中，电流表与被测元件串联，电压表与被测元件并联。电流表和电压表参考方向一致，被测元件产生的功率为两表读数的乘积；电流表和电压表参考方向不一致，被测元件产生的功率为两表读数的乘积的相反数。用此方法，测量图 1-1-1 所示电路中各元件产生的功率，填入表 1-1-3 中，功率大于零为负载，功率小于零为电源。

表 1-1-3　功率计算

测量项目	U_{S1}	U_{S2}	R_1	R_2
电压/V				
电流/A				
功率/W				
电源/负载				

5．测量交流电路的电压、电流

1）交流电流表。交流电流表与直流电流表不同，它<u>不用区分正、负极，只需选择适当量程将其串入电路即可</u>。

2）交流电压表。交流电压表与直流电压表不同，它<u>不用区分正、负极，只需选择适当量程将其并联在待测电路两端即可</u>。

[总结与提升]

测量电流时电流表应串联到电路中，测量电压时电压表应并联到电路中，测量时要注意表的量程、极性、被测量的性质和读数方法。一个复杂的直流电路，当电路中物理量方向不确定时，需要先假设电流方向，然后让电压方向和电流方向保持一致，测量时根据参考方向进行仪表连接，测量值为正表明实际方向和假设方向相同，测量值为负表明实际方向和假设方向相反。测量功率时，电流和电压参考方向一致，被测元件产生的功率为两表读数的乘积。

电位是相对量，和参考点选取有关；电压是绝对量，和参考点选取无关。一般直流电路选取电源负极为零电位点，交流电路选取大地为零电位点。

[知识链接]

1.1 电路及其基本物理量

> 大学生要把正确的道德认知、自觉的道德养成、积极的道德实践紧密结合起来，自觉树立和践行社会主义核心价值观，带头倡导良好社会风气。

1.1.1 电路和电路模型

（1）电路的定义　电流流通的路径叫作电路。

（2）电路的组成　手电筒电路、单个照明灯电路是实际应用中较为简单的电路，而电动机电路、雷达导航设备电路、计算机电路、电视机电路是较为复杂的电路，但不管简单还是复杂，<u>电路的组成部分都离不开 3 个基本环节：电源（又称为激励）、负载和中间环节（导线、开关等）</u>。电路工作前提是 3 个基本环节必须构成闭合回路，构不成闭合回路就无法产生持续电流（由激励在电路中产生的电压和电流也称为响应）。图 1-1-6 为手电筒实际电路。带电粒

1-1-2
电路及电路模型

子从电源一端出发经过中间环节和负载到达电源另一端形成闭合回路，从而产生持续电流，这个电路就可以正常工作。

（3）电路的作用　工程应用中的实际电路按照功能的不同可分为两大类：一是完成能量的传输、分配和转换的电路，这类电路的特点是大功率、大电流，如照明电路，电能传递给白炽灯，白炽灯将电能转化为光能和热能；二是实现对电信号的传递、变换、储存和处理的电路，图 1-1-7 所示为一个扩音机的工作过程。传声器将声音的振动信号转换为电信号即相应的电压和电流，经过放大器处理后，通过电路传递给扬声器，再由扬声器还原为声音。这类电路的特点是小功率、小电流。

（4）电路模型　在电路理论中，为了方便实际电路的分析和计算，通常在工程允许的条件下对实际电路进行模型化处理，也称为建模。建模时必须考虑实际工作条件，例如在直流情况下一个线圈模型可以是一个电阻元件，在交流低频率情况下，就要用电阻元件和电感元件的串联组合建模，在交流高频率情况下，还应考虑导体表面的电荷作用即电容效应，其电路模型还应包含有电容元件。在模拟电子技术中，晶体管在不同频率下采用的电路模型也是不同的，模型的选择影响到实际电路分析和计算的准确性和复杂度，模型太复杂会造成分析困难，模型太简单不足以反映实际电路的真实情况，所以建模问题至关重要。在所研究问题的允许范围内，将实际电路元件理想化而得到的足以反映实际元件电磁性质的理想电路元件或它们的组合称为该实际元件的理想电路元件，简称电路元件。由理想电路元件相互连接组成的电路称为电路模型。例如图 1-1-6 的实际电路，电池对外提供电压的同时，内部也有电阻消耗能量，所以电池用电动势 U_S 和内阻 R_0 两个理想电路元件的串联组合来表示；灯除了具有消耗电能的性质（电阻性）外，通电时还会产生磁场，具有电感性，但电感微弱，可忽略不计，所以可认为灯是一个电阻元件，用 R_L 表示；连接导线消耗电能很少，可忽略不计，用无电阻的导线代替。图 1-1-8 所示为图 1-1-6 的电路模型。

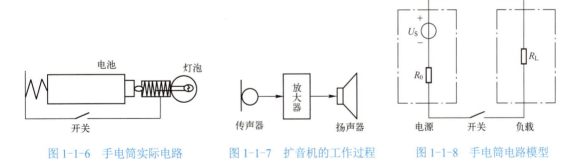

图 1-1-6　手电筒实际电路　　　　图 1-1-7　扩音机的工作过程　　　　图 1-1-8　手电筒电路模型

用规定的电路符号表示各种理想电路元件，连接而得到的电路模型称为电路原理图，简称电路图。电路图只反映电气设备在电磁方面相互联系的实际情况，而不反映它们的几何尺寸、位置等信息。

实际电路可分为集总参数电路和分布参数电路两大类。当一个实际电路的几何尺寸远小于电路中电磁波的波长时，称这个电路为集总参数电路，否则称为分布参数电路。集总参数电路可用有限个理想电路元件构成其电路模型，电路中的电磁量仅仅是时间的函数。而分布参数电路情况比较复杂，其电磁量不仅是时间的函数，而且是空间距离的函数。集总参数电路理论是电路的基本理论，本书讨论的电路都是集总参数电路。

1.1.2 电路的基本物理量

电路分析中经常用到的物理量有电流、电压、电位、电动势和功率等，下面对这些物理量及与它们有关的概念进行简要说明。

1. 电流

（1）电流的定义　带电粒子（电子、离子等）的有序运动形成电流。电流的大小用单位时间内通过导体截面的电荷量表示。按照国际标准，用大写字母表示直流电流，用小写字母表示交流电流瞬时值（本书后续内容都是如此，不再说明），即 I 表示直流电流，i 表示交流电流瞬时值，因此有

$$i(t) = \frac{dq}{dt} \quad \text{或} \quad I = \frac{Q}{t} \tag{1-1-1}$$

式中，Q 和 q 为电荷量，单位为 C；t 为时间，单位为 s；I 和 i 为电流，单位为 A；$dt=\Delta t=t_2-t_1$，表示极短的时间；$dq=\Delta q=q_2-q_1$，表示在 $\Delta t=t_2-t_1$ 极短的时间间隔内，通过导体横截面的电荷量；$i(t)$ 表示电流是随时间而变化，不同时间点的电流不同。

当 1s 内通过导体横截面的电荷量为 1C 时，电流为 1A。

常用的电流单位还有千安（kA）、毫安（mA）、微安（μA）等，它们之间的换算关系为 $1\text{kA}=10^3\text{A}=10^6\text{mA}=10^9\text{μA}$。

从电流的定义可以知道，若在一定的时间内通过导体横截面的电荷量大小和正负不变，等于定值，则这种电流称为稳恒直流，用符号 I 表示。

（2）电流的参考方向　习惯上规定正电荷运动方向为电流的实际方向。对于一个复杂的电路，在不知道具体的电流方向时，一般先任意假设一个参考方向，假设一个参考方向后电流就可以用一个代数量来表示，然后进行相应电路的分析计算。如果算出的电流值大于 0，说明参考方向与实际方向一致，否则说明参考方向与实际方向相反，如图 1-1-9 所示。

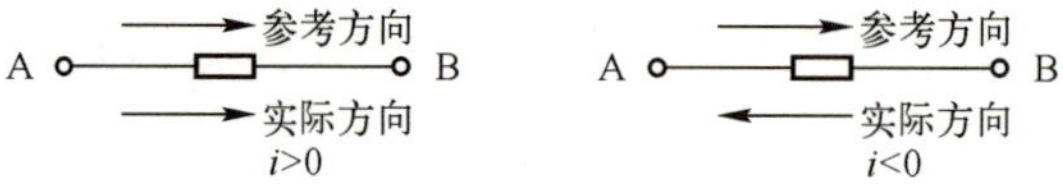

图 1-1-9　电流的参考方向与实际方向的关系

（3）电流参考方向的表示方法

1）用箭头表示。箭头的指向为电流的参考方向，如图 1-1-10 所示。

2）用双下标表示。如 i_{AB}，电流的参考方向由 A 指向 B，如图 1-1-11 所示。

图 1-1-10　箭头表示的电流方向 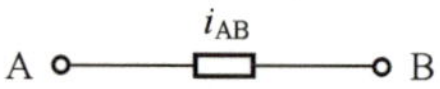　　图 1-1-11　双下标表示的电流方向

 注意：

1）电流值的正负只有在具体电路中假定元件参考方向后才有实际意义。

2）大小和方向都不随时间而变化的电流称为稳恒电流，仅方向不变的电流称为直流（DC）；大小和方向都随时间周期性变化的电流称为交流（AC）。

2. 电压

（1）电压的定义　电路中 a、b 两点间的电压定义为单位正电荷在电场力的作用下从 a 点转

移到 b 点时所获得或失去的电能，用符号 u_{ab} 表示，即

$$u_{ab}(t) = \frac{dW_{ab}}{dq} \qquad (1-1-2)$$

式中，dq 为由 a 点转移到 b 点的单位正电荷电量；dW_{ab} 为转移过程中失去的电能，单位为 J；u_{ab} 为 a、b 两点间的电压，单位为 V。

1V 等于对 1C 的电荷做了 1J 的功，即 1V = 1J/C。电压常用单位还有千伏（kV）、毫伏（mV）、微伏（μV）。它们之间的换算关系为 1 kV=10^3 V=10^6 mV=10^9μV。

大小和方向都不变的电压称为稳恒电压，用符号 U 表示。

（2）电压的参考方向　从电压的定义可知，转移电荷的过程中失去电能体现为电位的降低，即电压降。所以，<u>电压的实际方向规定为由电位高处指向电位低处，即电位降低的方向</u>。和电流的参考方向一样，电压的参考方向也是任意假设的。电压的实际方向和参考方向的关系如图 1-1-12 所示。

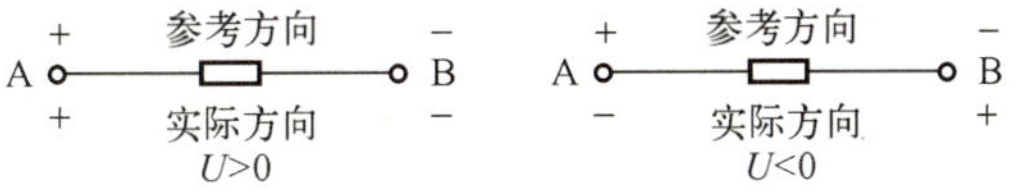

图 1-1-12　电压的实际方向和参考方向的关系

（3）电压参考方向的表示方法　电压参考方向有 3 种表示方式，分别是用箭头表示、用正负极性表示和用双下标表示，如图 1-1-13 所示。

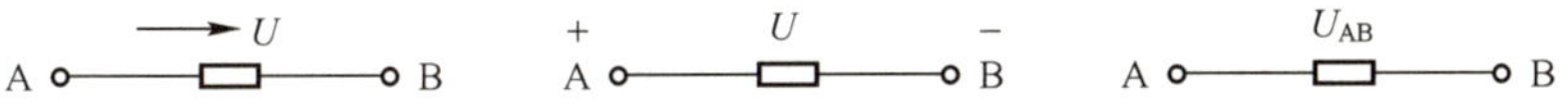

图 1-1-13　电压参考方向的表示方法

3．电位

（1）电位的定义　<u>电位即电路中某点到参考点之间的电压</u>。因此，要求某点的电位，必须在电路中选择一点作为参考点，这个参考点叫作零电位点，即该点的电位为零。零电位点可以任意选择，<u>通常直流电选择电源负极作为参考点，交流电选择大地作为参考点</u>，零电位点用"⊥"或"⏚"表示。若某点的电位为正值，说明该点电位比参考点电位高，负值表示该点电位比参考点电位低。

电路中某点 a 的电位，就是从 a 点出发，沿任意一条路径走到参考点 O 的电压，记为 V_a。因此，计算电位的方法与计算两点间电压的方法完全相同。计算电路中某点电位的步骤如下：

1）选择一个参考点 O。

2）求 a 点的电位时，任意选定一条从 a 点到 O 点的路径，对该路径上所有元器件上的电压求代数和，即为 a 点的电位，在求和的过程中要注意电压的正负。

等电位点：指电路中电位相同的点。等电位点之间虽然没有直接相连，但电压等于零。可以用导线或电阻元件将等电位点连接起来，因其中没有电流流过，所以不影响电路的原有工作状态。若两点直接用电阻值可以忽略的导线相连，则这两点也是等电位点。

利用等电位点思维可以解释一些电学方面的问题，比如小鸟可以落在 10kV 的高压线上而不会被电死，就是因为小鸟两脚间输电线的电阻太小，两脚近似为等电位点，所以两脚间电压几乎为零，没有电流流过小鸟。

【例1-1-1】 如图1-1-14所示电路，以D为参考点，求A、B、C点电位V_A、V_B、V_C；若以A为参考点，求B、C、D点电位V_B、V_C、V_D。

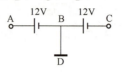

图1-1-14 例1-1-1图

解：以D为零电位点时，因为D点和B点间导线为理想导线，电阻为0，所以D点和B点为等电位，$V_B = V_D = 0V$，$V_C = -12V$，$V_A = 12V$。

以A为零电位点时，因为A、B两点之间为电源，电源两端电位差为恒定值，则B点电位恒定比A点低12V，所以$V_B = V_D = -12V$，同理可得$V_C = -24V$。

(2) 电压与电位的关系　电路中a、b两点间的电压等于a、b两点的电位差，用公式表达为

$$U_{ab} = V_a - V_b \qquad (1-1-3)$$

注意：

参考点选的不同，电路中各点的电位值也不同，但是任意两点的电位差即电压是不变的，即电位是相对量，电压是绝对量。

【例1-1-2】 如图1-1-15所示，当$V_a = 3V$、$V_b = 2V$时，求U_1和U_2的值。

图1-1-15 例1-1-2图

解：由图1-1-15可知，U_1参考方向为从左到右，即$U_1 = U_{ab} = V_a - V_b = 3V - 2V = 1V$，同理可知$U_2$参考方向为从右到左，即$U_2 = U_{ba} = V_b - V_a = 2V - 3V = -1V$。

注意：

分析电路时电路中标出的元件电流或电压方向一般都是参考方向，参考方向可以和实际方向一致，也可以不一致，在具体电路测量或电路分析计算时，必须按照假定的参考方向进行测量或者计算，测量或者计算结果为正值表示参考方向和实际方向一致，测量或者计算结果为负值表示参考方向和实际方向不一致。

4. 电动势

(1) 电动势的定义　在电场力的作用下，一般正电荷总是从高电位向低电位转移，而在电源内部有一种电源力，可以将正电荷从低电位转移到高电位，因此闭合电路中才能形成连续的电流。电动势就是指单位正电荷在电源力（即非静电力）的作用下在电源内部转移时所增加的电能，用符号e或E表示，即

$$e(t) = \frac{dw}{dq} \qquad (1-1-4)$$

式中，dq为转移的正电荷；dw为正电荷在转移过程中增加的电能，体现为电位的升高。

电动势的单位和电压相同，也用V表示。

（2）电动势的参考方向 电动势 E 是衡量电源力（即非静电力）做功能力的物理量。所以，电动势的实际方向与其电压实际方向相反，规定为由负极指向正极，即电位升高的方向；电动势电压实际方向规定为由正极指向负极，即电位降低的方向。电动势的参考方向也是任意的。

 注意：
电动势的实际方向是确定的，电动势的电压实际方向也是确定的，所以电动势旁边标注的电压值就是电动势在电压实际方向下的电压值，电动势旁边标注的正负号表示电动势电压的实际方向，一般不需要假设电动势的电压参考方向。

5. 电流、电压、电动势参考方向的关联性

如前所述，对于任意一个复杂的电路，电流、电压、电动势的参考方向都可以相互独立的任意假设，但为了后续电路测量、分析和计算的方便，在不引起冲突的情况下，负载电压和电流参考方向常常取为关联方向。对于电源而言，电压实际方向和电流参考方向可以关联也可以不关联，前提是电源的电压实际方向必须是确定的，这一点对后续列写基尔霍夫电压方程式非常重要。参考方向关联和非关联的区别如图1-1-16所示。

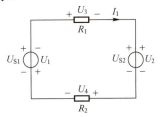

图 1-1-16 参考方向的关联性

电流、电压、电动势参考方向的关联性必须满足以下要求：

在任意假设电流的参考方向后，无论是负载还是电源，一定要满足参考电流从参考高电位流向参考低电位，如图1-1-17所示。

图 1-1-17 元件的关联方向

由图 1-1-17 可知，$U_1 \sim U_4$ 和电流 I_1 都是关联参考方向。特别要说明的一点是，对于图 1-1-17 中的电压源 U_{S1}，其电压的实际方向可以和电流参考方向非关联，后续列写电路基尔霍夫电压方程式时这一点很重要，电源实际电压方向可以和电流参考方向非关联，不需要在电路中再人为假设电源的参考电压方向，如图中参考电压方向 U_1 和 U_2 是没有必要假设的，因为电源的实际电压方向是确定的，这样分析和计算电路时思路才更清晰和明确。

【例1-1-3】 电压、电流参考方向如图1-1-18所示，对A、B两部分电路，电压、电流参考方向是否关联？

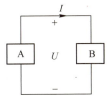

图 1-1-18 例 1-1-3 图

答：对 A 部分电路而言，电压、电流参考方向非关联；对 B 部分电路而言，电压、电流参考方向关联。

 注意：

1）测量、分析计算电路前，因为电路的复杂性，导致无法一眼就看出电流的实际方向，所以一般先假设电流的参考方向，然后根据关联性确定负载电压的参考方向。对于电源，因其电压的实际方向是确定的，不需要再根据关联性给出电源电压的参考方向，分析计算电路时，为了分析和计算的方便，电源的实际电压方向可以和参考电流方向非关联，但负载的电压和电流参考方向必须关联，否则会给电路分析计算带来麻烦。

2）参考方向一经选定，必须在图中相应位置标注（包括方向和符号），在计算过程中不得任意改变。

6. 电功率

正电荷从一段电路的高电位端移到低电位端时电场力对正电荷做了功，该段电路吸收了电能；电荷从电路的低电位端移到高电位端是外力克服电场力做了功，即这段电路将其他形式的能量转换成了电能释放出来。把单位时间内电路吸收或释放的电能定义为该电路的功率，用 p 表示。设在 dt 时间内电路转换的电能为 dw，则

$$p = \frac{dw}{dt} \quad (1\text{-}1\text{-}5)$$

国际单位制中，功率的单位为瓦[特]，符号为 W，此外，还常用千瓦（kW）及毫瓦（mW）。

关联参考方向时 $\qquad p = ui \qquad (1\text{-}1\text{-}6)$

非关联参考方向时 $\qquad p = -ui \qquad (1\text{-}1\text{-}7)$

无论负载或电源的电压和电流选择关联参考方向还是非关联参考方向，在计算该负载或电源的功率时，功率计算结果主要有以下 3 种情况：

1）$p>0$，说明该元器件吸收（或消耗）功率，为负载。
2）$p<0$，说明该元器件发出（或产生）功率，为电源。
3）$p=0$，说明该元器件不产生也不消耗功率。

【例 1-1-4】 求图 1-1-19 所示各元件的功率情况。

解：a 元件电压和电流为关联参考方向，$P=UI=5\times2W=10W$，$P>0$，吸收 10W 功率。
b 元件电压和电流为关联参考方向，$P=UI=5\times(-2)W=-10W$，$P<0$，发出 10W 功率。
c 元件电压和电流为非关联参考方向，$P=-UI=-5\times(-2)W=10W$，$P>0$，吸收 10W 功率。

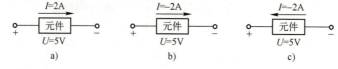

图 1-1-19 例 1-1-4 图

7. 电能量的定义

根据功率的定义可以推出，从 $t_0 \sim t$ 时间段内电路吸收或消耗的电能量 W（简称电能）的公式为

$$W = \int_{t_0}^{t} p\,dt \qquad (1\text{-}1\text{-}8)$$

对于直流有 $W = P(t - t_0)$。

电能的国际单位制单位是焦[耳]（J），它表示 1W 的用电设备在 1s 内消耗的电能。在电力工程中常用千瓦时（kW·h）作为电能的单位，它表示功率为 1kW 的用电设备在 1h（3600s）内消耗的电能（俗称 1 度电）。

【例 1-1-5】 图 1-1-20 所示电路中，已知 U=10V，I=2A，则该元件是_____（电源或负载），该元件在图示条件下正常工作，工作 10h 消耗的电能是多少千瓦时？

解：图 1-1-20 中元件 N_1 两端的电压 U 和流过它的电流 I 为关联方向，故有

$$P=UI=10\times 2W=20W$$

$P = 20W > 0$，所以 N_1 吸收功率，是负载，工作 10h 消耗的电能为

$$W=Pt=0.02\times 10\,kW\cdot h=0.2\,kW\cdot h$$

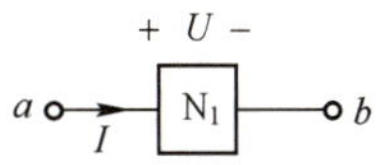

图 1-1-20 例 1-1-5 图

1.1.3 电路的工作状态

"志当存高远"，当代大学生应不畏艰险，勇攀科技高峰，为国效力。

电路在工作时有 3 种工作状态，分别是通路、断路、短路。

1. 通路（有载工作状态）

开关闭合，电路处于正常工作条件下，如图 1-1-21 中的开关 S_1 闭合，灯 L_1 支路处于正常工作条件下，此时灯 L_1 中有电流通过。有载工作状态下的用电器是由用户控制的，而且经常变动。

2. 断路

断路即电源与负载没有构成闭合回路。如图 1-1-21 中的开关 S_2 没有闭合，则灯 L_2 中没有电流流过，电路出现断路状态。

3. 短路

短路即电源未经负载而直接由导线接通构成闭合回路，如图 1-1-22 所示，此时电源所带的负载可以看作电阻为 0。

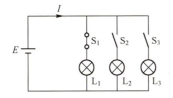

图 1-1-21 电路通路与断路

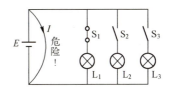

图 1-1-22 电路短路

实际电路中产生短路的原因多是线路老化、连线错误、元件损坏、气象灾害和人为过失等，因此应经常检查电气设备和电路的工作情况。通常在电路中接入熔断器或断路器，起短路保护作用。有时出于某种需要，可以将电路中某一段短路或进行某种短路实验。

1.1.4 电气设备的额定值

在电路中，各种电气设备和电路元件都有额定值，额定值是电气设备长期、安全、稳定工作时的标准值，生产厂家都会在电气设备和电路元件的铭牌或外壳上明确标出电气设备的额定数据。只有按额定值使用，即处于额定工作状态（也叫满载状态），电气设备和电路元件的运行才能安全可靠，使用寿命才会长久。电气设备在超过额定值状态下运行（也叫超载状态），会使设备发热、温度过高，导致内部绝缘材料受损，降低设备的使用寿命，严重时会发生电气事故。例如，一台变压器的寿命与它的绝缘材料的耐热性能和绝缘强度有关，通过变压器的电流大于其额定电流时，会因发热严重而损坏变压器绝缘材料。电气设备在低于额定值工作状态下运行时，电气设备不仅未被充分利用，还会出现工作不正常的情况（如照明灯具亮度不足、电动机转速过低等），严重时也会损坏设备，发生电气事故。日常生活中导线的使用也是如此，要根据使用场合、电流的大小等来选择导线的直径和绝缘等级。

额定电压是元器件、设备正常工作时所允许施加的最高电压，如果超过额定电压可能损坏设备或元器件，缩短其寿命。额定电流是指元器件、设备安全运行时不致因过热而烧毁、所允许通过的最大工作电流。根据额定电压和额定电流而得出的功率就是额定功率。

通常元器件、设备的铭牌上，只标有两个额定值：电压和功率、电流和功率或电流和电压，第三个额定值不标出，需要用户自己去推算。

 注意：

> 电气设备在额定电压下工作时，其电流不一定等于额定电流。例如，一台三相异步电动机在额定电压下工作，其电流就不一定为额定电流，因为此时三相异步电动机可能空载运行，空载运行时三相异步电动机功率因数很低，消耗的电能主要是无功电能，用于建立旋转磁场，此时三相异步电动机的利用率很低。同理，变压器空载时也是如此。

【例1-1-6】 从商店购回一个电阻器，其上标有 1kΩ、2W，问此电阻器能承受多大的电压？

解：$P = \dfrac{U^2}{R} \Rightarrow U = \sqrt{PR} = \sqrt{2 \times 1000}\text{V} \approx 44.7\text{V}$

[知识拓展] 用电能表测量家电功耗的简易方法

利用家庭的电能表，可测量自己家中电器产品的总耗电功率或单个产品的耗电功率，在测量单个产品发生的异常耗电时，还可及时发现漏电的隐患，其测量方法如下。

1. 机械式电能表估算用电设备耗电的方法

对于家用电能表，电表的表面除标注该表的电流外，还标有电表的转速，例如 2000r/(kW·h)，它表示该种电能表每耗 1kW·h 电（即 1 度电），表盘需要走 2000 转。利用以上关系，可换算出电能表每转 1 转所消耗的电能为 W = 1kW·h/2000 = 0.0005kW·h = 0.0005×1000×3600J = 1800J，称 1800 为该电能表的计算常数，因此只要记录电能表每走一转所需要的时间（单位为 s），再用电能表的计算常数除以该时间，即为该用电设备的耗电功率，用公式表示为 $P = W/t$。例如，某用电器单独接入 220V 电源上工作，电能表标注 2000r/(kW·h)，则该电能表计算常数为 1800，若此时用秒表测量该电能表表盘，该表盘每走一转用 18s，那么该电器的耗电功率为 1800/18W = 100W。

2. 电子式电能表估算用电设备耗电的方法

电子式电能表表盘转速表示为每消耗 1kW·h 电指示灯闪烁的次数,例如 3200imp/kW·h,它表示该电能表每消耗 1kW·h,指示灯闪烁 3200 次,利用以上关系可换算出电能表每闪烁一次所消耗的电能为 $W=1\text{kW}\cdot\text{h}/3200=0.0003125\text{kW}\cdot\text{h}=0.0003125\times1000\times3600\text{J}=1125\text{J}$,称 1125 为该电能表的计算常数。实际操作中,若家庭电路中只有一台电热水器在工作,该电能表的指示灯在 4min 内闪烁 320 次,则该电热水器的实际功率为 $P=\dfrac{W}{t}=\dfrac{1125\times320}{4\times60}\text{W}=1500\text{W}$。

[练习与思考]

一、填空题

1. 用数字万用表测某一元件两端电压为5V,交换两表笔位置后测量电压值为_____。
2. 两点间的电压就是两点间的_____之差,电压实际方向是从_____点指向_____点。
3. U_{AB}=10V,则 U_{BA} 为_____。U_{AB} 和 U_{BA} 大小_____,方向_____。
4. 流过元件的实际电流方向与参考方向_____时电流为正值、_____时电流为负值。

二、判断题（正确的打√,错误的打×）

1. 电路中某点电位的高低与参考点的选择有关,在对整体电路分析过程中参考点原则上可随意改变。（　　）
2. 电路模型和实际电路是相等的关系。（　　）
3. 两点之间的电压 U_{AB}=-10V,则 B 点电位高于 A 点电位。（　　）
4. 电流表测量电流时应并联到电路中。（　　）
5. 电气设备在额定电压下工作,其电流一定等于额定电流。（　　）
6. 电压是相对量,与参考点的选择有关。（　　）
7. 负载在额定功率下的工作状态叫满载。（　　）
8. 方向不随时间变化的电流叫稳恒电流。（　　）
9. 如果把一个 6V 的电源正极作为零电位点,则其负极电位为-6V。（　　）
10. 电路中某两点间电压的正负,就是指这两点电位的相对高低。（　　）

三、单选题

1. 1A 的电流在 5min 时间内通过某金属导体,流过其横截面的电荷量为（　　）。
   A. 1C   B. 5C   C. 60C   D. 300C
2. 当参考点改变时,下列电量也相应发生变化的是（　　）。
   A. 电压   B. 电位   C. 电动势   D. 电能
3. 如图 1-1-23 所示,A、B 两点间的电压为（　　）。
   A. 1V   B. 2V   C. 3V   D. 5V
4. 如图 1-1-24 所示,当开关 S 闭合时 U_{AB} 等于（　　）。
   A. 0V   B. 2.5V   C. 5V   D. -20V

5. 如图 1-1-25 所示,已知 $V_A>V_B$,则以下说法正确的为（　　）。
   A. 实际电压方向由 A 指向 B,$I>0$　　B. 实际电压方向由 B 指向 A,$I<0$
   C. 实际电压方向由 B 指向 A,$I>0$　　D. 实际电压方向由 A 指向 B,$I<0$

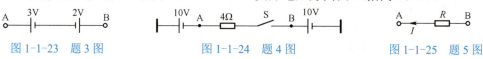

图 1-1-23　题 3 图　　　　　图 1-1-24　题 4 图　　　　　图 1-1-25　题 5 图

四、问答题

1. 什么是电路模型？电路模型与实际电路之间有什么关系？
2. 描述电压、电位二者之间的异同。
3. 电压、电流取不同的参考方向对其实际方向有影响吗？
4. 额定功率是 10W 的灯在额定条件下正常工作几个小时消耗的电能为 $1\text{kW}\cdot\text{h}$？

五、电工技能大赛

1. 观察三相异步电动机铭牌数据，按照铭牌上的数据整定热继电器。
2. 电工大赛时必须对使用的电动机进行可靠接地，对应该接地而没有接地部分进行扣分，请用电工方面知识来阐述为什么必须接地。
3. 教师给出一个具体电路，在电路图中标出各点电位值及各支路电流，让学生依据电路图接线，接线后利用仪器仪表对电路进行检测，并在图样上标出测量的电位值和支路电流值。

任务 2　惠斯通电桥电路测量分析

[任务导入]

电力系统中的基本元件有哪些？这些元件两端的电压和流过这些元件的电流有什么关系？发生短路时电源正、负极之间的电阻变成连接导线电阻和接头处接触电阻的和，这些电阻的和很小，此时电路中电流怎么计算？一个 $1\text{G}\Omega$ 的电阻和一个 1Ω 电阻并联后总电阻是大于 1Ω 还是小于 1Ω？把变电站或者发电厂中 110V 直流电的正极直接用金属和大地相连，会发生短路事故吗？带着这些问题让我们一起开始二端网络的伏安特性分析部分内容的学习吧。

[学习目标]

1）掌握欧姆定律的应用。
2）知道电压源、电流源的特点。
3）了解电阻串联、并联电路的特点。
4）掌握分析计算等效电阻的方法。
5）掌握分析计算电压源串联等效电压源的方法。
6）掌握分析计算电流源并联等效电流源的方法。

[工作任务]

图 1-2-1 为惠斯通电桥电路，电源为直流电压可调，当电阻 R_1、R_2、R_3、R_4 满足什么关系时，电流表的读数为零？请学生不断调整 4 个电阻值进行尝试（注意元件额定值，不要使元件烧毁）。使 $R_1=R_2=100Ω$，$R_3=R_4=200Ω$，测量 I_5 的值，并用电源电压求出 A、C 两点间电阻 R_{AC}，比较 R_{AC} 和 $200Ω$ 的大小；用一根金属导线把电源正极和大地接触，观察是否会发生短路事故。

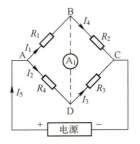

图 1-2-1 惠斯通电桥电路

[任务仿真]

教师使用 Multisim 软件按照图 1-2-1 连接惠斯通电桥电路。连接好电路后教师调整 R_1、R_2、R_3、R_4 的值，使得电流表 A_1 读数为零，多试几组数据，让学生总结规律；调整电阻值使 $R_1=R_2=100Ω$，$R_3=R_4=200Ω$，按照电流 I_5 参考方向接一个电流表测量 I_5 的值，并用电源电压求出 A、C 两点间电阻 R_{AC}，让学生比较 R_{AC} 和 $200Ω$ 的大小。

 [任务实施]

1. 单电阻伏安特性的测量分析

1）按照图 1-2-1 连接电路，不接电流表 A_1，$R_1=R_2=100Ω$，$R_3=R_4=200Ω$，电源使用直流电压源 U_S，且 U_S 大小可以调节。

2）将 U_S 从 0V 调至 10V，测量电阻 R_1 两端的电压和流过 R_1 的电流。

3）将实验数据填入表 1-2-1 中。

表 1-2-1 电阻伏安特性测量

电源电压/V	0	1	2	3	4	5	6	7	8	9	10
流过 R_1 的电流/mA											
R_1 两端电压/V											

4）画出电阻 R_1 的伏安特性曲线。

2. 电阻串、并联伏安特性的测量分析

1）电路连接不变，将直流电压源电压调到 10V，取电阻两端电压参考方向和电流方向关联，测量电流 I_1 和 I_4，R_1、R_2 两端电压 U_1、U_2 及 U_{AC}。

2）取电阻两端电压参考方向和电流关联，继续测量电流 I_2、I_3、I_5，R_1 和 R_2 串联后的电压 U_{12}，以及 R_3 和 R_4 串联后的电压 U_{34}。

3）对测得数据进行分析，总结串、并联电路电流和电压的关系。

3. 惠斯通电桥电路的测量分析

1）图 1-2-1 中，取对应桥臂电阻比值相等，即 $R_2/R_1 = R_3/R_4$，例如取 $R_1=R_2=100\Omega$，$R_3=R_4=200\Omega$。

2）电压源电压调至 10V，接入电流表 A_1，观察电流表数值。

3）用电压表测量 B 点和 D 点之间的电压 U_{BD}，总结惠斯通电桥电路特征。

4. 实际电压源伏安特性的测量分析

1）图 1-2-1 中电源使用 10V 电压源，A 点和 C 点间电路用一个滑动变阻器代替。

2）将滑动变阻器的电阻值从 1000Ω 逐步调至 10Ω，分别测量电压源两端的电压和流过电压源的电流。

3）将实验数据填入表 1-2-2 中。

表 1-2-2　实际电压源伏安特性测量

变阻器电阻值/Ω	1000	500	400	300	200	100	80	50	20	10
电流/mA										
电压/V										

4）画出实际电压源的伏安特性曲线。

5. 实际电流源伏安特性的测量分析

1）图 1-2-1 中电源使用 10mA 电流源，A 点和 C 点间电路用一个滑动变阻器代替。

2）将滑动变阻器的电阻值从 1000Ω 逐步调至 10Ω，并测量电流源两端的电压和流过电流源的电流。

3）将实验数据填入表 1-2-3 中。

4）画出实际电流源的伏安特性曲线。

表 1-2-3　实际电流源伏安特性测量

变阻器电阻值/Ω	1000	500	400	300	200	100	80	50	20	10
电流/mA										
电压/V										

[总结与提升]

元件串联后接入电路，流过各元件的电流相同，各元件两端的电压与元件的电阻值成正比；元件并联后接入电路，各元件两端的电压相同，流过各元件的电流与元件的电阻成反比。

当惠斯通电桥电路电桥平衡时，输出电压为零，当电桥不平衡时，输出电压不为零。

实际电压源可以开路，不可以短路，所带负载和电压源内阻相比越大，输出电压越接近电源电压；实际电流源可以短路，不可以开路，所带负载和电流源内阻相比越小，输出电流越接近电源电流。

[知识链接]

1.2 电路基本元件及连接方式

> 人在任何时候都要自我约束,没有自我约束力,就削弱了前进的动力。

1.2.1 欧姆定律

1827 年,德国物理学家欧姆通过大量实验,总结出了在电阻元件电路中,流过电阻的电流与电阻两端的电压成正比,这就是欧姆定律,用公式表达为

$$I = \frac{U}{R} \quad (1\text{-}2\text{-}1)$$

1-2-2 欧姆定律

当电压和电流的参考方向关联时,$U = RI$。
当电压和电流的参考方向非关联时,$U = -RI$。

【例 1-2-1】 假设某人人体最小电阻为 800Ω,该人通过电流为 50mA 时,会感到呼吸困难,不能自主摆脱电源,试求此人人体安全工作电压。

解: 由欧姆定律可知:$U=RI=800Ω×0.05A=40V$,即此人的安全工作电压应不高于 40V。

通常对于不同的人体、场合,安全电压的规定是不相同的。人是否安全与人体电阻大小、触电时间长短、工作环境、人与带电体的接触面积和接触压力等有关,所以即使在规定的安全电压下工作,也不可粗心大意。

1.2.2 电路基本元件

常见的电路元件有无源元件(电阻元件、电感元件、电容元件等)和有源元件(电压源和电流源)。电路是由电路元件连接而成的,电路元件电流与电压之间的关系叫作伏安关系(也叫伏安特性),简写 VAR,其反映了元件的基本性质,它和后续将要学习的基尔霍夫定律构成了电路分析的基础。

1. 电阻元件

电阻具有阻碍电流(或电荷)流动的能力,用符号 R 来表示,其基本单位为欧[姆](Ω),常用单位还有千欧(kΩ)及兆欧(MΩ)。工程实际中广泛使用着各种电阻、电炉、白炽灯等元器件,一般情况下它们都可用电阻元件来表示。

物理学中对于长直导线的电阻的计算公式为

$$R = \rho \frac{l}{S} = \frac{l}{\gamma S} \quad (1\text{-}2\text{-}2)$$

式中,R 为电阻值,单位为 Ω;l 为导线的长度,单位为 m;S 为导线的截面积,单位为 m^2;ρ 为导线材料的电阻率,单位为 Ω·m;γ 是材料的电导率,单位为 S/m。ρ、γ 的值与导线材料有关,可在有关手册中查到。电阻值是物质的属性,跟电阻接不接入电路没有关系,电阻不接入电路中也有电阻值,说明电阻值跟电阻两端电压和流过电阻的电流没有关系。

注意：

电阻值也与温度有关，因为不同温度下导体的电阻率不同，温度升高 1℃时，导体电阻值增加的比值为电阻的温度系数，常用 α 表示。

在任何时刻，电阻元件两端电压与其电流关系都服从欧姆定律的电阻元件叫作线性电阻元件，不服从欧姆定律的电阻元件叫作非线性电阻元件。表示一个元件电压与电流之间关系的曲线称为元件的伏安特性曲线。由欧姆定律公式可知，线性电阻的伏安特性曲线是一条经过坐标原点的直线，如图 1-2-2 所示。非线性电阻的伏安特性曲线是一条经过坐标原点的曲线如图 1-2-3 所示。本书谈论的电阻元件主要是线性电阻元件。

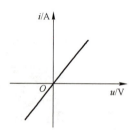

图 1-2-2　线性电阻的伏安特性曲线　　　　图 1-2-3　非线性电阻的伏安特性曲线

电阻器是用碳膜、金属氧化物等材料制成的，电工中常用电阻器的实体及电路模型如图 1-2-4 所示。

图 1-2-4　电阻器的实体及电路模型

电阻 R 的倒数称为电导，用 G 表示，即

$$G = \frac{1}{R} \tag{1-2-3}$$

电导的单位为西门子（S）。同一个电阻元件既可用电阻 R 表示，也可用电导 G 表示。电阻元件的伏安关系如下：

当电阻元件电压和电流的参考方向关联时：$U = RI$ 或 $I = UG$。

当电阻元件电压和电流的参考方向非关联时：$U = -RI$ 或 $I = -UG$。

无论是关联还是非关联情况下，电阻的功率 P 总是正值，即总是在消耗功率，所以电阻元件是耗能元件。电阻元件的功率计算公式为

$$P = UI = I^2 R = \frac{U^2}{R} \tag{1-2-4}$$

由式（1-2-4）可得电阻消耗的电能 $W = Pt = UIt = I^2 Rt = U^2 t / R$。

【例 1-2-2】　应用欧姆定律对图 1-2-5 电路列出欧姆定律公式，并求出电阻 R。

解：a）$R = \dfrac{U}{I} = \dfrac{6}{2}\Omega = 3\Omega$。

b）$R = -\dfrac{U}{I} = -\dfrac{6}{-2}\Omega = 3\Omega$。

c) $R = -\dfrac{U}{I} = -\dfrac{-6}{2}\Omega = 3\Omega$。

d) $R = \dfrac{U}{I} = \dfrac{-6}{-2}\Omega = 3\Omega$。

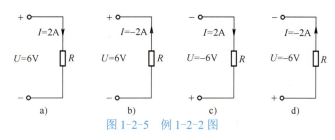

图 1-2-5　例 1-2-2 图

【例 1-2-3】　某学校教室共有 200 盏电灯，每盏灯的功率为 100W，那么全部灯使用 2h 共消耗多少电能？若 1kW·h 电费为 0.56 元，应付多少电费？

解：全部电灯的功率为 $P = 200 \times 100\text{W} = 20000\text{W} = 20\text{kW}$；使用 2h 的电能为 $W = Pt = 20 \times 2\text{kW·h} = 40\text{kW·h}$，应付的费用为 40×0.56 元=22.4 元。

2．电容元件

工程实际中使用的电容元件种类繁多，外形各不相同，但它们的基本结构是一致的，通常由具有一定间隙、中间充满介质（如空气、蜡纸、云母片、涤纶薄膜、陶瓷等）的金属极板（或箔、膜）构成，从极板上引出电极后，可将电容元件接到电路中。这样设计制造出来的电容元件体积小、电容效应大，由于电场局限在两个极板之间，不易受其他因素影响，因此电容元件具有固定的量值。如果忽略这些元件的介质损耗和漏电流，可以用储存电场能量的理想电容元件作为它们的电路模型。将电容元件接到电源上时，电容的两个极板上分别聚集等量异号的电荷，并在介质中建立起电场。同一个电容元件，两端电压 u 不同时，两极板上聚集的电荷量也不同。把单位电压下聚集的电荷量定义为电容器的电容量，简称电容，符号为 C，即

$$C = \dfrac{\mathrm{d}q}{\mathrm{d}u} \qquad (1\text{-}2\text{-}5)$$

国际单位制中，C 的基本单位是法[拉]（F），常用的单位还有微法（μF）和皮法（pF）。线性电容的电容量只与其本身的几何尺寸及内部介质情况有关，而与其端电压无关，本书涉及的电容元件均为线性元件。电容的实体及电路模型如图 1-2-6 所示。

1-2-4 电容元件

图 1-2-6　电容的实体及电路模型

电容端电压发生变化时，极板上的电荷也会相应发生变化，在与电容相连的导线中就有因电荷移动而形成的电流（介质中的电场变化形成位移电流，因而整个电容电路中的电流仍是连续的）。u 和 i 关联参考方向下，当 u 增大时，$\mathrm{d}u/\mathrm{d}t > 0$，则 $\mathrm{d}q/\mathrm{d}t > 0$，说明有正电荷向正极板移动，$i > 0$，此时电容元件处于充电状态。当 u 减小时，$\mathrm{d}u/\mathrm{d}t < 0$，则 $\mathrm{d}q/\mathrm{d}t < 0$，说明有正电荷远离正极板移动，$i < 0$，此时电容元件处于放电状态。根据电流的定义并将式（1-2-5）代

入得到当电容电压和电流关联情况下电容元件的伏安关系为

$$i = \frac{dq}{dt} = C\frac{du}{dt} \tag{1-2-6}$$

从电容的电压与电流的伏安关系可以看出两者是微分函数关系，是变化的，即动态的，所以电容元件又称为动态元件。在电路中，储能元件和动态元件是同一个含义。

例如，1s 时 1mF 电容两端电压为 u_1=5V，2s 时其两端的电压变为 u_2=10V，则

$$du = \Delta u = u_2 - u_1 = 10V - 5V = 5V, \quad dt = \Delta t = t_2 - t_1 = 2s - 1s = 1s$$

电流的瞬时值 $i = Cdu/dt = 1\times10^{-3} \times 5/1 mA = 5mA$。

由以上分析可知，电容电路中是否有持续电流，取决于电容两端外加电压是否不断变化。在交流电压作用下，由于交流电压的大小和方向随时间不断变化使电容器反复充、放电，电路中就产生了持续电流；在直流电压作用下，仅当开关接通电路的短时间内，电容上的外加电压才会发生变化，之后电压保持不变，所以电容支路中只能产生瞬时电流，不能产生持续电流。

电容在交流电压作用下能产生持续电流，在直流作用下 $du/dt = 0$，不能产生持续电流，这就是电容器"隔直流、通交流"的原因，但必须明确，这里所指的交流电流是电容器反复充电、放电所形成的电流，并非电荷直接通过电容器中的绝缘介质。综上所述，<u>电容元件某瞬间的电流正比于该瞬间电容电压的变化率，而不是由该瞬间的电压值决定的，当电容两端电压不变化时，电流为零，电容元件相当于开路。</u>

电源对电容器充电时，电容器从电源吸收电能，在放电时把充电时储存在电场中的能量释放出来。根据能量守恒原理，储存多少能量，就能释放出多少能量，那么如何计算这个能量呢？储存于电容元件中的电场能量为

$$W_C = \frac{1}{2}Cu^2 \tag{1-2-7}$$

注意：

> 从能量的观点看，电容器是一个储能元件，储存的能量与 u^2 成正比，也与 C 成正比。在一定的电压作用下，电容 C 越大，储能越多，因而电容器的电容量 C 又是电容器储能本领的标志。<u>在充电和放电过程中，电容器上电压不可能突变，因为能量的转换必然有一段时间，能量不能跃变。</u>

【例 1-2-4】 一电容器 $C=2\mu F$，充电后电压变为 500V，求此时电容器储存的电能。

解：$W_C = \frac{1}{2}Cu^2 = \frac{1}{2} \times 2\times 10^{-6} \times 500^2 J = 0.25 J$。

3. 电感元件

电感器通常为电感线圈，使用电阻忽略为零的导线绕制的电感线圈称为理想电感线圈，又叫作电感元件。电感元件是一种理想元件，当电流通过电感元件时，在它的周围会产生磁场，并把电能转化为磁场能量储存起来。电感元件的线圈中通以电流 i_L 时，线圈内部将产生磁通，若线圈匝数为 N，而且绕制得非常紧密，可认为各匝线圈的磁通 Φ_L 相同，则线圈的全磁通（或称磁链）为

$$\psi_L = N\Phi_L \tag{1-2-8}$$

式中，ψ_L 和 Φ_L 在国际单位制中的基本单位均为韦伯（Wb）。它们都是由流过线圈本身的电流产生的，所以分别称为自感磁链和自感磁通。线圈电流 i_L 及磁链 ψ_L 的参考方向符合右手螺旋定

则。把单位电流下产生的自感磁链定义为线圈的自感系数,或称为电感 L,即

$$L = \frac{d\psi_L}{di_L} \tag{1-2-9}$$

在国际单位制中,L 的单位为亨[利](H),常用单位还有毫亨(mH)和微亨(μH)。

线性电感元件 L 值与电流大小无关,只与线圈的形状、匝数及几何尺寸有关。非线性电感元件 L 值随电流的变化而变化。本书讨论的电感元件主要是线性电感元件,电感的实体及电路模型如图 1-2-7 所示。

图 1-2-7 电感的实体及电路模型

当电感元件中电流变化时,磁链也随之变化,根据电磁感应定律,电感元件中将产生感应电动势。这种由于电感元件本身的电流变化而产生的感应电动势称为自感电动势 e。

在交变电作用下,当电感两端的电压与流过电感的电流关联时,电感元件感应电动势和电感两端电压与流过电感的电流的伏安关系为

$$e = -L\frac{di}{dt} \text{ 或 } u = L\frac{di}{dt} \tag{1-2-10}$$

从该伏安关系可以看出两者也是微分函数关系,是变化的,即动态的,所以电感元件也称为动态元件。

式(1-2-10)表明,<u>电感元件某瞬间的电压不是由此瞬间的电流值决定的,而是正比于此瞬间的电流变化率</u>。只有通过电感线圈的电流变化时,电感两端才有电压。所以,在直流电路中,即使电感上有电流通过,但由于 $di = 0$,所以 $u = Ldi/dt = 0V$,此时电感相当于短路,同理,在电感元件两端也不会产生感应电动势。

电能和磁能会互相转化,但能量是守恒的,不会在转换中增加或消灭。当电流通过导体时,便在导体周围建立磁场,将电能转换为磁能。反之,在变化磁场中的导体内部也会产生感应电流,即将磁能转换为电能。当电流通过电感元件时,储存于电感元件中的磁场能量为

$$W_L = \frac{1}{2}Li^2 \tag{1-2-11}$$

 注意:

从能量的观点看,电感器是一个储能元件,储存的能量与 i^2 成正比,也与 L 成正比。在一定的电流条件下,电感 L 越大,储能越多,因而电感量 L 是电感元件储能本领的标志。在电磁转换的过程中,<u>能量的转换必然有一段时间,能量不能跃变</u>($p = dW/dt$,否则功率无穷大),<u>因此电感中的电流不能跃变</u>。

【例 1-2-5】 一电感线圈,其电感 $L = 3.82\,\text{mH}$,当通过的电流为 1600A 时,试求此时线圈中储存的磁场能量。

解:$W_L = \frac{1}{2}Li^2 = \frac{1}{2} \times 3.82 \times 10^{-3} \times 1600^2 \text{J} \approx 4.89 \times 10^3 \text{J}$。

4. 电压源

(1)理想电压源 直流理想电压源端电压 U 恒等于电压 U_S 或电动势 E,交流理想电压源

端电压按正弦规律变化,无论是直流理想电压源还是交流理想电压源其内阻都为零,流过其自身的电流 i 是任意的,由负载电阻 R_L 及电源电压 U_S 确定。直流理想电压源的符号及其输出电压与输出电流的关系(伏安特性)如图 1-2-8 所示。

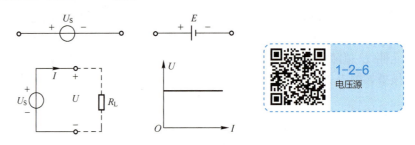

图 1-2-8　直流理想电压源的符号及其伏安特性

直流理想电压源的特点是:端电压始终恒定,等于直流电压,输出电流是任意的,即随负载(外电路)的改变而改变,所以直流理想电压源也叫恒压源。

电池是常见的直流电压源。如果电池本身没有内阻,即没有能量损耗,电池的端电压恒定,电池也是理想电压源。

【例 1-2-6】　一个负载 R_L 接于 10V 的恒压源上,如图 1-2-9 所示,求:当 $R_L=10\Omega$、$R_L=100\Omega$、$R_L=\infty$ 时,通过恒压源的电流大小及恒电源输出电压 U_{ab} 的大小。

解:选定电压、电流参考方向如图 1-2-9 所示。

1)当 $R_L=10\Omega$ 时,$I=10/10\text{A}=1\text{A}$,$U_{ab}=10\text{V}$。

2)当 $R_L=100\Omega$ 时,$I=10/100\text{A}=0.1\text{A}$,$U_{ab}=10\text{V}$。

3)当 $R_L=\infty$ 时,$I=0\text{A}$,$U_{ab}=10\text{V}$。

可见,通过直流理想电压源的电流随负载电阻变化而变化,而直流理想电压源的端电压保持不变。

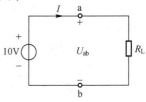

图 1-2-9　例 1-2-6 图

(2)实际电压源　理想电压源内阻为零,这在实际生活中是不存在的,实际电压源在对外提供功率时,不可避免地存在内部功率损耗。有的电压源内部功率损耗小,有的电压源内部功率损耗大,如果实际电压源内阻对于研究问题来说可以小到忽略不计,实际电压源就可以看成是理想电压源,常见电压源实物模型如图 1-2-10 所示。实际电压源与负载连接形成闭合回路后,电路中会产生电流,电流在实际电压源内阻上将有电压产生,对于直流电压源来说,如果用万用表合适的直流电压档对直流电压源两端电压进行测试,会发现测试电压值不再等于实际电压源开路时的电压值,即实际电压源与负载连接形成回路后其输出端电压下降,而且实际电压源内阻越大,实际电压源带负载后端电压下降越快,负载得到的电压越小,即电压源带负载能力越小。实际直流电压源的电路模型如图 1-2-11 所示,实际直流电压源带负载电路模型及伏安特性曲线如图 1-2-12 所示。

图 1-2-10　常见电压源实物模型

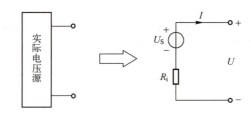

图 1-2-11　实际直流电压源的电路模型（R_i 为电压源内阻）

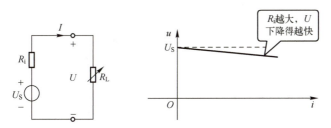

图 1-2-12　实际直流电压源带负载电路模型及伏安特性曲线

如图 1-2-12 所示，电压源 U_S 和 U 之间的关系为

$$U = U_S - R_i I \text{ 且 } U = IR_L \Rightarrow I = \frac{U_S}{R_i + R_L}$$

这就是通常所说的全电路的欧姆定律。

全电路即一个包含电源和负载电阻的无分支闭合回路。

【例 1-2-7】 某实际直流电压源开路时端电压 $U_S=3V$，带负载 $R_1=9.6Ω$ 后端电压 $U_1=2.88V$，试求该实际电压源带 9.6Ω 负载后电路中的电流 I_1 和电压源内阻 R_i。若该实际电压源内阻保持不变，负载电阻变为 0.4Ω 时，求实际电压源带负载后电路中的电流 I_2，及此时实际电压源输出的端电压 U_2。

解：当负载电阻为 9.6Ω 时

$$I_1 = \frac{U_1}{R_1} = \frac{2.88}{9.6} A = 0.3A$$

$$U_{i1} = U_S - U_1 = 3V - 2.88V = 0.12V$$

$$R_i = \frac{U_{i1}}{I} = \frac{0.12}{0.3} Ω = 0.4Ω$$

当负载电阻为 0.4Ω 时

$$I_2 = \frac{U_S}{R_i + R_2} = \frac{3}{0.4 + 0.4} A = 3.75A$$

$$U_2 = U_S - U_{i2} = 3V - 3.75 \times 0.4V = 1.5V$$

由以上分析可知，实际电压源带负载越大，实际电压源输出的端电压越大，负载获得电压越大。

5. 电流源

（1）理想电流源　直流理想电流源电流 I 恒等于电流 I_S，交流理想电流源电流是按正弦规律变化，无论是直流理想电流源还是交流理想电流源其内阻都为无穷大，而其两端的电压 u 是任意的，由负载电阻 R_L 及电流 I_S 确定。无论外电路的电阻大小,都能向外电路输送恒定或按正弦规律变化电流的电源称为理想电流源。直流理想电流源的符号及其伏安特性曲线如图 1-2-13 所示。

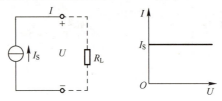

图 1-2-13　直流理想电流源的符号及其伏安特性曲线

直流理想电流源的特点是:输出电流恒定不变;端电压是任意的,即随负载不同而不同,所以直流理想电流源也叫恒流源。

光电池就是一种电流源,在一定光照度的光线照射下,光电池将产生一定值的电流。

(2)实际电流源　理想电流源实际上是不存在的。以光电池为例,由光激发产生的电流,并不能全部流入外电路,其中一部分将在光电池内部流动。实际电流源可以用一个理想电流源 I_S 和内阻 R_i 并联的模型来表示,内阻 R_i 表明电源内部的分流效应,实际直流电流源实物模型如图 1-2-14 所示,其电路模型如图 1-2-15 所示,其带负载电路模型及伏安特性曲线如图 1-2-16 所示。

图 1-2-14　实际直流电流源实物模型

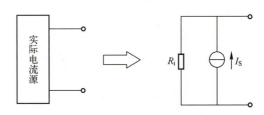

图 1-2-15　实际直流电流源的电路模型

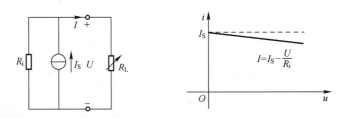

图 1-2-16　实际直流电流源带负载电路模型及伏安特性曲线

如图 1-2-16 所示,当直流电流源与负载电阻相接时,输出电流 I 为

$$I = I_S - \frac{U}{R_i}$$

上式说明，通过负载的电流 I 小于恒流源 I_S，端电压 U 一定的情况下，实际电流源内阻越大，实际电流源内部电阻 R_i 的分流作用越小，也就越接近理想电流源。显然，当实际电流源短路时，其输出端电压 U 等于零，从而使实际电流源的短路电流等于恒流源电流 I_S。

【例 1-2-8】 计算图 1-2-17 所示电路中 R 分别为 3Ω 和 5Ω 时，电阻上的电压及电流源的端电压。

解：根据恒流源的基本性质，其电流为定值且与外电路无关，所以流过电阻 R 的电流为恒流源的电流，即 1A。当 $R=3\Omega$ 时电阻两端的电压为 $U_{R1}=IR=3\times1V=3V$；当 $R=5\Omega$ 时电阻两端的电压为 $U_{R2}=IR=5\times1V=5V$。

电流源的端电压由与之相连接的外电路决定，设其端电压极性如图 1-2-17 中 U_{ab} 所示，则当 $R=3\Omega$ 时电流源的端电压为 $U_{ab1}=3\times1V+2V=5V$；当 $R=5\Omega$ 时电流源的端电压为 $U_{ab2}=5\times1V+2V=7V$。可见理想电流源的输出电压随着外接负载的变化而变化。

综上所述，理想电压源的输出电压及理想电流源的输出电流都不随外电路的变化而变化。它们都是独立电源，在电路中作为电源或信号源，又称"激励"。在它们的作用下，电路其他元件将产生相应电压和电流，这些电压和电流称为"响应"。

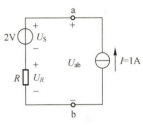

图 1-2-17　例 1-2-8 图

 注意：
　　理想电压源的内阻为零，理想电流源内阻为无穷大。

1.2.3　元件串并联与混联电路

在电路中，元件的连接形式多种多样，常见的元件连接方式有串联、并联和混联等。

1. 元件串联电路

在电路中，若干元件依次连接中间没有支路的连接方式称为元件的串联。元件串联电路在现实生活中处处可见，例如将干电池、开关和小灯珠顺次相连，就组成了一个手电筒电路，这个电路就是串联电路。在串联电路中，电流只有一条路径，通过电路中各元件的电流处处相等，这是串联电路的重要特征。为了分析方便，下面重点对电阻的串联电路进行分析，R_1、R_2 和 R_3 三个电阻组成的串联电路如图 1-2-18 所示。

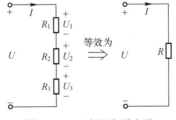

图 1-2-18　电阻串联电路

电阻串联电路具有以下特点：

1）在电阻串联电路中，无论各电阻的数值是否相等，通过各电阻的电流为同一电流，这是判断电阻是否串联的一个重要依据。

$$I=I_1=I_2=I_3 \qquad (1\text{-}2\text{-}12)$$

2）根据全电路欧姆定律，电阻串联电路两端的总电压等于各电阻两端分电压之和，电阻串联电路的总电压大于任何一个分电压。

$$U=U_1+U_2+U_3 \tag{1-2-13}$$

3）串联电路的总电阻（等效电阻）等于各电阻串联之和，电阻串联电路的总电阻大于任何一个分电阻。

$$R=R_1+R_2+R_3 \tag{1-2-14}$$

4）电阻串联电路中，各电阻上的电压与它们的电阻值成正比。

$$U_n = \frac{R_n}{R}U = \frac{R_n}{R_1+R_2+R_3+\cdots+R_n}U \tag{1-2-15}$$

上述特点表明电阻串联时，电阻越大分配到的电压越大，电阻越小分配到的电压越小，这就是电阻串联电路的**分压原理**。通常式（1-2-15）又称为电阻串联的分压公式。

5）电阻串联电路的总功率 P 等于消耗在各串联电阻上的功率之和，且电阻值大的消耗的功率大。

$$P=P_1+P_2+P_3 \tag{1-2-16}$$

【**例 1-2-9**】 一个继电器的线圈电阻为200Ω，允许流过的电流为 30mA。现要将其接到24V 的直流电压上，需要多大的限流电阻？

解： 将继电器线圈直接连接到 24V 的直流电压上时通过的电流为 $I = 24/200 \text{A} = 120\text{mA}$，显然大大超过继电器的允许电流 30mA，不加限流电阻继电器的线圈在 120mA 的大电流下很快就会烧毁。为了保护继电器的线圈，需串联一个电阻以降低电流。

因串联电路中电流处处相等，所以总电流最大只能为 30mA，据此可以求出串联电路的总电阻，然后用总电阻减去继电器线圈电阻即可得到限流电阻大小，计算过程为

$$R_总 = \frac{24}{30 \times 10^{-3}}\Omega = 800\Omega \Rightarrow R_串 = 800\Omega - 200\Omega = 600\Omega$$

所以需要串联 600Ω 的限流电阻。

【**例 1-2-10**】 有一个磁电系仪表，其表头满偏电流 $I_g = 100\mu\text{A}$，内阻 $R_g = 1\text{k}\Omega$，若将该表头改造成量程为 10V 的电压表，需要串联多大的附加电阻？

解： 如图 1-2-19 所示，表头最大电流即满偏电流为 100μA，所以改造后表头能流过电流的最大值为 100μA。根据欧姆定律可求出串联电路的总电阻，用总电阻减去表头内阻即可得到附加电阻大小，详细计算过程为

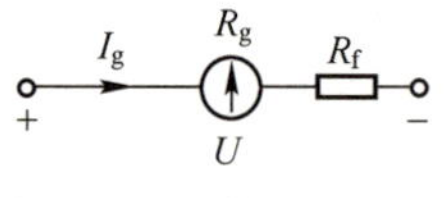

图 1-2-19 例 1-2-10 图

$$R_总 = \frac{U}{I_g} = \frac{10}{100 \times 10^{-6}}\Omega = 100 \times 10^3 \Omega，\quad R_f = R_总 - R_g = 100 \times 10^3 \Omega - 1 \times 10^3 \Omega = 99\text{k}\Omega$$

从例 1-2-10 可知，串联电阻常用于限制流过电气设备的总电流方面，防止因电流超过电气设备的额定电流而烧毁电气设备。

2. 元件并联电路

在电路中，将若干元件的一端共同连在电路的一点上，把它们的另一端共同连在另一点上，这种连接方式称为元件的并联。图 1-2-20a 所示为两个电阻的并联电路，图 1-2-20b 所示为其等效电路。现实生活中元件并联的实例很多，例如一般家庭电路中电灯的连接方式即为并联，任何一个灯坏了，其他灯仍然可以正常工作。下面以电阻并联电路为例进行元件并

联电路的分析。

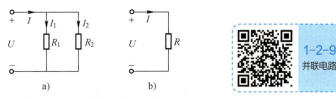

图 1-2-20 电阻并联电路

电阻并联电路具有以下特点：

1）加在各并联电阻两端的电压为同一电压，即各分支电阻两端电压相等。

$$U=U_1=U_2=U_3 \tag{1-2-17}$$

2）电路的总电流等于各并联电阻分电流之和，并联电路的总电流大于任何一个分电流。

$$I=I_1+I_2+I_3 \tag{1-2-18}$$

3）电路的总电阻（等效电阻）R 的倒数等于各电阻的倒数之和，并联电路的总电阻比任何一个并联电阻的电阻值都小。

$$\frac{1}{R}=\frac{1}{R_1}+\frac{1}{R_2}+\frac{1}{R_3} \tag{1-2-19}$$

4）流过各并联电阻的电流与其电阻值成反比。

$$I_n = R\frac{I}{R_n} \tag{1-2-20}$$

式（1-2-20）表明电阻并联时，电阻值越大的电阻分配到的电流越小，电阻值越小的电阻分配到的电流越大，这就是并联电阻电路的<u>分流原理</u>。

5）并联电阻电路的总功率 P 等于消耗在各并联电阻上的功率之和，且电阻值大者消耗的功率小。

$$P=P_1+P_2+P_3 \tag{1-2-21}$$

 注意：

为了书写方便，电阻的并联关系常用符号"//"表示，后续不再说明。电阻并联后的总电阻比并联前任意一个电阻都小，电阻"越并越小"。n 个阻值为 R 的电阻并联后总电阻 $R_总=R/n$，两个电阻 R_1 和 R_2 并联后的总电阻 $R_总 = R_1R_2/(R_1+R_2)$。

【例 1-2-11】 有一个磁电系仪表，其表头满偏电流 $I_g=100\mu A$，内阻 $R_g=1.6k\Omega$，若将该表头扩大成量程为 1mA 的电流表，需要并联多大的分流电阻？

解： 设图 1-2-21 中的电流 I 最大值为 1mA，则根据满偏电流可得表头的满偏电压 $U=I_gR_g=100\times10^{-6}\times1.6\times10^3 V=0.16V$，因并联电路中各支路两端的电压相等，根据欧姆定律可得分流电阻 $R_f=U/(I-I_g)=0.16/(1\times10^{-3}-100\times10^{-6})\Omega=177.8\Omega$，即在表头两端并联一个 177.8Ω 的分流电阻 R_f，可将该磁电系仪表量程扩大为 1mA。

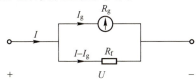

图 1-2-21 例 1-2-11 图

3. 元件混联电路

电路中有串联也有并联的电路叫作混联电路,如图 1-2-22 所示。

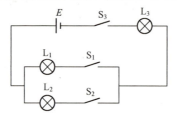

图 1-2-22　混联电路图

混联电路是由串联电路和并联电路组合在一起的特殊电路。混联电路的优点是：电路中既有串联电路又有并联电路，并联电路可以使并联支路上某个用电器单独工作或不工作。混联电路的缺点：如果干路上有一个用电器损坏或断路会导致整个电路无效。对混联电路的分析需要反复使用串并联电路的特点，将混联电路进行化简，重点使用串联分压、并联分流和欧姆定律公式求各支路电压和电流。求混联电阻电路两点间的等效电阻时，要充分理解和使用等电位点的概念，将电路关系理清从而将电路化简。

【例 1-2-12】 求图 1-2-23 三个电路中 a、b 两点之间的电阻。

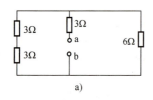
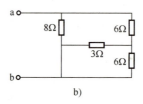
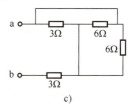

图 1-2-23　例 1-2-12 图

解：对于图 1-2-23a，直接可以求出 R_{ab}=[3+6//(3+3)] Ω =6Ω。

对于图 1-2-23b，可以看出 R_{ab}=[8//(6+3//6)] Ω =4Ω。

对于图 1-2-23c，简化过程如图 1-2-24 所示。

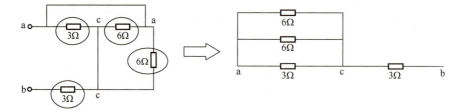

图 1-2-24　电路图简化过程

可以看出在图 1-2-24 中，标注"a"的为同一个点，标注"c"的为同一个点，因此 R_{ab}=6//6//3Ω +3Ω=4.5Ω。

4. 元件的星形联结和三角形联结

1）元件的星形联结如图 1-2-25 所示。

图 1-2-25 中 3 个电阻各有一端连接在一起成为电路的一个节点 O，而另一端分别接到 1、2、3 三个端钮上与外电路相连，这种连接方式叫作星形（Y）联结。

2）元件的三角形联结如图 1-2-26 所示。

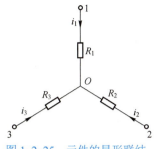

图 1-2-25　元件的星形联结

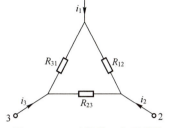

图 1-2-26　元件的三角形联结

图 1-2-26 中 3 个电阻分别接在 1、2、3 三个端钮中的每两个之间，这种连接方式叫作三角形（△）联结。在三相交流电路中，三相负载星形联结和三角形联结很常见。

3）星形联结电阻和三角形联结电阻是可以相互等效变换的，变换推理过程在此省略。

星形联结电阻变换为三角形联结电阻的计算公式为

$$\begin{cases} R_{12} = \dfrac{R_1 R_2 + R_1 R_3 + R_2 R_3}{R_3} \\ R_{23} = \dfrac{R_1 R_2 + R_1 R_3 + R_2 R_3}{R_1} \\ R_{31} = \dfrac{R_1 R_2 + R_1 R_3 + R_2 R_3}{R_2} \end{cases} \quad (1\text{-}2\text{-}22)$$

三角形联结电阻变换为星形联结电阻的计算公式为

$$\begin{cases} R_1 = \dfrac{R_{31} R_{12}}{R_{12} + R_{31} + R_{23}} \\ R_2 = \dfrac{R_{23} R_{12}}{R_{12} + R_{31} + R_{23}} \\ R_3 = \dfrac{R_{23} R_{31}}{R_{12} + R_{31} + R_{23}} \end{cases} \quad (1\text{-}2\text{-}23)$$

 注意：

电阻的Y-△变换仅对 3 个端钮（或外电路）等效，对于变换过的每个元件都是不等效的。若三端钮电阻网络对称，即 $R_1=R_2=R_3=R_Y$、$R_{12}=R_{23}=R_{31}=R_\triangle$ 时，则有 $R_Y=R_\triangle/3$、$R_\triangle=3R_Y$。

5．电路连接的几个特例

1）电容器串联时，因为有效的极板间隔增加，所以总电容量小于其中最小的电容量；电容器并联时，因为极板的有效面积增加，所以总电容量等于各个电容器电容量之和。公式如下：

$$\dfrac{1}{C_{串总}} = \dfrac{1}{C_1} + \dfrac{1}{C_2} + \cdots + \dfrac{1}{C_n}, \quad C_{并总} = C_1 + C_2 + \cdots + C_n$$

2）理想电压源串联。

$$U_S = U_{S1} + U_{S2} + \cdots + U_{Sn} = \sum_{i=1}^{n} U_{Si}$$

3）理想电流源并联。

$$I_S = I_{S1} + I_{S2} + \cdots + I_{Sn} = \sum_{i=1}^{n} I_{Si}$$

4）理想电压源与理想电流源串联。根据理想电压源的特性（端电压恒定、端电流任意）和理想电流源的特性（端电压任意，端电流恒定），两者串联后总端电流由理想电流源决定，对外电路来说这个串联电路等效为一个电流源，如例 1-2-8 所示。串联的电压源对外电路没有影响，但它会影响内部电路电流源的端电压。

5）理想电压源与理想电流源并联。

同理，两者并联后总端电压由理想电压源决定，对外电路来说这个并联电路等效为一个电压源，并联的电流源对外电路没有影响，但它会影响内部电路电压源的电流。从另一个角度分析，理想电流源输出恒定电流，其特点是负载电阻越大，负载上的电压降就越高，没有上限，当其与理想电压源并联后，因理想电压源输出恒定电压的限制，导致理想电流源的上述特点消失，所以对外电路等效为一个电压源。

[知识拓展] 常见的电阻、电容与电感

1. 常见的电阻（见图 1-2-27）

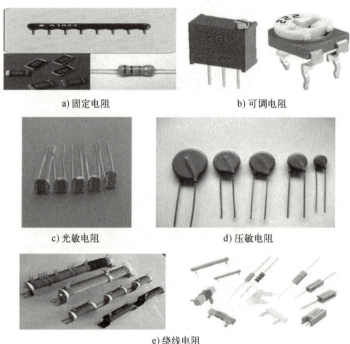

图 1-2-27 常见的电阻

2. 常见的电容（见图 1-2-28）

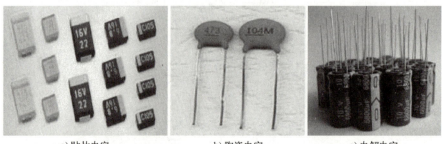

图 1-2-28 常见的电容

3. 常见的电感（见图 1-2-29）

图 1-2-29　常见的电感

[练习与思考]

一、填空题

1. 某直流电源的电动势 $E=220V$，内阻 $R_i=20\Omega$，当负载电阻 $R_L=0\Omega$ 时，电源的端电压为＿＿＿＿；当负载电阻 $R_L=20\Omega$ 时，电源的端电压为＿＿＿＿；当负载电阻 $R_L=200\Omega$ 时，电源的端电压为＿＿＿＿；当负载电阻 $R_L=\infty$ 时，电源的端电压为＿＿＿＿。

2. 若某发光二极管正向导通后电压为 2V，接到 5V 直流电源上后需要串联电阻值为＿＿＿＿的电阻时才能使流过发光二极管的电流为 20mA。

3. 10Ω 和 100Ω 电阻串联后的等效电阻等于＿＿＿＿，两电阻串联后接到电压为 11V 的直流理想电压源上，10Ω 电阻两端电压为＿＿＿＿。

4. 1mF 电容，额定电压为直流 50V，接到 50V 直流理想电源上足够长时间后，该电容器储存的能量为＿＿＿＿，若一个压电陶瓷打火机点一次火需要 0.05J 能量，不考虑能量损失，该电容器储存能量可以点火＿＿＿＿次。

5. 从能量的观点看，电感器是一个＿＿＿＿元件。

6. 两个 8Ω 电阻并联后，其等效电阻为＿＿＿＿。

二、判断题（正确的打√，错误的打×）

1. $1G\Omega$ 电阻和 1Ω 电阻并联后等效电阻大于 1Ω。（　　）
2. 电感元件储存电场能，电容元件储存磁场能。（　　）
3. 电阻值跟温度没有关系。（　　）
4. 电池长时间搁置后用万用表测量电压为 1.4V，但接上额定电压为 1.5V 的灯却不发光，主要原因是电池电动势变小了。（　　）
5. 当直流电源的内电阻为零时，电源电动势的大小就等于电源端电压。（　　）

三、单选题

1. 在直流供电电网中，由于电压降低致使用电器的功率降低了 19%，这时电网电压相比原来降低了（　　）。
    A．90%　　　　　B．81%　　　　　C．19%　　　　　D．10%

2. 一台直流发电机，带载后其端电压为 230V，内阻为 6Ω，输出电流为 5A，该发电机的电动势为（　　）。

A. 230V   B. 240V   C. 260V   D. 200V

3. 一根导体的电阻为 R，若长度拉长为原来的 2 倍，其电阻值为（   ）。

A. $R/2$ B. $2R$ C. $4R$ D. $8R$

四、问答题

1. 根据电压、电流参考方向不同，欧姆定律有哪两种表达形式？如何选用？

2. 额定值分别为直流 110V、60W 和直流 110V、40W 的两盏灯，可否把它们串联起来后接到直流 220V 的电源上工作，为什么？

3. 简述理想电压源和理想电流源的特点。在实际电源的电压源模型中，内阻 R_i 为何值时可以视为理想电压源？在实际电源的电流源模型中，内阻 R_i 为何值时可以视为理想电流源？

五、分析计算题

1. 求图 1-2-30 所示电路中的电流 I。

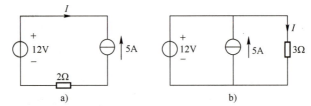

图 1-2-30　题 1 图

2. 求图 1-2-31 所示电路中的电压 U。

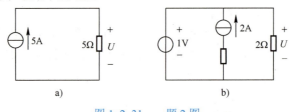

图 1-2-31　题 2 图

六、电工技能大赛

1. 有一盏弧光灯，额定电压为直流 40V，正常工作时的电流为 0.5A，需要串联多大电阻，才能把它接入到直流 220V 的照明电路中？电阻的功率多大？

2. 修理电器时需要一个 150Ω 的电阻，但只有 100Ω、200Ω、600Ω 的电阻各一个，怎么办？

任务 3　双电源供电电路基尔霍夫定律的测试分析

[任务导入]

当电路中存在两个或者两个以上电源供电时，流过每个电源的电流如何计算，电路中各条支路间的电流有什么关系？电路中各个元件两端电压有什么关系？日常生活中我们把电池串联起来使用，并联起来可以使用吗？是不是所有电压源都可以并联使用，有没有限制条件？电流源可以串联还是并联？带着这些问题让我们一起开始双电源供电电路基尔霍夫定律的测试分析部分内容的学习吧。

[学习目标]

1）掌握基尔霍夫电压定律。
2）掌握基尔霍夫电流定律。
3）能够用支路电流法分析复杂电路。

[工作任务]

图 1-3-1 为双电源供电电路，U_{S1}=15V、U_{S2}=12V、R_1=100Ω、R_2=200Ω，请学生做实验，观察电流 I_1、I_2、I_3 满足什么关系，并总结 U_{S1}、U_{S2}、U_1、U_2 之间有什么关系，不断调整 U_{S2} 的值，分析当 U_{S2} 的值为多少时，I_3 变为零；保持 U_{S1}=15V、R_2=200Ω 不变，调整 R_2 为 10Ω 时，分析当 U_{S2} 的值为多少时，I_3 变为零。尝试使用不同的电路参数继续实验，观察电压 U_{S1}、U_{S2}、U_1、U_2 之间及电流 I_1、I_2、I_3 之间关系是否仍然成立。

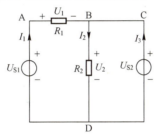

图 1-3-1 双电源供电电路图

[任务仿真]

教师使用 Multisim 软件按照图 1-3-1 连接电路。令 U_{S1}=15V、U_{S2}=12V、R_1=100Ω、R_2=200Ω，使用电流表按照图 1-3-1 中电流参考方向测量电流 I_1、I_2、I_3，使用电压表按照图 1-3-1 中电压参考方向测量电压 U_{S1}、U_{S2}、U_1、U_2，让学生记录以上数据，分析总结电流之间及电压之间有什么关系，改变各元件参数，重复进行实验，让学生再次验证总结的结果的正确性；假设 U_{S2} 为一个内阻为零的电池，当 U_{S2} 电压降到多少时，I_3 变为零，不再向 R_2 输出电流；假定 R_1 为电压源 U_{S1} 的内阻，令 R_1=10Ω，保持 U_{S1}=15V、R_2=200Ω 不变，当 U_{S2} 约为 14.3V 时，电流 I_3 的方向发生改变，U_{S1} 开始向 U_{S2} 充电，让学生尝试使用不同的电路参数继续验证结论的普遍性。

[任务实施]

实验电路如图 1-3-1 所示。

1）分别将两路直流稳压电源接入电路，令 U_{S1}=15V、U_{S2}=12V、R_1=100Ω、R_2=200Ω（先调准输出电压值，再接入实验电路中）。

2）使用电流表按照图 1-3-1 中电流参考方向测量电流 I_1、I_2、I_3，使用电压表按照图 1-3-1 中电压参考方向测量电压 U_{S1}、U_{S2}、U_1、U_2，数据记入表 1-3-1 中。分析总结各电流之间及各电压之间有什么关系。

表 1-3-1 基尔霍夫定律实验数据

I 与 U	I_1/A	I_2/A	I_3/A	U_{S1}/V	U_{S2}/V	U_1/V	U_2/V
计算值							
测量值							
结论							

3）保持 U_{S1}=15V、R_1=100Ω、R_2=200Ω，不断调整 U_{S2} 的值，观察当 U_{S2} 为多少时，I_3 变为零。数据记入表 1-3-2 中。

表 1-3-2 双电源供电实验数据 1

U_{S1}/V	15	15	15	15	15	15
U_{S2}/V	15	12	10	6	3	0
I_3/A						

4）保持 U_{S1}=15V、R_2=200Ω 不变，调整 R_1 为 10Ω，分析当 U_{S2} 为多少时，I_3 变为零。数据记入表 1-3-3 中。

表 1-3-3 双电源供电实验数据 2

U_{S1}/V	15	15	15	15	15	15
U_{S2}/V	15	14.5	14	13	12	10
I_3/A						

[总结与提升]

对于所有的集总参数电路包括直流、交流、线性和非线性电路，基尔霍夫定律都适用，基尔霍夫定律和欧姆定律一样都是分析电路的基础，基尔霍夫定律包括基尔霍夫电流定律和基尔霍夫电压定律。电池内阻变大后电池带载能力下降，在电池内加入石墨烯可以降低电池内阻，提高电池充电电流，缩短电池充电时间。

[知识链接]

1.3 基尔霍夫定律及支路电流法

一个有担当、有责任心的大学生，进入社会就是社会的建设者，而不是观望者。

1.3.1 基尔霍夫定律

描述电路结构的专业术语如下所示：
节点 n。电路中 3 个或 3 个以上二端元件连接的点称为节点。
支路 b。一个或几个二端元件首尾相接构成的通过同一电流的无分支电路称为支路。
回路 l。电路中任一闭合的路径称为回路。
网孔 m。回路内不含有其他支路的回路称为网孔。

【例 1-3-1】 图 1-3-2 所示电路中每个方框代表一个元件，求节点数、支路数、回路数和网孔数。

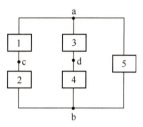

图 1-3-2 例 1-3-1 图

解：节点数 $n=2$，支路数 $b=3$，回路数 $l=3$，网孔数 $m=2$。

1. 基尔霍夫电流定律

基尔霍夫电流定律（Kirchhoff's Current Law，KCL）的内容为：在任一时刻，由于节点处无电荷囤积，流出任一节点的所有支路电流之和等于流入该节点的所有支路电流之和，用公式表示为

$$\sum I_{流入} = \sum I_{流出} \qquad (1\text{-}3\text{-}1)$$

如果选定电流流入节点为正，流出节点为负，基尔霍夫电流定律还可以表述为：对于<u>任何集总电路包括直流、交流、线性、非线性电路</u>中的任一节点，在任一时刻，流过该节点的电流代数和恒等于零。其数学表达式为

$$\sum I = 0 \qquad (1\text{-}3\text{-}2)$$

例如对于图 1-3-3 而言，对节点 P 应用 KCL 可以列两个等价的数学表达式，即

$$I_1 + I_2 = I_3 + I_4 + I_5$$

$$I_1 + I_2 - I_3 - I_4 - I_5 = 0$$

 注意：
1）列式时看参考方向（不看数值的正负号）。
2）代入数值时看数值的正负号（不看参考方向）。

【例 1-3-2】 如图 1-3-4 所示，求电流 I 的大小。

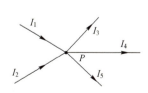

图 1-3-3 电路中一个节点

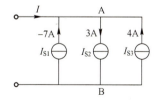

图 1-3-4 例 1-3-2 图

解：对节点 A 列式：$I + I_{S1} + I_{S3} = I_{S2}$，代入数值得 $I + (-7) + 4 = 3$，所以 $I = 6A$。

基尔霍夫电流定律实际上是电流连续性的表现。它一般应用于节点，也可推广应用于任一封闭面（此封闭面也称为广义节点）。若两个电路之间只有一根导线相连，那么这根导线中一定没有电流流过；同理，若两个电路之间只有两根导线相连，那么这两根导线中电流大小

一定相等。

例如对于图 1-3-5，由图 1-3-5a 有 $I_1+I_2=I_3$，由图 1-3-5b 有 $I_b+I_c=I_e$，由图 1-3-5c 有 $I_1=0$，由图 1-3-5d 有 $I_a=I_b$。

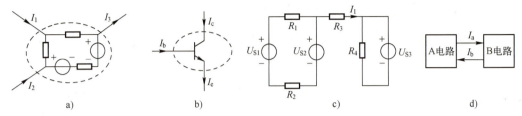

图 1-3-5 部分电路

2. 基尔霍夫电压定律

基尔霍夫电压定律（Kirchhoff's Voltage Law，KVL）的内容为：在任一时刻，沿任一回路绕行一周回到起点，正电荷获得的能量与消耗的能量相等，即回路中电压升之和等于电压降之和，用公式表示为

$$\sum U_升 = \sum U_降 \qquad (1-3-3)$$

如果假定回路绕行方向，并把回路绕行方向设为电压降低方向，然后观察每个元件上的参考方向与绕行方向是否一致，如果一致则该电压取正，如果不一致则该电压取负，则基尔霍夫电压定律还可以表述为：任一时刻，对于任何集总电路包括直流、交流、线性、非线性电路中任一闭合回路内各段电压的代数和恒等于零。其数学表达式为

$$\sum U = 0 \qquad (1-3-4)$$

如图 1-3-6 所示，从 a 点开始按顺时针方向（也可按逆时针方向）绕行一周，有

$$U_1 + U_4 = U_2 + U_3$$

或

$$U_1 - U_2 - U_3 + U_4 = 0$$

【例 1-3-3】 对图 1-3-7 中的回路 abda 和回路 abcda 列写 KVL 方程。

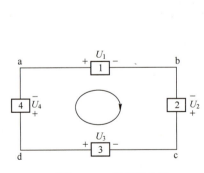

图 1-3-6 单回路电路

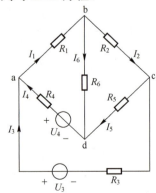

图 1-3-7 例 1-3-3 图

解：对于回路 abda：$U_{ab}+U_{bd}+U_{da}=0 \Rightarrow I_1R_1+I_6R_6-U_4+I_4R_4=0$。

对于回路 abcda：$U_{ab}+U_{bc}+U_{cd}+U_{da}=0 \Rightarrow I_1R_1+I_2R_2+I_5R_5-U_4+I_4R_4=0$。

注意:

1) 对于电阻元件,当绕行方向与支路电流一致时,电阻上电压为 IR,相反时为 $-IR$;当绕行方向经电压源时,无论电源是 U_S 还是 E,只要绕行方向经电源时为电位降低(从正极到负极),取 U_S 或 E,反之为电位升高(从负极到正极),取 $-U_S$ 或 $-E$,而与流过电压源电流方向无关。

2) KVL 还可以推广应用到电路中任一不闭合的假想回路,但要将开口处的电压列入 KVL 方程。对于电路中任意两点 A 和 B 之间的电压 U_{AB},可以使用 KVL 快速求出,方法为令 B 点电位为零,从 B 沿任意回路到 A,求经过各元件的电位升降和,即为 U_{AB}。

【例 1-3-4】 对图 1-3-8 中的从 a 到 b 的开口回路列写 KVL 方程。

解: 用式(1-3-3)列电压方程有

$$u_{ab} + i_3 R_3 + u_{S3} = u_{S1} + i_1 R_1 + u_{S2} + i_2 R_2$$

移项可得

$$u_{ab} = -u_{S3} - i_3 R_3 + i_2 R_2 + u_{S2} + i_1 R_1 + u_{S1}$$

设 b 点电位为零,也可求出 u_{ab} 大小。

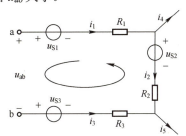

图 1-3-8 例 1-3-4 图

1.3.2 支路电流法

1. 支路电流法概念

<u>以各支路电流为未知量,应用 KCL、KVL 列出与支路电流数目相等的独立方程式,通过联立方程组求解各支路电流的方法称为支路电流法,是电路分析计算的基本方法之一。</u>用支路电流法计算电路时,独立方程式的数目应与电路的支路数相等。方程式中的未知量就是支路电流,所以列方程之前应先设定各支路电流的参考方向。一个具有 b 条支路、n 个节点的电路,只有列写 b 个独立的方程组,才能计算出 b 条支路电流,b 个独立方程分别由 $n-1$ 个独立节点电流方程和 $b-(n-1)$ 个独立的网孔电压方程组成。

2. 支路电流法的求解步骤

1) 假设各支路电流的参考方向及回路的绕行方向。

2) 应用 KCL 对独立节点列电流方程(电路中如果存在 n 个节点,则只有 $n-1$ 个节点为独立节点,剩下的一个节点其 KCL 方程可由其余节点的电流方程推导得出)。

3) 应用 KVL 对网孔列 KVL 方程,使 KCL+KVL 独立方程式的数目与电路的支路数相等。

4）联立各独立方程式求解各支路电流。

【例 1-3-5】 应用支路电流法对图 1-3-9 列写支路电流方程。

解：（1）假设各支路电流方向及回路绕行方向，如图 1-3-9 所示（参考方向是任意的，不一定和图中一致，读者可以尝试改变参考方向解答）。

（2）应用 KCL 对节点 a 和 b 列写 KCL 方程：

$$\begin{cases} I_2 = I_1 + I_3 \\ I_5 = I_3 + I_4 \end{cases}$$

（3）对从左至右的 3 个网孔列写 KVL 方程：

$$\begin{cases} -9I_2 - 7I_1 - 4 = 0 \\ 9I_2 + 2I_3 - 5I_4 + 10 = 0 \\ 5I_4 + 3I_5 + 6 - 10 = 0 \end{cases}$$

【例 1-3-6】 应用支路电流法求图 1-3-10 各支路电流。

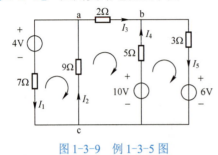
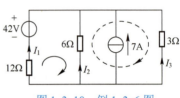

图 1-3-9 例 1-3-5 图   图 1-3-10 例 1-3-6 图

解：（1）假设各支路电流方向及回路绕行方向如图 1-3-10 所示。

（2）支路数为 4，但恒流源支路的电流已知，则未知电流只有 3 个，所以可只列 3 个方程。

$$\begin{cases} I_1 + I_2 + I_3 + 7 = 0 \\ -6I_2 + 12I_1 - 42 = 0 \\ -3I_3 + 6I_2 = 0 \end{cases}$$

（3）联立求解得

$$\begin{cases} I_1 = 2A \\ I_2 = -3A \\ I_3 = -6A \end{cases}$$

 注意：

两个电压不等的电压源并联形成回路时，由于违背 KVL 而无意义。同样，两个电流不相等的电流源串联时，由于违背 KCL 也无意义。

[知识拓展] 电阻的主要参数与电阻值的表示方法

1. 电阻的主要参数

标称阻值：标称在电阻器上的电阻值称为标称值，单位为 Ω、kΩ 或 MΩ。标称值是根据国家制定的标准系列标注的,不是生产者任意标定的,不是所有电阻值的电阻器都存在。

允许误差:电阻器的实际电阻值对于标称值的最大允许偏差范围称为允许误差,常用误差代码有 B(0.1%)、C(0.25%)、D(0.5%)、F(1%)、G(2%)、J(5%)、K(10%)等。

额定功率:指在规定的环境温度下,假设周围空气不流通,在长期连续工作而不损坏或基本不改变电阻器性能的情况下,电阻器上允许消耗的功率,常见的有 1/16W、1/8W、1/4W、1/2W、1W、2W、5W、10W。

2. 电阻值的表示方法

电阻值的标识法有:色环法和数码法。

(1)色环法　色环法主要针对色环电阻,色环电阻有四环和五环,其标识方法如图 1-3-11 所示。电阻器色环助记口诀:<u>棕 1 红 2 橙上 3,4 黄 5 绿 6 是蓝,7 紫 8 灰 9 雪白,黑色是 0,最后一环表示误差须记牢</u>。例如:某色环电阻第一色环为红、第二色环为黄、第三色环为绿、第四色环为银,则电阻值为 $24×10^5\Omega=2400k\Omega$,电阻值误差为 10%。最后一环误差具体表示含义如图 1-3-11 所示。

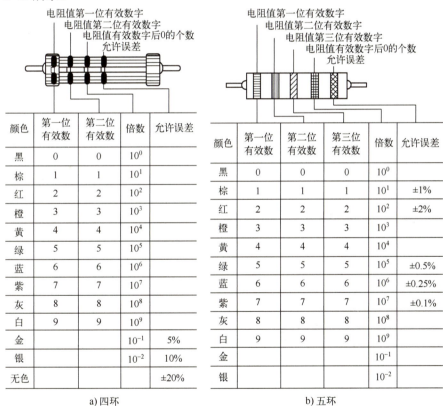

图 1-3-11　色环电阻的标识法

(2)数码法　数码法用三位数字表示元件的标称值。从左至右,前两位表示有效数位,第三位表示 10^n($n=0\sim 8$,$n=9$ 时为特例,表示 10^{-1}),而标志是 0 或 000 的电阻器表示是跳线,电阻值为 0Ω。例如,471 表示 $47×10^1\Omega=470\Omega$,105 表示 $10×10^5\Omega=1M\Omega$,2R2 表示 2.2Ω,103 表示 $10×10^3\Omega=10k\Omega$,512 表示 $51×10^2\Omega=5.1k\Omega$。

[练习与思考]

一、填空题

1. 基尔霍夫电流定律是对电路中的_____列写_____方程。
2. 一个电路有 b 条支路、n 个节点，可以列_____个独立的 KCL 方程、_____个独立的 KVL 方程。
3. 基尔霍夫定律中参数的方向指的是_____。
4. 基尔霍夫电压定律的数学表达式为_____，图 1-3-12 所示电路 U_{ab}=_____。

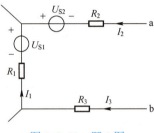

图 1-3-12 题 4 图

二、单选题

1. 通过电阻的电流增大到原来的 3 倍时，电阻消耗的功率为原来的（   ）倍。
   A. 3　　　　B. 6　　　　C. 9　　　　D. 12
2. 把图 1-3-13 所示的电路改为图 1-3-14 的电路，其负载电流 I_1 和 I_2 将（   ）。
   A. 增大　　　B. 不变　　　C. 减小　　　D. 无法确定

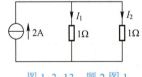　　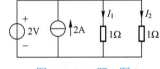

图 1-3-13 题 2 图 1　　　　　　　图 1-3-14 题 2 图 2

3. 如图 1-3-15 所示，由欧姆定律得，U_{ba}=-(-6)×5V，其中括号内的负号表示（   ）。
   A. 电压的参考方向与实际方向相反　　B. 电流的参考方向与实际方向相反
   C. 电压与电流为非关联参考方向　　　D. 电流的参考方向与实际方向相同
4. 如图 1-3-16 所示的电路，已知 R_1=50Ω(1W)，R_2=100Ω(1/2W)，当 S 闭合时，将使（   ）。
   A. R_1 烧坏，R_2 不会烧坏　　　　B. 均烧坏
   C. R_1 未烧坏，R_2 烧坏　　　　　D. 均不会烧坏

三、分析计算题

1. 根据基尔霍夫定律，求图 1-3-17 所示电路中的电流 I_1 和 I_2。
2. 根据基尔霍夫定律，求图 1-3-18 所示电路中的电压 U_1、U_2 和 U_3。

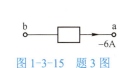

图 1-3-15 题 3 图

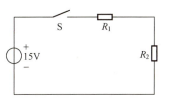

图 1-3-16 题 4 图

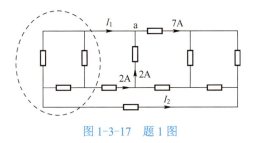

图 1-3-17 题 1 图

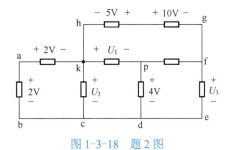

图 1-3-18 题 2 图

3. 求图 1-3-19 所示电路中的电压 U。

4. 求图 1-3-20 所示电路中的电流 I 及电压 U_{AB}。

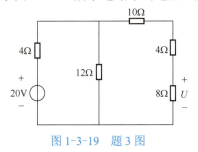

图 1-3-19 题 3 图

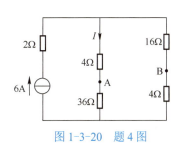

图 1-3-20 题 4 图

四、电工技能大赛

1. 一个儿童玩具小车需要 4 节 1.5V 电池串联供电，在安装新电池时不小心把一节电池装反了，那么此时玩具小车获得的电压是多少伏？

2. 家庭电路正常工作时进户线流过相线电流和流过中性线电流时刻保持一致，请学生用学过的电路定律进行解释，若相线和中性线电流不一致说明家庭供电方面出现了什么故障？请分析说明相线和中性线电流不一致的原因。

任务 4　双电源供电电路等效电路分析

[任务导入]

当电路中存在两个或者两个以上电源供电时，对一个特定的负载如果想要获得流过这个负载的电流，从实践的角度在电路中加一个电流表即可解决问题，但从理论角度有没有更好的方法？负载以外的多电源电路能不能用一个简单的电源电路来替换？如何快速找到这个可替换的电源电路？在多个电源共同作用下，负载在什么样的条件下可以获得最大功率？带着这些问题让我们一起开始双电源供电电路等效电路部分内容的学习吧。

[学习目标]

1）掌握戴维南定理。
2）掌握电压源、电流源变换原则。
3）能够化简二端网络。

[工作任务]

图 1-4-1a 为双电源供电电路，U_{S1}=15V、U_{S2}=12V、R_1=100Ω、令 R_2=200Ω，如何从理论角度计算流过 R_2 的电流？尝试用一个电源和一个电阻串联或并联来代替 R_2 以外电路，保持 U_{S1}=12V、U_{S2}=15V、R_1=100Ω，不断调整 R_2 电阻值，当 R_2 为多少时，R_2 功率最大？

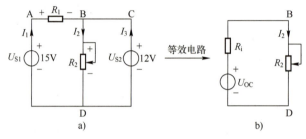

图 1-4-1　双电源供电电路图

[任务仿真]

教师使用 Multisim 软件按照图 1-4-1 连接双电源供电电路。连接好电路后教师用数字电流表按照 I_2 参考方向测量 I_2，然后把电压源 U_{S1} 和电阻 R_1 的串联用一个 U_{S1}/R_1=0.15A 的电流源和 R_1 的并联代替。第二次测量 I_2，把 R_2 之外电路用一个 12V 电压源和一个 100Ω 电阻串联电路替代，电压源方向仍然是上为正、下为负。第三次测量 I_2，比较三次测量电流的大小；教师不断调整 R_2 电阻值，用一个功率表测量 R_2 功率，当 R_2=100Ω 时，让学生观察此时的功率是否是最大功率；让学生尝试使用不同的电路继续验证结论的普遍性。

[任务实施]

1. 戴维南等效及负载最大功率验证

1）图 1-4-1a 为双电源供电电路，U_{S1}=15V、U_{S2}=12V、R_1=100Ω、R_2=200Ω，R_2 以外等效电路（见图 1-4-1b）求法为：断开 B 点和 D 点间电阻 R_2，测量 B 点和 D 点之间电压 U_{BD}，即为开路电压 U_{OC}；等效电阻 R_i 可以采用两种实验方法获得，一种是短接 R_2 测 I_{SC}，根据公式 R_i=U_{OC}/I_{SC} 求得，另一种方法是把 R_2 以外电路中的电压源短接，电流源开路，使用欧姆表测量 B 点和 D 点间电阻即 R_i，因为本电路如果把 R_2 短接会引起电压源 U_{S2} 短路，所以使用第二种方法求等效电阻 R_i。测得 U_{OC} 和 R_i 即可得到如图 1-4-1b 所示等效电路。

2）双电源供电电路负载最大功率实验：不断调整图 1-4-1a 中 R_2 的电阻值，测量 R_2 两端电压 U_2 及流过 R_2 的电流 I_2，填入表 1-4-1，并计算 R_2 功率 P_2。分析 R_2 功率最大时 R_2 和 R_i 关系。

表 1-4-1 双电源供电电路负载最大功率实验数据

R_2/Ω	1000	900	800	700	600	500	400	300	200	100
U_2/V										
I_2/mA										
P_2/W										

2．测定电源等效变换的条件

先按图 1-4-2a 所示方式连接电路，其中 U_{S1}=15V、R_1=100Ω、R_2=200Ω，记录电压表和电流表的读数；然后按图 1-4-2b 所示方式接线，调节恒流源的大小，使电压表和电流表的读数与图 1-4-2a 时的数值相等，记录电压和电流的值，总结电压源和电流源等效变换条件。

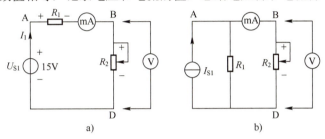

图 1-4-2 电源等效变换实验图

[总结与提升]

戴维南定理为复杂线性电路的化简提供了一个很好的思路，当需要重点研究某一负载的特性时，可以把负载外的电路用戴维南定理进行化简。电源的等效变换为不同形式的电源的互换提供了一个解决方案。

[知识链接]

1.4 戴维南、诺顿定理及电源等效变换

一个知"礼"的大学生，应该有敬畏之心，遵守社会的基本规范和秩序，懂得尊重别人和学会感恩。

1.4.1 戴维南定理

1．戴维南定理

1-4-2
戴维南定理

对一个复杂有源线性电阻电路，若需要计算某一支路的电流和电压，可以把该有源线性电阻电路划分为两部分，一部分为待求支路，另一部分为一个有源线性电阻二端网络。因为任何一个有源线性电阻二端网络都可以用一个实际电源模型来等效，从而简化原来复杂有源线性电路，快速求出某一支路的电流和电压，而实际电源模型等效求解需要使用戴维南定理。

戴维南定理具体描述为：任何一个有源线性电阻二端网络都可以用一个电压为 U_{OC} 的理想电压源与电阻 R_i 串联的实际电压源模型来等效替换，如图 1-4-3 所示。

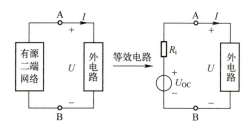

图 1-4-3　戴维南等效电路

U_{OC} 为有源二端网络的开路电压，即将外电路断开后 A、B 两点之间的电压。R_i 等于有源二端网络中所有电源均去除（理想电压源短路，理想电流源开路）后所得到的无源二端网络 A、B 两点之间的等效电阻，可以直接断开 A、B 两点，去除所有电源，使用欧姆表测得该等效电阻。

2. 戴维南等效电路求解方法

（1）计算法

1）断开外电路求开路电压 U_{OC}。

2）将有源二端网络中所有电源去除（理想电压源短路，理想电流源开路）后求等效电阻 R_i。

3）画出等效电路图。

（2）实验法

1）断开外电路用电压表测开路电压 U_{OC}。

2）将外电路支路短接，用电流表测流过外电路支路的电流 I，求得 $R_i = U_{OC}/I$。

3）画出等效电路图。

【例 1-4-1】　用戴维南定理求图 1-4-4a 中的电流 I。

解：（1）求开路电压。a、b 开路后的电路如图 1-4-4b 所示，根据 KVL 可得

$$6I' + 3I' = 20 - 2 \Rightarrow I' = \frac{18}{9}\text{A} = 2\text{A}, \quad U_{ab} = U_{OC} = -2 \times 6\text{V} + 20\text{V} = 8\text{V}$$

（2）求等效电阻 R_i。所有电源均除去后的电路如图 1-4-4c 所示，根据电路的等效可得 $R_i = (3//6)\Omega + 2\Omega = 4\Omega$。

（3）画戴维南等效电路，如图 1-4-4d 所示，则 $I = 8/(5+4)\text{A} = 0.89\text{A}$。

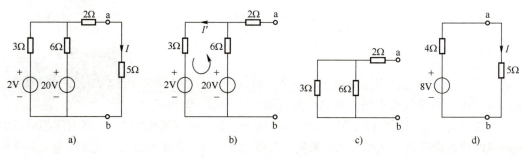

图 1-4-4　例 1-4-1 图

1.4.2 诺顿定理

任何一个含源线性二端电阻网络，对于外电路来说，总可以用一个电流源与一个电导并联组合来等效，电流源的电流为该网络的短路电流 I_{SC}，电导等于该网络中所有理想电源为零时（理想电压源短路，理想电流源开路），从网络两端看进去的等效电导 G_i，如图 1-4-5 所示。

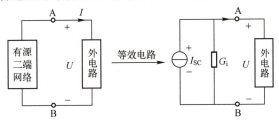

图 1-4-5 诺顿等效电路

【**例 1-4-2**】 求电路图 1-4-6 中 a、b 端的诺顿等效电路。

解：（1）求等效电导，所有电源均除去后的电路如图 1-4-6b 所示。

$$G_i = \frac{1}{5}S + S = \frac{6}{5}S, \quad R_i = \frac{5}{6}\Omega$$

（2）求短路电流，a、b 短路后的电路如图 1-4-6c 所示。

$$I_{SC} = \frac{3}{1}A = 3A$$

（3）画诺顿等效电路，如图 1-4-6d 所示。

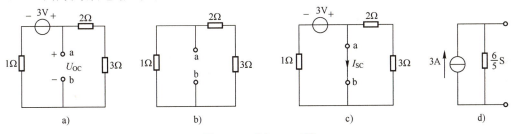

图 1-4-6 例 1-4-2 图

1.4.3 电压源与电流源的等效变换

1. 实际电源两种模型等效变换

一个实际电源可以用两种模型来表示，既可以用理想电压源与内阻串联的形式来表示，也可以用理想电流源与内阻并联的形式来表示。对外电路而言，如果电源的外特性相同，即两个电源模型的外特性曲线完全吻合，则无论采用哪种模型计算外电路电阻 R_L 上的电流、电压，结果都相同，这两个电源模型对外电路负载 R_L 而言是等效的，可以互换。

如图 1-4-7 所示，如果 $I_1 = I_2$ 且 $U_1 = U_2$，则两种模型对外电路负载 R_L 而言可以等效。

由图 1-4-7 及基尔霍夫定律可知：$U_1 = U_S - I_1 R_i$，$I_S = I_2 + U_2/R_i'$，$U_2 = (I_S - I_2)R_i'$。当 $R_i = R_i'$ 且 $U_S = I_S R_i$ 时，可得 $I_1 = I_2$、$U_1 = U_2$，此时两个实际电源等效。

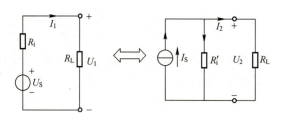

图 1-4-7　实际电源两种模型等效变换

【例 1-4-3】 对图 1-4-8 用电源的等效变换求未知电流 I。

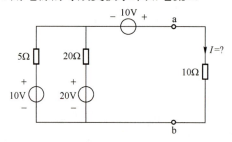

图 1-4-8　例 1-4-3 图

解：变换过程如图 1-4-9 所示。

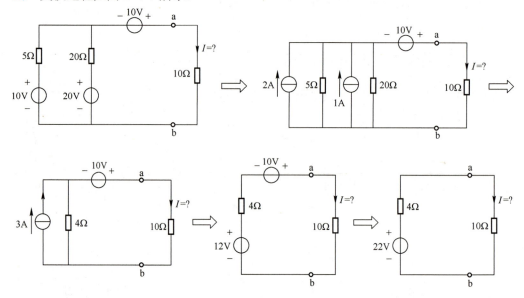

图 1-4-9　例 1-4-3 求解

$$I = \frac{22}{4+10}\text{A} \approx 1.57\text{A}$$

2. 实际电源等效注意事项

1）理想电压源与理想电流源之间无等效关系。

2）任何一个电压源 U_S 和某个电阻 R 串联的电路，都可化为一个电流源 I_S 和电阻 R 并联的电路。

3）等效变换时，两电源的参考方向要一一对应，如图 1-4-10 所示。

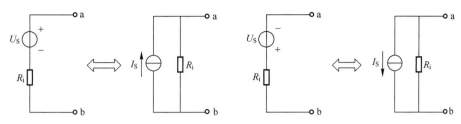

图 1-4-10　等效变换时电源参考方向

4）电压源和电流源的等效关系只对外电路而言，对电源内部是不等效的。

5）理想电源模型的串联等效：对于若干电压源串联的电路，其等效电压源电压等于各串联电压源电压的代数和。求代数和时，与等效电压源参考方向相同的串联电压源取正号，反之取负号。

图 1-4-11a 所示为电压源 U_{S1} 与 U_{S2} 串联的电路，根据 KVL 得 $U = U_{S1} - U_{S2} = U_S$。

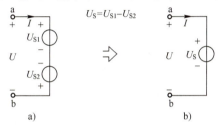

图 1-4-11　电压源的串联

6）理想电源模型的并联等效：若干电流源并联的电路，其等效电流源电流等于各并联电流源电流的代数和。求代数和时，与等效电流源参考方向相同的并联电流源取正号，反之取负号。

图 1-4-12a 所示为电流源 I_{S1} 与 I_{S2} 并联的电路，根据 KCL 可得 $I = I_{S1} - I_{S2} = I_S$。

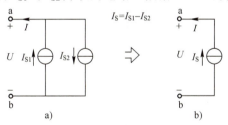

图 1-4-12　电流源的并联

7）与电压源并联的非电源元件，对外电路均可视为断路。

凡是与电压源并联的电路元件，对外等效时可省去，如图 1-4-13 所示。

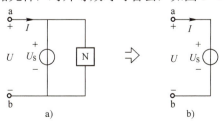

图 1-4-13　电压源与任意元件的并联

8）与电流源串联的非电源元件，对外电路均可视为短路。

凡是与电流源串联的电路元件，对外等效时可省去，如图 1-4-14 所示。

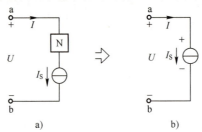

图 1-4-14　电流源与任意元件的串联

9）两个电压不相等的电压源并联时，由于违背 KVL，因而无意义。同样，两个电流不相等的电流源串联时，由于违背 KCL，也无意义。

【例 1-4-4】 将图 1-4-15a 所示电路等效化简为一个电压源和电阻的串联模型。

解：图 1-4-15a 所示电路整体为并联电路，局部为串联支路，先将电压源模型等效为电流源模型，再进行合并化简。化简过程如图 1-4-15 所示。

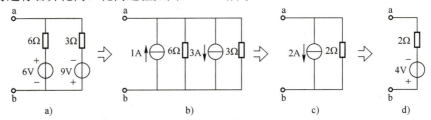

图 1-4-15　例 1-4-4 图

10）受控源及含受控源电路的等效变换。

晶体管集电极电流受基极电流控制，场效应晶体管漏极电流受栅极与源极间电压控制，运算放大器输出电压受输入电压控制，直流发电机输出电压受励磁线圈电流控制。通过以上例子可知，电工技术中还存在一些电源输出电压或电流受电路中其他支路电压或电流控制的情况，这样的电源称为受控源，也称为非独立电源。

受控源可以是电压源，也可以是电流源，根据受控源的控制量将受控源分为 4 种：电压控制电压源（VCVS）、电压控制电流源（VCCS）、电流控制电压源（CCVS）、电流控制电流源（CCCS）。各受控源表示如图 1-4-16 所示，图中 u_1 和 i_1 分别表示受控电压和受控电流，μ 为电压放大倍数，β 为电流放大倍数，g 为转移电导，r 为转移电阻，g 和 r 的单位都为Ω，μ、β、g、r 为常数时称为线性受控源。

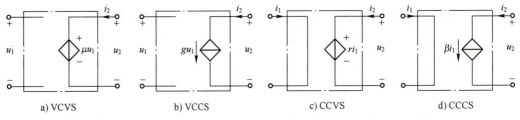

图 1-4-16　4 种受控源模型

受控源是四端元件，一般情况下不用在图中标出控制量所在处的端子，如图 1-4-17 所示。受控电压源和受控电流源之间也可以用类似于独立电源等效变换的方法进行等效变换，但在变换时必须注意不要消除受控源的控制量，一般应保留控制量所在的支路。

【例 1-4-5】 用电源的等效变换法求图 1-4-17a 中的电压 U。

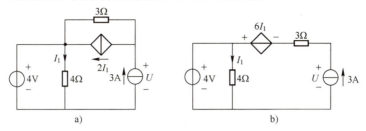

图 1-4-17　例 1-4-5 图

解：按电源的等效变换法将图 1-4-17a 变换为图 1-4-17b，对图 1-4-17b 中右边回路列 KVL 方程，有 $6I_1 - 3 \times 3 + U - 4I_1 = 0$，由图 1-4-17b 中左边回路可知，$I_1 = 4/4\text{A} = 1\text{A}$，把 $I_1 = 1\text{A}$ 代入 KVL 方程可得，$U = 7\text{V}$。

【例 1-4-6】 求图 1-4-18 所示电路中的电流 i，其中 VCVS 的电压 $u_2 = 0.5u_1$，电流源 $i_S = 2\text{A}$。

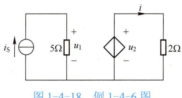

图 1-4-18　例 1-4-6 图

解：先求控制电压 u_1，由左边回路根据 KVL 可知，$u_1 = 2 \times 5\text{V} = 10\text{V}$，根据右边回路可知，$i = u_2/2 = 0.5u_1/2 = 0.5 \times 10/2\text{A} = 2.5\text{A}$。

[知识拓展] 最大功率输出问题

当所接负载不同时，二端网络传输给负载的功率也不同。下面讨论的问题是：负载电阻为何值时，从二端含源网络获得的功率最大。

如图 1-4-19a 所示，A 为一含源二端网络，R_L 为负载，根据戴维南定理，将任意一个含源二端网络都可以用戴维南等效电路来表示，如图 1-4-19b 所示。由图 1-4-19b 可知含源二端网络的输出功率即负载电阻 R_L 上消耗的功率，其值为

$$P = I^2 R_L = \frac{R_L U_S^2}{(R_i + R_L)^2} = \frac{R_L U_S^2}{R_i^2 + 2R_i R_L + R_L^2} = \frac{U_S^2}{\dfrac{R_i^2}{R_L} + 2R_i + R_L}$$

当 R_i 及电压 U_S 不变时，根据数学基本不等式 $1/a + a \geq 2\sqrt{a/a} = 2$，当且仅当 $1/a = a$ 时成立，可得负载获得最大功率的条件为 $R_L = R_i$，即当负载电阻 R_L 的值等于等效电源内阻时，负载获得最大功率，且负载获得最大功率为 $P_{\max} = U_S^2/(4R_i)$。一般常把负载获得最大功率的条件称为最大功率传输定理。同样根据 P 与 R_L 的关系式，可做出 P 与 R_L 的变化曲线，求出最大功率时的负载电阻，如图 1-4-20 所示。

在无线电技术中，由于传送的功率比较小，效率高低已属次要问题，为了使负载获得最大功率，电路的工作点尽可能设计在 $R_L = R_i$ 处，这常称为阻抗匹配。

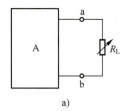 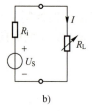 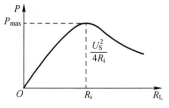

图 1-4-19　含源二端网络与其戴维南等效电路　　　图 1-4-20　功率变化曲线

在电力系统中，由于输送功率很大，效率是第一位的，故应使电源内阻远小于负载电阻，不能要求阻抗匹配。

【例 1-4-7】　如图 1-4-21 所示，求 R_L 上获得的最大功率及此时电源输出功率的效率。

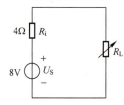

图 1-4-21　例 1-4-7 图

解：R_L 上获得最大功率的条件为 $R_L=R_i=4\Omega$，此时有

$$P_{max} = \frac{U_S^2}{4R_i} = \frac{8^2}{4 \times 4} W = 4W$$

电源 U_S 发出的功率为

$$P = 4W + 4W = 8W$$

传输效率为

$$\eta = \frac{P_{max}}{P} \times 100\% = \frac{4}{8} \times 100\% = 50\%$$

[练习与思考]

一、判断题（正确的打√，错误的打×）

1. 戴维南定理仅适合于线性电路。（　　）
2. 理想电压源和理想电流源不能等效变换。（　　）
3. 运用戴维南定理求解二端线性网络的内阻时，应将有源二端线性网络中所有的电源开路后再求解。（　　）
4. 戴维南定理不仅对外部电路等效，对内部电路也等效。（　　）
5. 在直流电源电压一定的情况下，负载电阻越大，在电路中获得的功率也越大。（　　）
6. 直流电源内阻不计的电路，一般来说，负载电阻减小，则电路输出的功率增加，电源的负担加重。（　　）

二、单选题

1. 某电源短路时消耗在内阻上的功率是 40W，则电源给外电路提供的最大功率为（　　）。

A. 10W　　　B. 20W　　　C. 30W　　　D. 40W

2．若某电源开路电压为 12V，短路电流为 1A，则负载能从电源获得最大功率为（　　）。

A. 3W　　　B. 6W　　　C. 12W　　　D. 24W

3．一个有源线性二端网络，开路电压为 30V，短路电流为 3A，当外接电阻为（　　）时，负载获得的功率最大。

A. 0Ω　　　B. 10Ω　　　C. 30Ω　　　D. 90Ω

4．若电阻 $R_1<R_2$，当它们串联接入闭合电路时，以下结论正确的是（　　）。

A. $U_1>U_2$，$P_1>P_2$　　　　　　B. $U_1>U_2$，$P_1<P_2$

C. $U_1<U_2$，$P_1>P_2$　　　　　　D. $U_1<U_2$，$P_1<P_2$

三、分析计算题

1．用戴维南定理化简图 1-4-22 所示的二端网络。

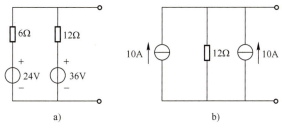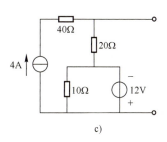

图 1-4-22　题 1 图

2．用戴维南定理化简图 1-4-23 所示的二端网络。

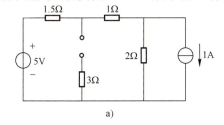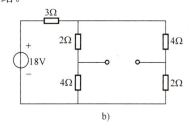

图 1-4-23　题 2 图

3．电路如图 1-4-24 所示，试用电压源与电流源等效变换的方法计算流过 4Ω 和 6Ω 电阻电流 I。

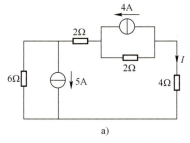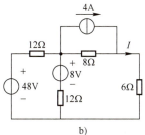

图 1-4-24　题 3 图

四、电工技能大赛

1．某市区太阳能路灯初期规划采用直流 24V、150W 的 LED 灯，使用 4 年后蓄电池容量严重下降，决定实施双电源改造，在已经建成的电缆套管中敷设市电路灯电缆，每盏灯增加一套交直流转换电源,将 220V 市电转换成 24V 直流电,采用浮充方式接入蓄电池,蓄电池可以正常供电时,由蓄电池为 LED 灯供电,当蓄电池电量不足时,由交流电源供电,解决原来单一电源供电时蓄电池电量不足而使太阳能路灯无法正常使用的情况,请学生分析并设计该路灯方案。

2. 为了更好地对某太阳能电池进行研究,建立其数学模型,做了如下实验,当太阳能电池输出端 A 和 B 开路时测得电压为 15V,当在 A 和 B 间接入一个 10kΩ 的电阻时,测得 A 和 B 之间的电压为 12V,则该太阳能电池的输出电压和等效内阻是多少?

任务 5　双电源供电电路综合应用分析

[任务导入]

支路电流法为电路中各支路电流及各元件两端电压求解提供了一个很好的方法,可是有的电路中支路数目较多但是网孔数量较少,需要使用网孔电流法减少方程数目来求解电路参数,有的电路虽然支路数较多但是节点数较少,需要使用节点电压法减少方程数目来求解电路参数,网孔电流法和节点电压法究竟是如何减少方程数量对电路中电流和电压进行求解的呢?有的电路中含有多个电源,可不可以把每个电源对一个负载的作用效果进行叠加呢?带着这些问题让我们一起开始双电源供电电路综合应用分析部分内容的学习吧。

[学习目标]

1) 掌握网孔电流法。
2) 掌握节点电压法。
3) 掌握叠加定理。
4) 能够灵活运用电路原理分析复杂电路。

[工作任务]

图 1-5-1 为双电源供电电路,U_{S1}=15V、U_{S2}=12V、R_1=100Ω、R_2=200Ω,电流 I_1=0.03A、I_2=0.06A、I_3=0.03A。是否存在两个参考方向如图 1-5-1 所示的网孔电流 I_a 和 I_b,满足 I_a=-I_1、I_b=I_3、I_b-I_a=I_2;以 D 点为零电位点,是否存在一个电位值 V_B=U_{S2}=I_2R_2=U_{S1}-I_1R_1;将 U_{S1} 用导线代替,保留其他部分电路不变,测流过负载 R_2 的电流 I_2',将 U_{S2} 用导线代替,保留其他部分电路不变,测流过负载 R_2 的电流 I_2'',计算 I_2 是否等于 I_2'+I_2''。尝试使用不同的电路参数继续实验,观察上面三个规律是否仍然成立?

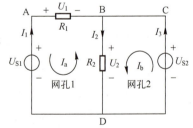

图 1-5-1　双电源供电电路图

[任务仿真]

教师使用 MATLAB 软件进行方程组的求解,让学生同时进行手工计算,比较手工和计算机计算速度,当方程组数目比较多时,计算复杂程度将递增,可是使用计算机仍然可以很快完成，计算机是采用什么方法在极短的时间内完成了上述过程，对一个复杂电路能不能让计算机自己建立方程组自动求解需要的电路参数呢？Multisim 软件是如何快速求出电路参数的？

教师使用 Multisim 软件按照图 1-5-1 连接双电源供电电路。令 U_{S1}=15V、U_{S2}=12V、R_1=100Ω、R_2=200Ω，使用电流表按照图 1-5-1 中电流参考方向测量电流 I_1、I_2、I_3，使用电压表按照图 1-5-1 中电压参考方向测量各元件电压 U_1、U_2，让学生记录以上数据。将 U_{S1} 用导线代替，保留其他部分电路不变，测流过负载 R_2 的电流 I_2' 和负载 R_2 两端电压 U_2'，将 U_{S2} 用导线代替，保留其他部分电路不变，测流过负载 R_2 的电流 I_2'' 和 R_2 两端电压 U_2''，让学生验证 I_2 是否等于 $I_2'+I_2''$，U_2 是否等于 $U_2'+U_2''$。让学生尝试使用不同的电路参数继续验证结论的普遍性。

[任务实施]

1. 网孔电流法及节点电压法测试分析

1）按照图 1-5-1 连接电路，令 U_{S1}=15V、U_{S2}=12V、R_1=100Ω、R_2=200Ω，按照电流参考方向测量电流 I_1、I_2、I_3，验证是否存在两个参考方向如图 1-5-1 所示的网孔电流 I_a 和 I_b，满足 I_a=-I_1、I_b=I_3、I_b-I_a=I_2。

2）以 D 点为零电位点，测量 B 点电位 V_B，验证 V_B 是否满足 V_B=U_{S2}=I_2R_2=U_{S1}-I_1R_1。

3）改变 R_1、R_2 的值继续验证结论的普遍性。

2. 叠加定理测试分析

1）按照图 1-5-2a 连接双电源供电电路。令 U_{S1}=15V、U_{S2}=12V、R_1=100Ω、R_2=200Ω，使用电流表按照图 1-5-2a 中电流参考方向测量电流 I_1、I_2、I_3，使用电压表按照图 1-5-2a 中电压参考方向测量各元件电压 U_1、U_2。

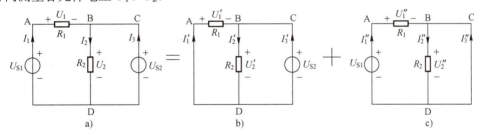

图 1-5-2 双电源供电叠加定理验证电路图

2）如图 1-5-2b 所示，将 U_{S1} 用导线代替，保留其他部分电路不变，测流过负载 R_2 的电流 I_2' 和 R_2 两端电压 U_2'。

3）如图 1-5-2c 所示，将 U_{S2} 用导线代替，保留其他部分电路不变，测流过负载 R_2 的电流 I_2'' 和 R_2 两端电压 U_2''。

4）验证 I_2 是否等于 $I_2'+I_2''$，U_2 是否等于 $U_2'+U_2''$。

[总结与提升]

网孔电流法和支路电流法关注的重点都是电路中的网孔，而不是电路中的回路。不同的地方是，支路电流法以组成网孔的各支路电流为未知量，以网孔为单元、网孔中任意一个元件为起点绕网孔一周回到该元件，建立以各支路电流为未知量的网孔 KVL 方程，建立 KVL 方程时每个元件电压只能出现一次，不能重复；网孔电流法以假设网孔电流为未知量，假设网孔电流方向可以顺时针，也可以逆时针，确定后不能再更改，虽然一个网孔有多条支路、多个元件，但是流过它们的假设网孔电流相同，两个网孔的公共支路网孔电流是两个假设网孔电流的和，公共支路网孔电流和计算时方向相同则值直接相加，不同时假设任意一个网孔电流方向为正方向，大小为假设正方向网孔电流减去另一个网孔电流，最后以网孔为单元从网孔中任意一个元件为起点绕网孔一周回到该元件，建立以各网孔电流为未知量的网孔 KVL 方程。

节点电压法以节点电位为未知量，对于一个有 n 个节点电路，首先需要确定一个零电位节点并给出各支路电流参考方向，则电路有 $n-1$ 个未知的节点电位变量，然后对每条支路利用两点之间电压等于两点电位之差，根据给出支路电流参考方向求出任意两节点之间电压，再利用欧姆定律求出与每一个节点相关的支路电流，然后由基尔霍夫电流定律建立以每一个节点为中心的 KCL 方程。需要注意的是，如果有 m 个支路只含有电压源，则节点电位未知量减少 m 个。

[知识链接]

1.5 网孔电流法、节点电压法及叠加定理

> 诚信是做人的基本底线，只有内诚于心，才能外信于人。诚信需要家庭、学校和社会的共同熏陶。

1.5.1 网孔电流法

网孔电流法适用于支路多、网孔少的电路。网孔电流法的精髓在于把支路电流理解为相对于网孔电流的干路电流，跟支路有关网孔电流汇集成支路电流，利用流过各元件叠加网孔电流计算各元件电压，假设网孔方向为电压降低方向，针对各网孔建立以网孔电流为未知数的 KVL 方程组。

1-5-2 网孔电流法

【例 1-5-1】 对图 1-5-1 利用网孔电流法计算各支路电流。

解：假设网孔方向和网孔电流方向一致，对网孔 1 可列 KVL 方程为 $(I_a - I_b)R_2 + I_aR_1 = -U_{S1}$，即 $(R_1+R_2)I_a - R_2I_b = -U_{S1}$，代入数据可得 $300I_a - 200I_b = -15$。

同理，对网孔 2 可列 KVL 方程为 $(I_b - I_a)R_2 = U_{S2}$，即 $-R_2I_a + R_2I_b = U_{S2}$，代入数据可得 $-200I_a + 200I_b = 12$。

解方程组可得 I_a=-0.03A，I_b=0.03A。由图 1-5-1 中电流参考方向可知：I_1=-I_a、I_3=I_b、I_2=I_b-I_a，代入数据可得 I_1=0.03A，I_3=0.03A，I_2=I_b-I_a=0.06A。

为了对网孔电流法归纳总结出一种通用的方法，可以令网孔 1 中所有电阻之和 $R_1+R_2=R_{11}$，网孔 2 中所有电阻之和 $R_2=R_{22}$，R_{11}、R_{22} 为网孔 1、2 的自电阻，规定网孔方向为电压降低方向且为网孔绕行方向，令电压降低为正，升高为负，则自电阻永远为正。R_{12}、R_{21} 为网孔 1、2 之间的公共电阻，称为互电阻，当两个网孔电流参考方向一致时，互电阻为正，相反时为负，把

网孔中含有的电压源统一移到方程右边，用 U_{S11} 表示网孔 1 中所有电压源电压的代数和，U_{S22} 表示网孔 2 中所有电压源电压的代数和，即可得网孔方程的标准形式为

$$\begin{cases} R_{11}I_a + R_{12}I_b = U_{S11} \\ R_{21}I_a + R_{22}I_b = U_{S22} \end{cases}$$

用网孔方程的标准形式对例 1-5-1 进行列式如下

$$\begin{cases} (R_1 + R_2)I_a - R_2I_b = -U_{S1} \\ -R_2I_a + R_2I_b = U_{S2} \end{cases}$$

这和例 1-5-1 中列出的方程组是一致的。

1.5.2 节点电压法

1. 节点电压法

节点电压法也叫节点电位法，有时简称为节点法，是一种重要的电路分析方法，对于分析支路多、节点少的电路尤为方便。大型复杂网络用计算机辅助分析时，节点电压法也是一种基本的方法。

节点电压法的精髓在于选取合适的零电位参考点，一般选取含电源支路负极节点处作为零电位点，这样以各非参考节点电位为未知数，可以根据两点之间电压等于两点电位之差快速求出各支路电流，然后建立以非参考节点为未知数的 KCL 方程组，需要注意的是，如果两个节点间只含有电压源，则可以减少一个非参考节点电位变量，这两个节点中任意一个节点可以用另一个节点电位和电压源代数和来表示。

【例 1-5-2】 对图 1-5-1 利用节点电压法计算各支路电流。

解： 通过分析发现，D 点为含电源支路负极交汇点，以 D 点为整个电路的零电位点将使电路计算变得简单，若 $V_D=0$V，则 $V_B=12$V，电路中两个节点电位全为已知量，不需要再建立节点电压方程组，可以快速求出 3 个支路电流：$I_2 = V_B/R_2 = 12\text{V}/200\Omega = 0.06\text{A}$，$I_1 = (V_A - V_B)/R_1 = (15\text{V} - 12\text{V})/100\Omega = 0.03\text{A}$，对 B 节点根据 KCL 可直接求出 $I_3 = I_2 - I_1 = 0.06\text{A} - 0.03\text{A} = 0.03\text{A}$。

通过例 1-5-2 可以发现节点电压法的优点。下面通过一个具体例子得出节点电压法一般解题方法。

【例 1-5-3】 图 1-5-3 共有 4 个节点，以节点 4 为零电位参考节点，未知节点电位有 3 个，设为 V_1、V_2、V_3，建立以非参考节点 V_1、V_2、V_3 为未知数的 KCL 方程组。

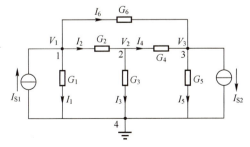

图 1-5-3 例 1-5-3 图

解：（1）列出 3 个节点的 KCL 方程，即

$$\begin{cases} I_1 + I_2 + I_6 = I_{S1} \\ I_2 = I_3 + I_4 \\ I_4 + I_6 = I_5 + I_{S2} \end{cases} \quad (1\text{-}5\text{-}1)$$

（2）每条支路上的电流均可根据节点上的电位 V_1、V_2、V_3 列出表达式，有

$$\begin{aligned} & I_1 = G_1 V_1,\ I_2 = G_2 (V_1 - V_2),\ I_3 = G_3 V_2 \\ & I_4 = G_4 (V_2 - V_3),\ I_5 = G_5 V_3,\ I_6 = G_6 (V_1 - V_3) \end{aligned} \quad (1\text{-}5\text{-}2)$$

将式（1-5-2）代入式（1-5-1）得

$$\begin{cases} G_1 V_1 + G_2 (V_1 - V_2) + G_6 (V_1 - V_3) = I_{S1} \\ G_2 (V_1 - V_2) = G_3 V_2 + G_4 (V_2 - V_3) \\ G_4 (V_2 - V_3) + G_6 (V_1 - V_3) = G_5 V_3 + I_{S2} \end{cases} \Rightarrow$$

$$\begin{cases} (G_1 + G_2 + G_6) V_1 - G_2 V_2 - G_6 V_3 = I_{S1} \\ -G_2 V_1 + (G_2 + G_3 + G_4) V_2 - G_4 V_3 = 0 \\ -G_6 V_1 - G_4 V_2 + (G_4 + G_5 + G_6) V_3 = -I_{S2} \end{cases} \Rightarrow$$

$$\begin{cases} G_{11} V_1 + G_{12} V_2 + G_{13} V_3 = I_{S11} \\ G_{21} V_1 + G_{22} V_2 + G_{23} V_3 = I_{S22} \\ G_{31} V_1 + G_{32} V_2 + G_{33} V_3 = I_{S33} \end{cases} \quad (1\text{-}5\text{-}3)$$

式（1-5-3）为节点电压方程标准形式。

接下来引入 3 个概念：自导、互导和节点电源。

G_{ii}：自电导，简称自导，是和节点 i 直接相连接的所有支路的电导和，在电流参考方向和电压参考方向相关联的前提下<u>自导永远为正</u>。式（1-5-3）中的自导为 $G_{11}=G_1+G_2+G_6$，$G_{22}=G_2+G_3+G_4$，$G_{33}=G_4+G_5+G_6$。

$G_{ij}=G_{ji}$：互电导，简称互导，是节点 i 与节点 j 之间所有电导之和，<u>互导永远为负</u>。式（1-5-3）中的互导为 $G_{12}=G_{21}=-G_2$，$G_{13}=G_{31}=-G_6$，$G_{23}=G_{32}=-G_4$。

I_{Sii}：节点电源，表示流入、流出节点 i 的所有电流源电流的代数和。流进节点的电流源电流为正，流出节点的电流源电流为负。这里所指的电流是理想电流源的电流，而不是支路电流。如果支路中含有电压源，则把它转换为电流源；如果某支路既无电压源又无电流源，则此支路的电流源电流代数和为零。

【例 1-5-4】 电路如图 1-5-4a 所示，用节点电压法求电路中节点 a 的电位 V_a。

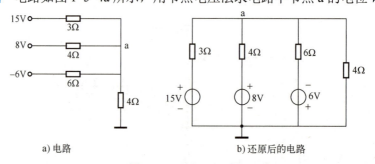

图 1-5-4　例 1-5-4 图

解：图 1-5-4a 为后续电子技术课程经常采用的一种电位画法电路图，还原后电路如图 1-5-4b

所示，通过比较可知，图 1-5-4a 表达更清晰。

假设接地点电位最低，其他非参考点电位比 a 点电位高，对图 1-5-4a 或图 1-5-4b 中 a 节点用未知数 V_a 列写 KCL 方程，则

$$\frac{15-V_a}{3}+\frac{8-V_a}{4}+\frac{-6-V_a}{6}=\frac{V_a-0}{4}$$

上式中，等号左边为流入 a 节点电流，等号右边为流出 a 节点电流，由上式可得 V_a=6V。

2. 应用节点电压法时注意事项

1）求电导时，有效数字应多保留几位，否则会造成较大的误差。人工计算时，中间计算过程尽量使用分数，如计算 (1/3)×3 时，如果中间计算过程先算 1/3=0.333…，再算 0.333…×3=0.999…，和正确的结果 1 就存在误差。在节点较多时多应采用计算机进行运算以提高运算的速度和准确度。

2）恒流源支路含有的电阻应移去，在计算电导时与该电阻无关。

3）若某个节点到参考节点之间只有恒压源，则节点电压即为恒压源电压，可减少一个节点电压方程。为了人工计算的方便性，尽量选只有恒压源支路的负极作为参考点。

1.5.3 叠加定理

1. 叠加定理概念

叠加定理是线性电路中一条十分重要的定理，不仅可以用于计算电路中电流、电压，更重要的是建立了电路中输入和输出的内在关系。叠加定理描述为：在线性电路中，如果电路中存在多个电源共同作用，则任何一条支路的电压或电流等于每个电源单独作用，在该支路上所产生的电压或电流的代数和。电路中的电源依次使用，每次电路中只留有一个电源，其余独立电源置零，即电压源短路、电流源断路，同时应保留所有电阻，电阻所在的位置也不变。

2. 叠加定理应用注意事项

1）叠加定理只适用于线性电路。

2）线性电路的电流或电压均可用叠加定理计算，由于功率为电压或电流的二次方，是二次函数，故功率 P 不能用叠加定理计算。

3）不作用电源的处理：U_S=0，即将电压源 U_S 短路；I_S=0，即将电流源 I_S 开路。

4）运用叠加定理时，注意各电源单独作用时电路各处电压、电流的参考方向与电源共同作用时的参考方向应设定为同方向。

3. 叠加定理解题步骤

1）在原电路中标出所求量的参考方向。

2）画出各电源单独作用时的电路，并标明各分量的参考方向。

3）分别计算各分量。

4）将各分量叠加。若分量与总量方向一致，取正，相反则取负。

【例 1-5-5】 用叠加定理求图 1-5-5a 中电流 I_1 和 I_2，U_{S1}=15V，U_{S2}=12V，R_1=100Ω，R_2=200Ω。

解：（1）所求量 I_1、I_2、I_3 的参考方向如图 1-5-5a 所示。

（2）原电路图可以用图 1-5-5b、c 的叠加来表示。

（3）对于图 1-5-5b 有

$$I_1' = -\frac{U_{S2}}{R_1} = -\frac{12}{100}\text{A} = -0.12\text{A}, \quad I_2' = \frac{U_{S2}}{R_2} = \frac{12}{200}\text{A} = 0.06\text{A}$$

$$I_3' = I_2' - I_1' = [0.06 - (-0.12)]\text{A} = 0.18\text{A}$$

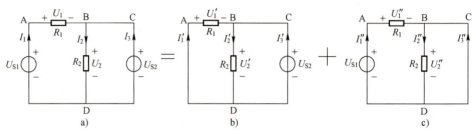

图 1-5-5　例 1-5-5 图

对于图 1-5-5c 有

$$I_2'' = 0\text{A}$$

$$I_1'' = \frac{U_{S1}}{R_1} = \frac{15}{100}\text{A} = 0.15\text{A}, \quad I_3'' = -\frac{U_{S1}}{R_1} = -\frac{15}{100}\text{A} = -0.15\text{A}$$

（4）$I_1 = I_1' + I_1'' = -0.12\text{A} + 0.15\text{A} = 0.03\text{A}$，$I_2 = I_2' + I_2'' = 0.06\text{A} + 0\text{A} = 0.06\text{A}$

【例 1-5-6】 用叠加定理求图 1-5-6a 中电流 I_1 和 I_2。

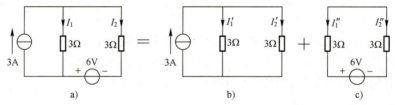

图 1-5-6　例 1-5-6 图

解：（1）标出所求量 I_1 和 I_2 的参考方向，如图 1-5-6a 所示。

（2）原电路图可以用图 1-5-6b、c 的叠加来表示。

（3）对于图 1-5-6b 有

$$I_1' = \frac{3}{2}\text{A} = 1.5\text{A}, \quad I_2' = \frac{3}{2}\text{A} = 1.5\text{A}$$

对于图 1-5-6c 有

$$I_1'' = -\frac{6}{3+3}\text{A} = -1\text{A}, \quad I_2'' = 1\text{A}$$

（4）$I_1 = I_1' + I_1'' = 1.5\text{A} - 1\text{A} = 0.5\text{A}$，$I_2 = I_2' + I_2'' = 1.5\text{A} + 1\text{A} = 2.5\text{A}$。

[知识拓展] 非线性电阻电路的分析方法

1. 部分常见非线性电阻

热敏电阻是利用元件的电阻值随温度变化的特点制成的一种热敏元件，按其温度系数可分为负温度系数（NTC）热敏电阻和正温度系数（PTC）热敏电阻两大类。正温度系数热敏电阻是指电阻的变化趋势与温度的变化趋势相同，反之则是负温度系数热敏电阻。热敏电阻具有尺寸小、响应速度快、灵敏度高等优点，因此它在很多领域得到广泛的应用，如测温、温度补偿、过热保护等。

压敏电阻（Voltage Dependent Resistor，VDR）的电阻值随电压的增加而急剧减小。压敏电阻由碳化硅与黏合剂混合后经高温烧结而成。碳化硅晶体呈微粒状、多孔，且十分坚硬。压敏电阻可用于对某些元件如线圈、开关等进行过电压保护。将压敏电阻并联在被保护元件的两端，当电路上出现高电压（过电压）时，压敏电阻中的电流会急剧增加，并使其两端电压维持在允许值范围内，从而保护所并联的元件免受高电压击穿。此外，压敏电阻还可用于稳压设备。

2. 非线性电阻电路的分析方法

对非线性电阻电路分析实践上就是搭建好电路直接测量元件两端电压和流过元件的电流。理论上分析方法是借助实验测量的数据绘制非线性电阻伏安特性曲线使用图解法进行分析，首先将非线性电阻单独接入可调电压源电路（或者可调电流源电路），按照一定增量不断调整非线性电阻两端电压，测出对应电流，绘制该非线性元件的伏安关系图像，然后利用戴维南定理把要分析的电路化简为简单的电路，写出电压和电流的线性函数关系，在前面的伏安特性曲线中增加该线性函数图形，该图形和元件伏安特性曲线的交点即为此时非线性电阻的工作点（对应一个电压和一个电流）。

【**例 1-5-7**】 二极管 VD 伏安特性曲线如图 1-5-7 中曲线 A 所示，已知图 1-5-8 中 U_S=2V，R_1=1kΩ，求图 1-5-8 所示电路中流过二极管的电流 i。

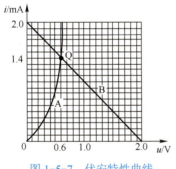

图 1-5-7 伏安特性曲线

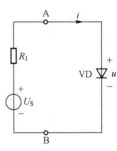

图 1-5-8 电路图

解：（1）对图 1-5-8 所示回路列写 KVL 方程：$u=U_S-Ri$，代入数据得 $u=-i+2$。
（2）在图 1-5-7 中做出函数 $u=-i+2$ 的图像 B，图像 B 和图像 A 的交点为 Q。
（3）Q 点的纵坐标即为此时流过二极管的电流，由图 1-5-7 可知 i=1.4mA。

[练习与思考]

一、填空题

1. 叠加定理适用于_____电路，只能用来叠加电压和电流，不能叠加_____。

2．应用叠加定理可以把复杂电路分解为单一电源的几个简单电路进行计算。当某一电源单独作用时，其余电压源_____，电流源_____。

3．一个电路中如果只有两个节点，但有多条支路，使用_____求解电路中各元件电压和电流比较方便。

二、判断题（正确的打√，错误的打×）

1．一个电路中含有二极管可以使用叠加定理分析电路。（   ）

2．节点电压法适合应用于节点比较多、支路比较少的电路。（   ）

3．网孔电流和对应支路电流大小相等。（   ）

4．叠加定理只能用于计算线性电路电压和电流。（   ）

5．某一线性电路有两个电动势，单独作用时流过负载电阻 R 的电流分别为 I_1 和 I_2，则在此电路中，负载电阻 R 消耗的功率为 $(I_1+I_2)^2R$。（   ）

三、分析计算题

1．求图 1-5-9 所示电路中 A 点的电位。

2．在图 1-5-10 所示电路中，分别以 C 点和 D 点为参考点，求 A 点的电位。

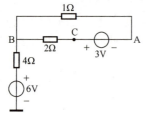

图 1-5-9 题 1 图

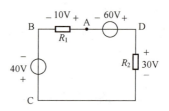

图 1-5-10 题 2 图

3．电路如图 1-5-11 所示，其中 U_{S1}=15V、U_{S2}=12V、R_1=100Ω、R_2=200Ω，求：

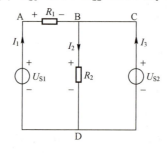

图 1-5-11 题 3 图

（1）电路中有几个节点，几个回路？可以列写几个独立的 KCL 方程，几个独立的 KVL 方程？

（2）按照图中标出的各支路电流方向，对节点 B 列写 KCL 方程，对电路中的网孔进行编号并列写对应的 KVL 方程；按照列写方程计算电流 I_1、I_2 和 I_3。

（3）求 U_{AB}、U_{BC}、U_{BD}，若以图中 D 点为零电位点，求 V_A、V_B、V_C。

4．试用叠加定理计算图 1-5-12 所示电路中流过 8Ω 电阻的电流 I。

5．试用叠加定理计算图 1-5-13 所示电路中流过 6Ω 电阻的电流 I。

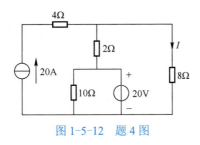
图 1-5-12　题 4 图

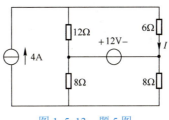
图 1-5-13　题 5 图

6. 试用节点电压法求图 1-5-14 中各支路的电流。

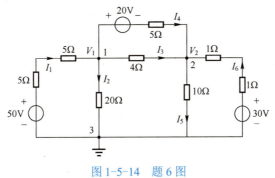
图 1-5-14　题 6 图

项目 2　正弦交流电路的测试分析

 教学导航

本项目介绍正弦交流电路的稳态分析。正弦信号是一种基本信号,广泛应用于工农业生产和日常生活中,故对正弦稳态电路的分析在电路分析中占有十分重要的地位。另外,从信号分析的角度看,任何复杂的信号都可以分解为按正弦规律变化的分量,因此在掌握了正弦稳态电路的分析方法后,就可以研究复杂信号作用下的电路响应,利用叠加定理分别研究每一个正弦分量信号作用下的电路响应,再叠加得到总的响应。

所有电压、电流为同一频率的正弦函数的电路称为正弦交流电路。本项目先介绍正弦交流电路的三要素、正弦量的相量表示,再介绍正弦交流电路的分析方法和功率,最后介绍三相交流电路电源和负载的特点、连接方式和分析方法,包含三相交流电路的功率测量及计算方法。

任务 1　白炽灯电路元件参数的测试分析

[任务导入]

蜘蛛依靠什么来判断网的振动是由昆虫引起的而不是由风引起的?人能听到蜜蜂扇动翅膀的"嗡嗡"声,为什么蝴蝶扇动翅膀的声音人们听不到?家庭电路中的白炽灯使用交流电,交流电大小、方向时刻在变化,为什么白炽灯看起来不会忽明忽暗?衡量交流电好坏的主要指标有哪些?交流电大小和方向是按照什么样的规律进行变化的?这些时刻变化的电流和电压如何用一个恒定不变的值去描述它们?更进一步地讲,这些时刻变化的量之间该如何进行运算呢?完成任务 1 的学习后这些问题将得到很好的解答。

[学习目标]

1) 理解正弦交流电的概念。
2) 掌握使用交流电压表、交流电流表、功率表测量交流电路及分析交流电路。
3) 能够分析电阻、电容、电感等元件在交流电路中的阻抗性质。
4) 学会分析、计算元件参数。

 [工作任务]

图 2-1-1 为白炽灯实验电路,使用示波器分析工频交流电频率、周期、最大值,使用示波器测量分析 3 个并联支路中各元件电流、电压、周期及频率特点。

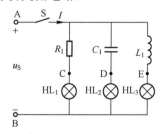

图 2-1-1　白炽灯实验电路

[任务仿真]

教师使用 Multisim 软件按照图 2-1-1 连接白炽灯实验电路,选用直流电和交流电分别进行仿真实验。对图 2-1-1 中元件选用不同参数,使用示波器进行电路基本物理量测量,让学生分析电阻、电容、电感支路特点。

[任务实施]

1. 交流白炽灯直流电源电路测试分析

1)按照图 2-1-1 连接电路,u_S 为直流 220V 电源、R_1 为 220V/2kΩ 电阻、C_1 为 450V/20μF 电容,L_1 为 3A/2H 线绕电感,HL_1、HL_2、HL_3 为 220V/25W 白炽灯,闭合开关 S 后观察 3 个灯的情况,并测量各元件两端电压。

2)将观察的情况及测量数据填入表 2-1-1 中。

表 2-1-1 交流白炽灯直流电源电路测试数据

HL_1	HL_2	HL_3	U_{AB}/V	U_{AC}/V	U_{CB}/V	U_{AD}/V	U_{DB}/V	U_{AE}/V	U_{EB}/V

2. 交流白炽灯交流电源电路测试分析

1)按照图 2-1-1 连接电路,u_S 为工频 220V 交流电源,其他元件不变,闭合开关 S 后观察 3 个灯的情况,并测量各元件两端电压。

2)将观察的情况及测量数据填入表 2-1-2 中。

表 2-1-2 交流白炽灯交流电源电路测试数据

HL_1	HL_2	HL_3	U_{AB}/V	U_{AC}/V	U_{CB}/V	U_{AD}/V	U_{DB}/V	U_{AE}/V	U_{EB}/V

3)保持开关 S 闭合,使用数字示波器一个通道测量 A 点和 B 点间波形,观察工频电的周期、频率和最大值,使用两个通道同时测量 A、C 和 C、B 两点间波形,比较观察波形变化趋势是否一致,使用两个通道同时测量 A、D 和 D、B 两点间波形,比较观察波形变化趋势是否一致,使用两个通道同时测量 A、E 和 E、B 两点间波形,比较观察波形变化趋势是否一致。让学生尝试使用不同的电路参数继续验证结论的普遍性。

[总结与提升]

周期、频率和振幅是正弦交流电的三要素,在直流电作用下电容的容抗为无穷大,电感的感抗为零,在交流电作用下电容的容抗和频率成反比,电感的感抗和频率成正比。

在交流电路中,纯电感两端的电压相位超前流过电感的电流相位 90°,纯电容两端的电压相位滞后流过电容的电流相位 90°,分析研究交流电路要时刻关注相位变化对交流电路的影响。

2.1 交流电基本概念与交流电的运算

> 不忘初心，才能有始有终，大学生应该坚定自己的理想信念。

2.1.1 正弦交流电路基本概念

1. 正弦量概念

大小和方向都不随时间变化的电流、电压统称为稳恒直流电（DC），一般用大写字母表示，例如 I、U；大小和方向均随时间做周期性变化，且在一个周期内平均值为零的电流（电压、电动势）称为<u>交流电</u>，一般用小写字母表示，例如 i、u 等。交流电的变化形式是多种多样的，如图 2-1-2 所示。随时间按正弦规律变化的电流、电压、电动势等统称为<u>正弦量</u>，或称为<u>正弦交流电</u>，可简称为交流电（AC）。

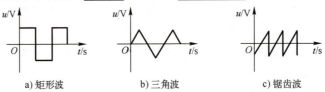

图 2-1-2　常见交流电波形

正弦交流量的大小和方向随时间按正弦规律周而复始变化。在分析正弦交流电路时，首先需要写出正弦交流量的数学表达式，画出它的波形图。为此，必须像直流电路一样，预先设定交流量的参考方向。图 2-1-3a 所示的电路流过的正弦电流 i，其参考方向如实线箭头所示。当 i 的实际方向与参考方向一致时，是正值，对应波形图的正半周；当 i 的实际方向与参考方向相反时，是负值，对应波形图的负半周。与直流电路相同，分析交流电路时，一般习惯将电压和电流选取为关联参考方向。正弦电流 i 的波形如图 2-1-3b 所示，在交流电的波形图中，横坐标既可以用时间 t（单位 s）表示，也可以用电角度 ωt（单位 rad）来表示。与波形图相应的正弦电流的数学表达式为

$$i = I_m \sin(\omega t + \psi) \tag{2-1-1}$$

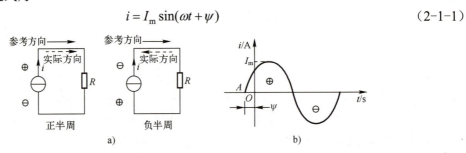

图 2-1-3　正弦交流电流的参考方向和波形

式（2-1-1）称为正弦电流的瞬时值表达式。正弦量在任意瞬间的值称为瞬时值，用小写字

母来表示，如用 i、u 和 e 分别来表示正弦电流、正弦电压和正弦电动势瞬时值。利用瞬时值表达式可以计算出任意时刻正弦量的数值。瞬时值的正或负与假定的参考方向比较，便可确定该时刻正弦量的真实方向。

式（2-1-1）表明：一个正弦量的特征取决于正弦量变化的最大值（如 I_m）、随时间变化的快慢 ω 和初相位（$t=0$ 时的数值，它取决于 $t=0$ 时的角度 ψ），若将这 3 个量值代入已选定的正弦函数中就能完全确定这个正弦量，故称<u>幅值（也称为振幅或者最大值）、角频率、初相位为正弦量的三要素</u>。

2. 周期、频率、角频率

式（2-1-1）中 ω 称为角频率，<u>它表示在单位时间内正弦量变化的弧度数，它是反映正弦量变化快慢的物理量</u>，其单位是弧度每秒（rad/s）。正弦量变化的快慢还可以用周期 T 和频率 f 来表示。

<u>周期指正弦量变化一周所需的时间，用 T 表示</u>，单位为秒（s）。<u>频率指正弦量单位时间内重复变化的次数，用 f 表示</u>，单位为赫兹（Hz），频率和周期互为倒数。由于正弦量变化一周相当于正弦函数变化 2π 弧度，所以有

$$\omega = \frac{2\pi}{T} \quad (2\text{-}1\text{-}2)$$

$$\omega = 2\pi f \quad (2\text{-}1\text{-}3)$$

式（2-1-2）和式（2-1-3）表明，周期、频率、角频率三者都可以反映正弦量变化的快慢，三个量中只要知道一个，其他两个物理量就可以求出。例如，我国工业和民用电的频率为 $f=50\text{Hz}$（称为工频），其周期 $T=1/50\text{s}=0.02\text{s}$，角频率 $\omega = 2\pi f \approx 314\text{rad/s}$。

3. 相位、初相位、相位差

正弦量在每一瞬间的状态是不同的，具体表现在每一瞬间的数值（包括正、负号）及变化趋势不同，而正弦量在任意瞬间的变化状态是由该瞬间的电角度（$\omega t + \psi$）决定的。

<u>正弦量在任意瞬间的电角度称为相位</u>。它反映了正弦量随时间变化的进度，决定正弦量在每一瞬间的状态。<u>当 $t=0$ 时，相位角为 ψ，此相位称为初相位，简称初相</u>。显然，初相位与所选的计时起点有关，在图 2-1-4 所示波形中，正弦波从负到正的过零点 A 与坐标原点的距离就是初相位，在原点的左侧，初相位 $\psi>0$，在原点的右侧，初相位 $\psi<0$。由于正弦波周期性变化，最靠近坐标原点左右两侧各有一个过零点，为了避免混淆，一般规定 ψ 在 $-\pi\sim\pi$ 范围内。

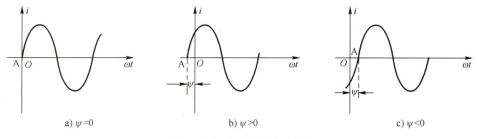

图 2-1-4 正弦量的初相位

不同频率（周期）的交流电比较其变化进程的先后无意义。对于两个同频率的正弦量而言，虽然都随时间按正弦规律变化，但是它们随时间变化的进度可能不同，为了描述同频率正弦量随时间变化进程的先后，引入了相位差的概念。相位差就是两个同频率的正弦量的相位之

差，用字母 φ 表示。例如正弦电压 $u=U_m\sin(\omega t+\psi_u)$，正弦电流 $i=I_m\sin(\omega t+\psi_i)$，则电压与电流的相位差为

$$\varphi = (\omega t+\psi_u)-(\omega t+\psi_i)=\psi_u-\psi_i \tag{2-1-4}$$

可见，两个同频率正弦量的相位差等于它们的初相位差，其值为常数，与计时选择起点无关。

如果 $\varphi=0$，如图 2-1-5a 所示，称电压 u 与电流 i 同相。其特点是：两正弦量同时达到零点，同时达到最大值。

如果 $\varphi=\pm\pi$，如图 2-1-5b 所示，称电压 u 与电流 i 反相。其特点是：两正弦量瞬时值的实际方向总是相反。

如果 $\varphi>0$，如图 2-1-5c 所示，称电压 u 超前电流 i 的角度为 φ。其特点是：电压 u 比电流 i 先达到最大值。

如果 $\varphi<0$，如图 2-1-5d 所示，称电压 u 滞后电流 i 的角度为 $|\varphi|$。其特点是：电压 u 比电流 i 后达到正最大值。

如果 $\varphi=\pm\pi/2$，如图 2-1-5c、d 所示，称电压 u 与电流 i 正交。其特点是：当一正弦量达到最大值时，另一正弦量正好是零。

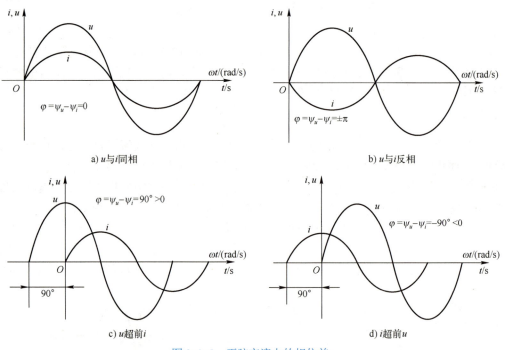

图 2-1-5 正弦交流电的相位差

【例 2-1-1】 两个同频率的正弦电压和电流分别为 $u=8\sin(\omega t+60°)V$，$i=6\cos(\omega t+20°)A$，求它们之间的相位差，并说明哪个超前。

解： 求相位差要求两个正弦量的函数形式必须一致，所以首先要将电流 i 改写成正弦函数形式，即

$$i=6\sin(\omega t+20°+90°)A=6\sin(\omega t+110°)A$$

因此，相位差为 $\varphi=\psi_u-\psi_i=60°-110°=-50°$，所以电流超前电压 $50°$。

【例 2-1-2】 某时刻国网公司输送给 A 公司用户的正弦电压为 $u_1 = 220\sqrt{2}\sin(\omega t - 60°)\text{V}$，同一时刻 A 公司的发电机产生的电压 $u_2 = 220\sqrt{2}\sin(\omega t + 120°)\text{V}$，这两个电压可以并联在一起使用吗？

解： 根据题意可知两正弦电压的相位差为

$$\varphi = \psi_{u1} - \psi_{u2} = -60° - 120° = -180°$$

由相位差等于-180°可知两个电压反相，即任一时刻两正弦电压的合成始终为零，对于电力系统来说，这种情况是不允许发生的，因此不可以并联使用。

4．瞬时值、最大值、有效值

正弦量的瞬时值是随时间变化的量，正弦量瞬时值中的最大值称为**幅值**，它是正弦量在整个变化过程中所能达到的极大值。正弦量的幅值用带有下标 m 的大写字母表示，如用 I_m、U_m、E_m 分别表示正弦电流、正弦电压、正弦电动势的幅值。在实际应用中，用户更关注正弦量在电路中产生的效果，为了反映正弦量的实际作用效果，通常使用有效值来表示正弦量的大小。

<u>正弦量的有效值是根据电流的热效应来确定的，即正弦量的有效值是一个周期内热效应与它相等的直流电的数值。</u>当正弦电流 i 和直流电流 I 分别流过电阻值相等的电阻 R 时（见图2-1-6），若在一个周期内，交流电流 i 通过电阻 R 所消耗的能量与直流电流 I 通过 R 所消耗的能量相等，则称 I 为 i 的有效值。正弦量的有效值用大写字母表示。

a) 正弦交流电路　　b) 直流电路

图 2-1-6　电流有效值等效电路

由图 2-1-6a 可知，在一个周期 T 内 R 通过正弦电流时消耗的电能为

$$W_{AC} = \int_0^T p\,dt = \int_0^T i^2 R\,dt$$

由图 2-1-6b 可知，在一个周期 T 内 R 通过直流电流时消耗的电能为

$$W_{DC} = I^2 RT$$

若 $W_{AC} = W_{DC}$，则 $I^2 RT = \int_0^T i^2 R\,dt$，解得正弦电流的有效值为

$$I = \sqrt{\frac{1}{T}\int_0^T i^2\,dt} \tag{2-1-5}$$

可以看出正弦电流的有效值 I 是正弦电流 i 的二次方在一个周期内的平均值再取二次方根，因此正弦量的有效值又称为均方根值。还应指出，式（2-1-5）不仅适用于正弦量，而且使用于任何波形的周期性电流和电压。

类似地，可以得到正弦电压的有效值为

$$U = \sqrt{\frac{1}{T}\int_0^T u^2\,dt} \tag{2-1-6}$$

若正弦电流 $i = I_m \sin(\omega t + \psi_i)$，则根据式（2-1-5）可得

$$I = \sqrt{\frac{1}{T}\int_0^T [I_m \sin(\omega t + \psi_i)]^2\,dt}$$

由三角函数的降幂公式及高等数学的积分公式可得正弦电流的有效值和最大值之间的关系为

$$I = \sqrt{\frac{1}{T}\int_0^T \frac{I_m^2}{2}[1-\cos 2(\omega t + \psi_i)]dt} = \frac{I_m}{\sqrt{2}} \approx 0.707 I_m \quad (2\text{-}1\text{-}7)$$

同理可得正弦电压的有效值和最大值之间的关系为

$$U = \frac{U_m}{\sqrt{2}} \approx 0.707 U_m \quad (2\text{-}1\text{-}8)$$

注意：

"不看档位，不用表"，使用万用表前一定要先选择合适的档位后再用表。

数字/模拟万用表测量直流电时测得读数为直流电的平均值，所以如果用数字/模拟万用表直流电压合适档位测正弦交流电压时读数应该为零。

万用表测量交流电时测得读数为交流电的均方根值，即有效值。

在实际应用中，一般只有在分析电气设备（如电路元件）的绝缘耐压能力时，才用到最大值。

引入有效值后，正弦电压和电流的表达式也可写为

$$u = U_m \sin(\omega t + \psi_u) = \sqrt{2}U \sin(\omega t + \psi_u)$$

$$i = I_m \sin(\omega t + \psi_i) = \sqrt{2}I \sin(\omega t + \psi_i)$$

5. 正弦量数学表达式注意事项

综上所述，如果已知一个正弦量的幅值、角频率（频率）和初相位，就可以完全确定该正弦量，即可以用数学表达式或波形图将它表示出来。

在写正弦量的数学表达式时有3个注意事项：

1）幅值不能为负。

2）正弦量的数学描述可以是正弦函数，也可以是余弦函数，本书采用正弦函数。

3）初相位必须在±180°以内。

【例2-1-3】 利用三角函数诱导公式把以下正弦量的数学表达式表示成标准正弦量数学表达式。

① $i = -5\sin(\omega t - 30°)$A ； ② $i = 5\cos(\omega t - 30°)$A ； ③ $i = 5\sin(\omega t - 240°)$A

解：① $i = -5\sin(\omega t - 30°)$A $= 5\sin(\omega t - 30° + 180°)$A $= 5\sin(\omega t + 150°)$A

② $i = 5\cos(\omega t - 30°)$A $= 5\sin(\omega t - 30° + 90°)$A $= 5\sin(\omega t + 60°)$A

③ $i = 5\sin(\omega t - 240°)$A $= 5\sin(\omega t - 240° + 360°)$A $= 5\sin(\omega t + 120°)$A

2.1.2 正弦量相量表示法

正弦量可以用多种形式表示，但就其特征而言，必须要能准确地描述正弦量的幅值、角频率和初相位这三个要素。正弦量用解析式表示的特点是简单准确，用波形图表示的特点是直观明了。但对于同频率的正弦交流电路用解析式或波形图来分析计算，将是十分烦琐和困难的。工程计算中通常采用复数表示同频率的正弦量，把对同频率正弦量的各种运算

2-1-3
正弦量相量表示法

转化为复数的代数运算，从而使三要素变成两要素，大大简化正弦交流电路的分析计算过程，这种方法称为相量法。

复数运算是相量法的数学基础，因此先复习一下复数的运算。

1. 复数概念与运算

一个复数由实部和虚部组成。复数有多种表示形式，常见的有代数形式、指数形式、三角函数形式和极坐标形式。设 A 为一个复数，a、b 分别为实部和虚部，则

复数的代数形式：$\quad\quad\quad\quad\quad A=a+\mathrm{j}b \quad\quad\quad\quad\quad\quad\quad\quad$ （2-1-9）

复数的指数形式：$\quad\quad\quad\quad\quad A=r\mathrm{e}^{\mathrm{j}\psi} \quad\quad\quad\quad\quad\quad\quad\quad$ （2-1-10）

复数的三角函数形式：$\quad\quad\quad A=r(\cos\psi + \mathrm{j}\sin\psi) \quad\quad\quad\quad\quad$ （2-1-11）

复数的极坐标形式：$\quad\quad\quad\quad A=r\angle\psi \quad\quad\quad\quad\quad\quad\quad\quad$ （2-1-12）

其中，$r=\sqrt{a^2+b^2}$ 称为复数 A 的模，$\psi=\arctan(b/a)$ 称为复数 A 的辐角。数学上规定 $\mathrm{e}^{\mathrm{j}\psi}=\cos\psi + \mathrm{j}\sin\psi$，所以有 $\mathrm{e}^{\mathrm{j}\frac{\pi}{2}}=\cos(\pi/2)+\mathrm{j}\sin(\pi/2)=\mathrm{j}$，$\mathrm{e}^{-\mathrm{j}\frac{\pi}{2}}=\cos(-\pi/2)+\mathrm{j}\sin(-\pi/2)=-\mathrm{j}$，$\mathrm{e}^{\mathrm{j}\pi}=\cos\pi+\mathrm{j}\sin\pi=-1$，$\mathrm{e}^{-\mathrm{j}\pi}=\cos(-\pi)+\mathrm{j}\sin(-\pi)=-1$。

复数也可以用由实轴与虚轴组成的复平面上的有向线段来表示。用直角坐标系的横轴表示实轴，以 1 为单位；纵轴表示虚轴，以 $\mathrm{j}=\sqrt{-1}$ 为单位，由于电路中用 i 表示电流，所以用 j 代替 i 表示虚部单位。实轴和虚轴构成复坐标平面，简称复平面。于是任何一个复数与复平面上的一个确定点相对应。例如，式（2-1-9）所示的复数与 $A(a,b)=a+\mathrm{j}b$ 点相对应，如图 2-1-7 所示。

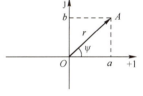

图 2-1-7 复平面

复数的多种表示形式的数学本质是一样的，分别从不同的角度来描述复平面上一个复数，例如 $\mathrm{e}^{\mathrm{j}\frac{\pi}{2}}=0+\mathrm{j}$，$\mathrm{e}^{-\mathrm{j}\frac{\pi}{2}}=0-\mathrm{j}$，$\mathrm{e}^{\mathrm{j}\pi}=-1+\mathrm{j}0$，$\mathrm{e}^{-\mathrm{j}\pi}=-1+\mathrm{j}0$ 分别表示模为 1 的单位有向线段与复平面内虚轴和实轴的交点所对应的复数。

设有两个复数，分别为

$$A_1 = a_1 + \mathrm{j}b_1 = r_1\mathrm{e}^{\mathrm{j}\psi_1} = r_1(\cos\psi_1 + \mathrm{j}\sin\psi_1) = r_1\angle\psi_1$$

$$A_2 = a_2 + \mathrm{j}b_2 = r_2\mathrm{e}^{\mathrm{j}\psi_2} = r_2(\cos\psi_2 + \mathrm{j}\sin\psi_2) = r_2\angle\psi_2$$

复数的加减运算应用代数形式较为方便，有

$$A_1 \pm A_2 = (a_1 \pm a_2) + \mathrm{j}(b_1 \pm b_2)$$

复数的乘除运算应用指数或极坐标形式较为方便，有

$$A_1 A_2 = r_1 r_2 \mathrm{e}^{\mathrm{j}(\psi_1+\psi_2)} = r_1 r_2 \angle(\psi_1+\psi_2)$$

$$\frac{A_1}{A_2} = \frac{r_1}{r_2}\mathrm{e}^{\mathrm{j}(\psi_1-\psi_2)} = \frac{r_1}{r_2}\angle(\psi_1-\psi_2)$$

【例 2-1-4】 已知复数 $A=3+\mathrm{j}4=5\angle 53.1°$，$B=8-\mathrm{j}6=10\angle -36.9°$，求复数运算：$A+B$，$A-B$，$AB$，$A/B$。

解： $A+B=3+\mathrm{j}4+8-\mathrm{j}6=11-\mathrm{j}2$

$\quad\quad A-B=3+\mathrm{j}4-(8-\mathrm{j}6)=-5+\mathrm{j}10$

$\quad\quad AB=5\angle 53.1°\times 10\angle -36.9°=50\angle 16.2°$

$$\frac{A}{B} = \frac{5\angle 53.1°}{10\angle -36.9°} = 0.5\angle 90° = j0.5$$

2. 相量、相量图

（1）正弦量的相量表示　在引入相量概念之前，需要介绍两个复数相乘的几何含义，复数 $e^{j\theta}=1\angle\theta$ 是一个模等于 1、辐角等于 θ 的复数。任意复数 $A=re^{j\psi}$ 乘以 $e^{j\theta}$ 结果为

$$re^{j\psi}e^{j\theta} = re^{j(\psi+\theta)} = r\angle(\psi+\theta)$$

复数的模仍为 r，辐角变为 $\psi+\theta$，即将复数 A 由原来的位置 ψ，逆时针旋转了 θ，旋至辐角 $\psi+\theta$，所以称 $e^{j\theta}=1\angle\theta$ 为旋转因子。

例如，$+j=1\angle 90°$，$-j=1\angle -90°$，所以 $+j$ 可以看成是一个模为 1、辐角为 90° 的复数，$-j$ 可以看成是一个模为 1、辐角为-90° 的复数。因此，若复数 A 乘以 $+j$ 或 $-j$，结果为

$$jA = r\angle(\psi+90°)$$
$$-jA = r\angle(\psi-90°)$$

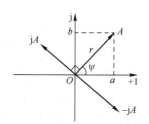

上式表明，任意一个复数乘以 j，其模值不变，辐角增加 90°，相当于在复平面上把复数矢量逆时针旋转 90°；任意一个复数乘以-j，其模值不变，辐角减少 90°，相当于在复平面上把复数矢量顺时针旋转 90°，如图 2-1-8 所示。

同理，设一正弦量 $i=I_m\sin(\omega t+\psi)$，在复平面上对应一矢量，如图 2-1-9 所示。矢量长度 OA 等于幅值 I_m，即复数的模；矢量与横轴夹角等于初相位 ψ，即复数的辐角。上述矢量在起始位置时，可用复数 $I_m e^{j\psi}$ 表示，再乘以旋转因子 $e^{j\omega t}$ 得复数为

图 2-1-8　复数矢量旋转 90°

$$I_m e^{j\omega t}e^{j\psi} = I_m e^{j(\omega t+\psi)} = I_m\cos(\omega t+\psi) + jI_m\sin(\omega t+\psi)$$

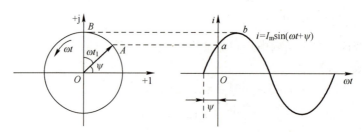

图 2-1-9　正弦量的复数表示法

$I_m e^{j(\omega t+\psi)}$ 表示复平面上一个长度为 I_m，起始位置与横轴夹角等于初相位 ψ，以角速度 ω 逆时针旋转的矢量，该旋转矢量的虚部为一个正弦函数，实部为一个余弦函数。

在线性交流电路中可以证明，如果电源的频率为 f，则电路中各处电压与电流的响应频率也为 f，即求解正弦交流电路各处的电压与电流响应的正弦量时，只需确定幅值（或有效值）和初相位，而频率仍采用电源的频率 f，就可以将正弦交流量三角函数的复杂计算简化为只需要知道两要素（幅值和初相位）的复数计算，但是工程人员必须清楚复数 $I_m e^{j(\omega t+\psi)}$ 的虚部是一个正弦函数，$I_m e^{j(\omega t+\psi)}$ 本身并不等于正弦函数，复数只是对应地表示一个正弦量。

因为线性正弦交流电路中所有激励和响应都是同频率的正弦量，所以旋转因子 $e^{j\omega t}$ 可以省略，只用起始位置复数 $I_m e^{j\psi}$ 对应的矢量来表示正弦量，$I_m e^{j\psi}$ 的模对应正弦交流量的幅值，辐角对应正弦交流量的初相位，这就是正弦量的相量表示法。电工学规定正弦量 $i=I_m\sin(\omega t+\psi)$

的相量为

$$\dot{I}_m = I_m e^{j\psi} = I_m \angle \psi \qquad (2\text{-}1\text{-}13)$$

式（2-1-13）中，相量 $\dot{I}_m$ 的模是正弦量的幅值，故称幅值相量，电工实际计算中经常使用的是有效值相量，有效值相量可以写成

$$\dot{I} = I e^{j\psi} = I \angle \psi \qquad (2\text{-}1\text{-}14)$$

相量 $\dot{I}$ 的模是正弦量的有效值。本书所用相量表示的正弦量，如未加特殊说明，均为有效值相量。

 注意：

相量只是表示正弦量，而不等于正弦量。

只有正弦量才能用相量表示，非正弦量不能用相量表示。

正弦量乘以常数，同频正弦量的代数和，正弦量的微分、积分结果仍是一个同频率的正弦量。

电容及电感元件可以是线性元件也可以是非线性元件，但非线性元件存在频率变换作用，为了分析问题方便，本书没有特别说明的电容和电感均指线性元件。

（2）相量图和相量运算　同频率的正弦量之间的相位差等于初相位之差，其相量可以画在同一复平面上，这样的图称为相量图。相量的模对应复数的模，相量的相位角对应复数的辐角，相位角的参考方向规定为：逆时针方向为正角度，顺时针方向为负角度。

相量的加减运算满足数学上矢量的平行四边形法则，应注意的是减一个相量可以看成加一个相量的反相相量，相量的减运算也可以直接使用矢量的三角形法则，如图 2-1-10 所示。

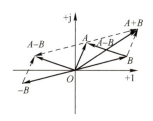

图 2-1-10　正弦量的平行四边形和三角形法则

【**例 2-1-5**】　写出下列正弦量的相量形式。

$$i_1(t) = 5\sqrt{2}\sin(\omega t + 53.1°)\text{A}$$
$$i_2(t) = 10\sqrt{2}\sin(\omega t - 36.9°)\text{A}$$

解： $\dot{I}_1 = 5\angle 53.1°\text{A}$，$\dot{I}_2 = 10\angle -36.9°\text{A}$。

【**例 2-1-6**】　写出下列正弦量的函数表达式。

$$\dot{U}_1 = (-5 + \text{j}10)\text{V} = 11.18\angle 116.57°\text{V}$$
$$\dot{U}_2 = (110 - \text{j}150)\text{V} = 186\angle -53.75°\text{V}$$

解： $u_1 = 11.18\sqrt{2}\sin(\omega t + 116.57°)\text{V}$，$u_2 = 186\sqrt{2}\sin(\omega t - 53.75°)\text{V}$。

2.1.3　单一参数的交流电路

1. 纯电阻元件的交流电路

（1）电压与电流关系　在交流电路中，通过电阻元件的电流和它两端的电压在任何瞬间都遵守欧姆定律。在如图 2-1-11a 所示的只含有电阻元件 R 的电路中，电压、电流采用关联参考方向。

2-1-4 单一参数交流电路

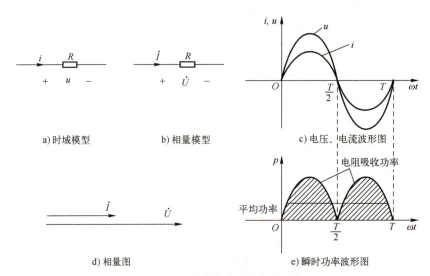

a) 时域模型　　b) 相量模型　　c) 电压、电流波形图

d) 相量图　　e) 瞬时功率波形图

图 2-1-11　交流电路中的电阻元件

设在电阻元件两端加上的正弦交流电压为

$$u = U_m \sin \omega t = \sqrt{2} U \sin \omega t$$

为分析电路方便性，假设初相位为 0。按照图 2-1-11 所示电压与电流的参考方向，根据欧姆定律，电路的电流为

$$i = \frac{u}{R} = \frac{U_m}{R} \sin \omega t = \sqrt{2} \frac{U}{R} \sin \omega t = I_m \sin \omega t$$

上式表明，流过电阻元件的电流和其两端的电压是同频率的正弦量。比较电压和电流的数学表达式，它们的关系如下：

1）数值关系。电压和电流最大值的关系为

$$I_m = \frac{U_m}{R} \tag{2-1-15}$$

两边同除以 $\sqrt{2}$，可得有效值关系为

$$I = \frac{U}{R} \tag{2-1-16}$$

即电压与电流的最大值和有效值均服从欧姆定律关系。

2）相位关系。电压和电流同相位，即 $\psi_u = \psi_i$，相位差 $\varphi = 0$，电压与电流波形如图 2-1-11c 所示。综上所述，可得电阻元件电压和电流的相量关系式为

$$\dot{I} = \frac{\dot{U}}{R} \tag{2-1-17}$$

$$\dot{I}_m = \frac{\dot{U}_m}{R} \tag{2-1-18}$$

式（2-1-17）和式（2-1-18）同时表示了电压和电流之间的数值与相位关系，它们为欧姆定律的相量形式，相应的相量图如图 2-1-11d 所示。根据式（2-1-18），图 2-1-11a 的时域模型可用图 2-1-11b 的相量模型来代替，即电压、电流用相量表示，而电阻不变。

（2）功率　　在交流电路中，通过电阻元件的电流及其两端电压都是交变的，电阻元件吸收的功率也必然随时间变化。把电阻元件在任意瞬间所吸收的功率称为瞬时功率，用小写字母 p

表示，设 u、i 使用关联参考方向，则瞬时功率等于同一时刻电压和电流瞬时值的乘积，即

$$p = ui = U_m\sin\omega t \cdot I_m\sin\omega t = U_m I_m \sin^2\omega t = UI(1-\cos 2\omega t) \qquad (2\text{-}1\text{-}19)$$

上式表明，瞬时功率是随时间变化的，并且由两部分组成：第一部分是恒定值 UI，第二部分是幅值为 UI、并以 2ω 角频率随时间变化的交变量 $UI\cos 2\omega t$。瞬时功率的波形图如图 2-1-11e 所示，$p \geqslant 0$，所以电阻元件是耗能元件。

由于瞬时功率随时间变化，使用时不方便，因而工程上所说的功率指瞬时功率在一个周期内的平均值，称其为平均功率，用大写字母 P 表示，平均功率又称有功功率，它的单位为瓦特（W）或千瓦（kW）。

$$P = \frac{1}{T}\int_0^T p\,dt = \frac{1}{T}\int_0^T UI(1-\cos 2\omega t)dt = UI = I^2 R = \frac{U^2}{R} \qquad (2\text{-}1\text{-}20)$$

式（2-1-20）与直流电路的功率计算公式在形式上完全相同，但式中的 U、I 分别是电压、电流的有效值。

注意：
通常电器铭牌数据或电工仪表测量的功率均指有功功率。

【**例 2-1-7**】 如图 2-1-12 所示，有一个 $R=2\text{k}\Omega$ 的电阻丝，通过电阻丝的电流为 $i_R = 2\sqrt{2}\sin(\omega t - 45°)\text{A}$，求电阻丝两端的电压 u_R、U_R 及其消耗的功率 P_R。

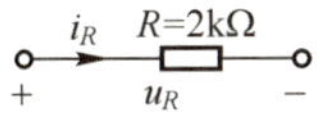

图 2-1-12　例 2-1-7 图

解： $u_R = Ri_R = 2000 \times 2\sqrt{2}\sin(\omega t - 45°)\text{V} = 4000\sqrt{2}\sin(\omega t - 45°)\text{V}$

电压有效值

$$U_R = \frac{U_{Rm}}{\sqrt{2}} = \frac{4000\sqrt{2}}{\sqrt{2}}\text{V} = 4000\text{V}$$

电流有效值

$$I_R = \frac{I_{Rm}}{\sqrt{2}} = \frac{2\sqrt{2}}{\sqrt{2}}\text{A} = 2\text{A}$$

有功功率

$$P_R = U_R I_R = 4000 \times 2\text{W} = 8000\text{W}$$

2. 纯电感元件的交流电路

（1）电压与电流关系　如图 2-1-13a 所示只含有电感元件的电路中，电压和电流采用关联参考方向。设通过电感元件的正弦交流电流为

$$i = I_m\sin\omega t = \sqrt{2}I\sin\omega t \qquad (2\text{-}1\text{-}21)$$

则电感元件的端电压为

$$u = L\frac{di}{dt} = \omega L I_m\cos\omega t = \omega L I_m\sin(\omega t + 90°) = U_m\sin(\omega t + 90°) \qquad (2\text{-}1\text{-}22)$$

式（2-1-22）表明：电感元件中电流与其两端的电压都是同频率的正弦量。比较电压和电流的数学表达式，它们的关系如下：

1)数值关系。电压和电流最大值关系为

$$U_m = \omega L I_m \text{ 或 } I_m = \frac{U_m}{\omega L} \qquad (2\text{-}1\text{-}23)$$

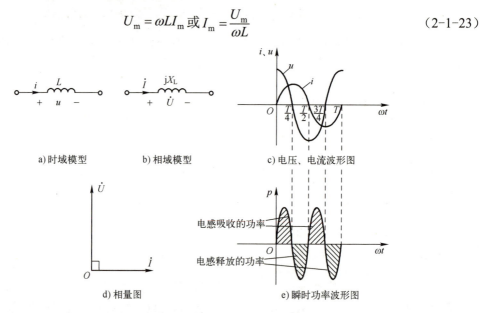

a)时域模型　　b)相域模型　　c)电压、电流波形图

d)相量图　　e)瞬时功率波形图

图 2-1-13　交流电路中的电感元件

式(2-1-23)两边同时除以 $\sqrt{2}$,可得电流与电压的有效值关系为

$$I = \frac{U}{\omega L} = \frac{U}{X_L} \qquad (2\text{-}1\text{-}24)$$

式(2-1-24)称为电感元件的欧姆定律,式中 $X_L = \omega L = 2\pi f L$,定义为感抗,其单位为欧姆($\Omega$)。感抗是表示电感对电流阻碍作用大小的一个物理量,也表示电感元件中自感电动势对交流电流的阻碍作用,它与 L 和 ω 成正比。对于一定的电感量 L,频率越高,电感元件呈现的感抗越大,反之越小。

 注意:
　　对于电感元件,电压和电流的瞬时值之间并不具有欧姆定律的形式,即不存在正比关系,感抗也不能代表电压、电流瞬时值的比值。电感元件的欧姆定律只适用于电压和电流的最大值或有效值之比。

2)相位关系。比较式(2-1-21)和式(2-1-22)可知,电感电压超前电流 90°,或者说电感电流滞后电压 90°,即 $\psi_u = \psi_i + 90°$。电压与电流波形图如图 2-1-13c 所示。

综上所述,电感元件欧姆定律的相量形式为

$$\dot{U} = \omega L \dot{I} \angle 90° = jX_L \dot{I} \qquad (2\text{-}1\text{-}25)$$

即

$$\frac{\dot{U}}{\dot{I}} = jX_L \qquad (2\text{-}1\text{-}26)$$

式中,jX_L 称为感抗的复数计算形式。

式(2-1-25)与式(2-1-26)表示了电感元件上电压和电流之间的数值与相位关系,相应的相量图如图 2-1-13d 所示。图 2-1-13b 为电感元件的相域模型。

（2）功率

1）有功功率。在电压、电流取关联参考方向下，电感元件吸收的瞬时功率为

$$p = ui = U_m \sin(\omega t + 90°) I_m \sin \omega t = U_m I_m \cos \omega t \sin \omega t = \frac{U_m I_m}{2} \sin 2\omega t = UI \sin 2\omega t$$

瞬时功率的波形图如图 2-1-13e 所示。

电感元件瞬时功率的平均值即平均功率为

$$P = \frac{1}{T} \int_0^T p \, dt = \frac{1}{T} \int_0^T UI \sin 2\omega t \, dt = 0 \tag{2-1-27}$$

从瞬时功率的数学表达式可知，瞬时功率是随时间变化的正弦函数，其幅值为 UI，以 2ω 角频率随时间变化。在一个周期内，瞬时功率的平均值为零，说明电感元件不消耗能量。从瞬时功率的波形图 2-1-13e 可以看出，在第一和第三个 1/4 周期内，u 和 i 同为正值或同为负值，$p>0$，这一过程实际上是电感将电能转换为磁场能储存起来，从电源吸取能量。在第二和第四个 1/4 周期内，u 和 i 一个为正值，另一个则为负值，故 $p<0$，这一过程实际是电感元件将磁场能转换为电能释放出来。电感元件不断地与电源交换能量，在一个周期内吸收和释放的能量相等，因此平均值为零，这说明电感元件不消耗能量，是一个储能元件。

2）无功功率。电感元件不消耗能量，只是将能量不停地吸收和释放。互换功率的大小通常用瞬时功率的最大值来衡量。由于这部分功率没有被消耗，所以称为无功功率，用 Q_L 表示，则

$$Q_L = UI = X_L I^2 = \frac{U^2}{X_L}$$

为了和有功功率区别，电感元件的无功功率的单位用乏[尔]（var）表示。

 注意：

无功功率中"无功"的含义是"交换"而不是"消耗"，它是相对于"有功"而言的。绝不可把"无功"理解为"无用"。电感的无功功率用来衡量电感和外电路交换能量的规模。

【例 2-1-8】 把一个电阻值可以忽略的线圈，接到 $u = 220\sqrt{2}\sin(100\pi t + 60°)$V 的电源上，线圈的电感为 0.4H，试求：（1）线圈的感抗 X_L；（2）电流 i_L 及 I_L；（3）电路的无功功率。

解：（1）感抗为 $X_L = \omega L = 100\pi \times 0.4 \Omega \approx 125.6\Omega$

（2）电压的有效值为 $U = 220\text{V}$。

流过线圈的电流有效值为 $I_L = \dfrac{U}{X_L} = 220/125.6\text{A} \approx 1.75\text{A}$。

电压超前电流 90°，则电流瞬时值为 $i_L = 1.75\sqrt{2}\sin(100\pi t - 30°)$V。

（3）无功功率为 $Q_L = UI_L = 220 \times 1.75 \text{ var} = 385 \text{ var}$。

3．纯电容元件的交流电路

（1）电压与电流关系　如图 2-1-14a 所示只含有电容元件的电路中，电压和电流采用关联参考方向。设通过电容元件的正弦交流电压为

$$u = U_m \sin \omega t = \sqrt{2} U \sin \omega t \tag{2-1-28}$$

则流过电容元件的电流为

$$i = C\frac{du}{dt} = \omega CU_m \cos\omega t = \omega CU_m \sin(\omega t + 90°) = I_m \sin(\omega t + 90°) \tag{2-1-29}$$

比较电压和电流的数学表达式，它们的关系如下。

1）数值关系。电压和电流最大值关系为

$$I_m = \omega CU_m \tag{2-1-30}$$

式（2-1-30）两边同时除以 $\sqrt{2}$，可得电流与电压的有效值关系为

$$I = \omega CU = \frac{U}{X_C} \tag{2-1-31}$$

式（2-1-31）称为电容元件的欧姆定律，式中 $X_C = 1/(\omega C) = 1/(2\pi fC)$，定义为容抗，其单位为欧姆（Ω）。容抗是表示电容元件对电流阻碍作用大小的一个物理量，它与 C 和 ω 成反比。对于一定的电容量 C，频率越高，电容元件呈现的容抗越小，反之越大。

注意：

对于电容元件而言，电压和电流的瞬时值之间并不具有欧姆定律的形式，即不存在正比关系，容抗也不能代表电压、电流瞬时值的比值。电容元件的欧姆定律只适用于电压和电流的最大值或有效值之比。

2）相位关系。比较式（2-1-29）和式（2-1-30）可知，电容电压滞后电流 90°，或者说电容元件电流超前电压 90°，即 $\psi_u = \psi_i - 90°$。电压与电流波形图如图 2-1-14c 所示。

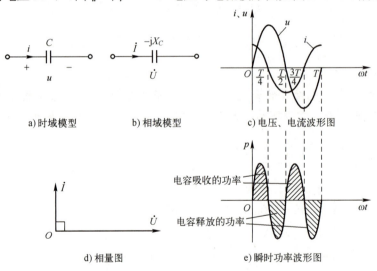

a) 时域模型　　b) 相域模型　　c) 电压、电流波形图

d) 相量图　　e) 瞬时功率波形图

图 2-1-14　交流电路中的电容元件

综上所述，电容元件欧姆定律的相量形式为

$$\dot{U} = \frac{\dot{I}}{\omega C}\angle -90° = -jX_C \dot{I} \tag{2-1-32}$$

即

$$\frac{\dot{U}}{\dot{I}} = -jX_C \tag{2-1-33}$$

式中，$-jX_C$ 称为容抗的复数计算形式。

式（2-1-32）与式（2-1-33）表示了电容元件上电压和电流之间的数值与相位关系，相应的相量图如图 2-1-14d 所示。图 2-1-14b 为电感元件的相域模型。

注意：
在交流电路中，纯电感元件两端的电压相位超前流过其电流相位 90°，纯电容元件两端的电压相位滞后流过其电流相位 90°，可以使用"感压超流 90°、容压滞后流 90°"进行强化记忆。

（2）功率

1）有功功率。在电压、电流取关联参考方向下，电容元件吸收的瞬时功率为

$$p = ui = U_m \sin\omega t \cdot I_m \sin(\omega t + 90°) = U_m I_m \cos\omega t \sin\omega t = \frac{U_m I_m}{2}\sin 2\omega t = UI\sin 2\omega t \quad (2\text{-}1\text{-}34)$$

瞬时功率的波形图如图 2-1-14e 所示。

电容元件瞬时功率的平均值为平均功率，则

$$P = \frac{1}{T}\int_0^T p\,dt = \frac{1}{T}\int_0^T UI\sin 2\omega t\,dt = 0 \quad (2\text{-}1\text{-}35)$$

从瞬时功率的数学表达式可知，瞬时功率是随时间变化的正弦函数，其幅值为 UI，以 2ω 角频率随时间变化。在一个周期内，瞬时功率的平均值为零，说明电容元件不消耗能量。从瞬时功率的波形图 2-1-14e 可以看出，在第一和第三个 1/4 周期内，u 和 i 同为正值或同为负值，瞬时功率 $p>0$，这一过程实际是电容元件将电能转换为电场能储存起来，从电源吸取能量。在第二和第四个 1/4 周期内，u 和 i 一个为正值，另一个则为负值，故 $p<0$，这一过程实际是电容元件将电场能转换为电能释放出来。电容元件不断地与电源交换能量，在一个周期内吸收和释放的能量相等，因此平均值为零，这说明电容元件不消耗能量，是一个储能元件。

2）无功功率。电容元件不消耗能量，只是将能量不停地吸收和释放。互换功率的大小通常用瞬时功率的最大值来衡量。由于这部分功率没有消耗，所以称为无功功率，用 Q_C 表示。如果流过电容元件和电感元件的瞬时电流相同，则两者的瞬时功率在相位上是反相的，为了加以区别，将电容元件的无功功率定义为

$$Q_C = -UI = -X_C I^2 = -\frac{U^2}{X_C}$$

为了和有功功率区别，电容元件的无功功率的单位也用乏[尔]（var）表示。

 注意：
对于无功功率公式中的正、负号，可理解为在正弦电路中，"+"表示电感元件"吸收"无功功率，"-"表示电容元件"发出"无功功率。当电路中既有电感元件又有电容元件时，它们的无功功率相互补偿，即正、负号仅表示相互补偿的意义。

【例 2-1-9】 已知 220V、40W 的荧光灯并联的电容器为 4.75μF，求：（1）电容的容抗；（2）电容上电流的有效值；（3）电容的无功功率。

解：（1）容抗为 $X_C = \dfrac{1}{\omega C} = \dfrac{1}{2\pi f C} = \dfrac{1}{2\pi \times 50 \times 4.75 \times 10^{-6}}\Omega \approx 670\Omega$。

（2）电容上电流的有效值为 $I_C = \dfrac{U}{X_C} = \dfrac{220}{670}\text{A} \approx 0.328\text{A}$。

（3）无功功率为 $Q_C = -UI_C = -220 \times 0.328\,\text{var} = -72.16\,\text{var}$。

[知识拓展] 中国电力"一特四大"战略和"三华"特高压同步电网

1. "一特四大"战略

国家电网公司认真研判经济社会发展对电能的需求，深入研究我国能源资源与能源需求呈逆向分布的特点，树立"大能源观"和全球化视野，推动技术创新，着力转变能源和电力发展方式，制定实施"一特四大"战略，即加快特高压电网建设，促进"大煤电、大水电、大核电、大型可再生能源基地"集约化开发，着力于"以电代煤、以电代油、电从远方来、来的是清洁电"，实现电能替代，促进经济社会可持续发展的电力战略。实施"一特四大"战略，关键是加快建设特高压电网，发展特高压电网是电力工业科学发展的内在要求，是发挥特高压技术优势和功能作用，保障大型电源基地集约化开发和电力安全、高效、经济外送与顺利消纳，实现全国范围能源资源优化配置，促进国际能源合作的客观需要。

2. "三华"特高压同步电网

为解决我国能源分布不合理、加快分布式能源接入、提高电网抵御扰动和故障冲击能力等问题，国家电网公司提出建设"通过特高压交流网架将我国华北、华东、华中区域电网连接起来形成特高压同步电网"，即"三华"特高压同步电网的总体目标。"三华"特高压同步电网连接北方煤电基地、西南水电基地和华中、华东负荷中心地区，覆盖地理面积约 320 万平方千米。

[练习与思考]

一、填空题

1. 已知正弦交流电路中某负载上的电压、电流的波形如图 2-1-15 所示，若角频率为 314rad/s，则它们的瞬时值表达式为 $u =$ ＿＿＿＿＿＿＿＿，$i =$ ＿＿＿＿＿＿＿＿，有效值相量分别为 $\dot{U} =$ ＿＿＿＿，$\dot{I} =$ ＿＿＿＿，在相位上电压＿＿＿＿电流＿＿＿°，为电＿＿＿＿性负载，负载上消耗的有功功率为＿＿＿＿。

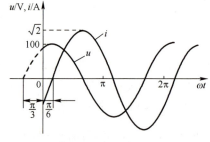

图 2-1-15 题 1 图

2. 正弦量的三要素为幅值、角频率和＿＿＿＿＿。

3. 某正弦电压 u 的有效值为 200V，频率为 50Hz，初相位为 30°，则其瞬时值表达式为＿＿＿＿＿＿＿＿＿＿＿＿。

4. 一个角频率为 314rad/s 的正弦电压的最大值相量为 $5∠45°$ V，其瞬时电压的解析式为 $u =$ ＿＿＿＿＿＿＿；若有效值相量为 $5∠45°$ V，则其瞬时电压的解析式为 $u =$ ＿＿＿＿＿＿＿。

5. 正弦稳态电路中_____元件上的初相位电流超前电压90°。
6. 电感元件能储存_____能,电容元件能储存_____能。
7. 正弦稳态电路中,初相位电压超前电流90°的元件是_____。

二、单选题

1. 交流电变化得越快,说明交流电的周期(　　)。
   A. 越大　　　　B. 越小　　　　C. 不变　　　　D. 无法确定
2. 一般用(　　)表示正弦交流电电流和电压的瞬时值。
   A. I、U　　　B. I_m、U_m　　　C. i、u　　　D. I、U_m
3. 正确使用万用表时,交流和直流档位分别测量的是电压或电流的(　　)。
   A. 最大值和有效值　　　　B. 瞬时值和平均值
   C. 有效值和平均值　　　　D. 最大值和瞬时值
4. 两个正弦交流电流的解析式分别为 $i_1=10\sin(314t+30°)$ A,$i_2=20\sqrt{2}\sin(314t-30°)$ A,这两个交流电流相同的量为(　　)。
   A. 周期　　　　B. 有效值　　　　C. 最大值　　　　D. 初相位
5. 在纯电阻正弦交流电路中,下列各式正确的是(　　)。
   A. $i=\dfrac{U}{R}$　　B. $I_m=\dfrac{U_m}{R}$　　C. $I=\dfrac{u}{R}$　　D. $i=\dfrac{U_m}{R}$
6. 两个正弦交流电流的解析式为 $i_1=10\sin(314t+30°)$ A,$i_2=25\sin(628t-60°)$ A,则(　　)。
   A. i_1 比 i_2 超前90°　　　　B. i_1 比 i_2 滞后90°
   C. i_1 和 i_2 正交　　　　D. 不能判断两电流相位关系
7. 两个正弦交流电压的解析式为 $u_1=10\sin\left(100\pi t+\dfrac{\pi}{6}\right)$ V,$u_2=25\sin\left(100\pi t-\dfrac{\pi}{3}\right)$ V,则(　　)。
   A. u_1 比 u_2 超前30°　　　　B. u_1 比 u_2 滞后60°
   C. u_2 比 u_1 滞后90°　　　　D. 不能判断两电压相位关系
8. 一个复数的极坐标是 $10\angle-60°$,则它的代数式是(　　)。
   A. $5\sqrt{3}+j5$　　B. $5+j5\sqrt{3}$　　C. $5\sqrt{3}-j5$　　D. $5-j5\sqrt{3}$
9. 图2-1-16所示电路中,$u_1=400\sin\omega t$ V,$u_2=-300\sin\omega t$ V,则 u 为(　　)。
   A. $700\sin\omega t$ V　　B. $500\sin\omega t$ V　　C. $100\sin\omega t$ V　　D. $120\sin\omega t$ V

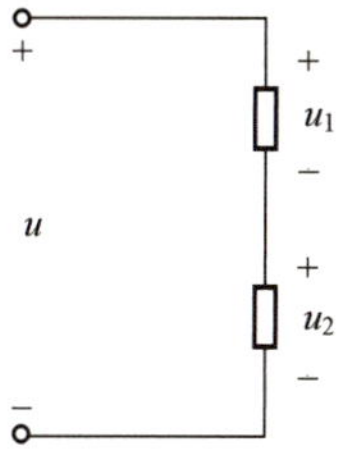

图2-1-16　题9图

10. 已知某电阻端电压 $u=10\sqrt{2}\sin(\omega t+15°)$ V,若电阻消耗的功率为 20W,则其电阻值为(　　)。

A. 5Ω   B. 10Ω   C. $5\sqrt{2}$ Ω   D. $10\sqrt{2}$ Ω

三、判断题（正确的打√，错误的打×）

1．大小和方向随时间变化的量称为正弦量。（   ）

2．将正弦交流电压 $u = \sin(314t + 30°)$ V 与直流电压 1V 先后加到同一个电阻上，在相同时间内消耗的有功功率相等。（   ）

3．正弦量的相位差恒等于它们的初相位之差。（   ）

4．由于电阻元件通过的电流 i 和其两端的电压 u 在一个周期内的平均值为零，所以电流、电压瞬时值的乘积 $p = ui$ 也为零。（   ）

5．感抗是电感元件中自感电动势对交流电流的阻碍作用。（   ）

6．电感元件上所加的交流电压的大小一定时，如果电压频率升高，则交流电流增大。（   ）

7．在直流电路中，纯电感元件相当于短路。（   ）

8．在纯电感正弦交流电路中，相位电压超前于电流90°。（   ）

9．交流电的平均功率即为交流电的瞬时功率。（   ）

10．无功功率是电感元件建立磁场能量的平均功率。（   ）

11．电感无功功率表示电感元件与外电路进行能量交换的瞬时功率的最大值。（   ）

12．在电容元件上所加交流电压的大小一定时，如果电压频率降低，则交流电流增大。（   ）

13．在纯电容正弦交流电路中，电压超前于电流90°，或者说电流滞后电压90°。（   ）

14．在直流电路中，纯电容元件相当于开路。（   ）

15．纯电容元件和纯电感元件不消耗有功功率，但消耗无功功率。（   ）

16．正弦量 $u_1 = \sqrt{2}\sin(\omega t + 30°)$ 与 $u_2 = \sqrt{2}\sin(2\omega t + 30°)$ 同相。（   ）

四、问答题

1．什么是正弦量的三要素？

2．正弦量的周期、频率、角频率三者之间有什么关系？

3．什么是正弦量的有效值，它和最大值有什么关系？

4．将 8A 的直流电流和最大值为 10A 的交流电流分别通过阻值相等的电阻，在相同的时间内哪个电阻产生的热量多？

5．常用的复数表达形式有哪几种？

6．什么是正弦量的相量，它有几种表达形式？

7．正弦量等于相量，这种说法正确吗？

8．将一个100Ω的电阻元件分别接到频率为50Hz和5000Hz、电压有效值都为10V的正弦电源上，流过哪个电阻的电流大？

9．什么是感抗和容抗？它们由哪些因素决定？

五、分析计算题

1．已知 $u_1 = 220\sqrt{2}\sin(\omega t + 0°)$ V，$u_2 = 220\sqrt{2}\sin(\omega t + 90°)$ V，试作 u_1 和 u_2 的相量图，并求 $u_1 + u_2$、$u_1 - u_2$。

2．已知两个正弦电流 $i_1 = 4\sin(\omega t + 30°)$A，$i_2 = 4\sin(\omega t - 30°)$A。试求 $i = i_1 + i_2$。

3. 在关联参考方向下，已知纯电感元件两端的电压为 u_L=100sin(100t+30°)V，通过的电流为 i_L=10sin(100t+ψ_i)A，试求纯电感的参数 L 及流过纯电感元件电流的初相位 ψ_i。

4. 将一个 C=50μF 的电容接于 u=220sin(100t+60°)V 的电源上，求 i_C 并画出电流和电压的相量图。

六、拓展实验

1. 在万用表直流电压档允许范围内去测量交流电压，比如用数字万用表的直流 1000V 档位测量频率为 50Hz 的 220V 交流电，观察仪表显示情况。再如用 MF47 万用表的直流 500V 档位测量频率为 50Hz 的 220V 交流电，观察仪表显示情况。

2. 将一个发光二极管接到 50Hz、2V 交流电上是否能正常发光？将一个发光二极管串联一个 100kΩ、0.5W 电阻接到 50Hz、220V 交流电上能否正常发光，请学生做实验并观察实验结果。

任务 2　三相异步电动机单相空载运行电路分析

[任务导入]

把小功率 220V/380V 三相异步电动机的一个绕组接入 220V 交流电源，三相异步电动机空载情况下能否正常运行？使用仪表测量三相异步电动机一个绕组的直流电阻和交流电阻是否相等。怎么加入电容让三相异步电动机在单相空载情况下正常运行，完成任务 2 的学习后这些问题将得到很好的解答。

[学习目标]

1）学会使用交流电压表、交流电流表、功率表测量交流电路中的各个物理量。
2）掌握交流串、并联电路中电压、电流的关系。
3）掌握交流电路分析的一般方法。

[工作任务]

采用适当方法使一台小功率三相异步电动机改成单相电动机，观察电动机运行情况，分析三相异步电动机绕组连接方式、各绕组电流、电压大小及相位关系。

[任务实施]

1）在一台小功率三相异步电动机 U_1 和 U_2 接线柱之间接入 220V 交流电，其他接线柱不接线，令三相异步电动机空载，观察三相异步电动机运行情况。

2）用手转动一下三相异步电动机的转轴，观察三相异步电动机运动变化情况。

3）按照图 2-2-1a 对三相异步电动机进行接线，C_1 和 C_2 选用耐压为交流 500V 的电容，闭合开关 S，观察三相异步电动机运动情况。图 2-2-1b 为三相异步电动机空载单相运行原理图，学生可以用万用表交流档测量各元件端电压并尝试分析各电压之间有什么关系。

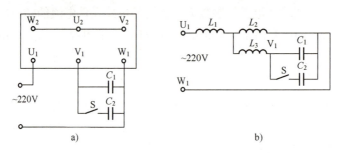

图 2-2-1 三相异步电动机单相空载运行实验图

2. RLC 交流串联电路测试分析

将 3 个元件（$R = 1\text{k}\Omega$，$L = 1\text{H}$，$C = 1\mu\text{F}$）组成串联电路，如图 2-2-2 所示，交流电源输出调至 220V（也可根据元件耐压情况进行调整，下同）。

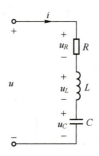

图 2-2-2 RLC 交流串联电路

测量有关电路参数，将数据记入表 2-2-1 中，分析数据意义及产生误差的原因，计算分析交流串联电路的规律。

表 2-2-1 RLC 交流串联电路测量数据

项目	U/V	U_R/V	U_L/V	U_C/V	U_X/V	I/A	P/W	$\cos\varphi$
测量值								
计算值								

注：表中 U_X 指 L、C 串联电路两端的电压，P 为串联电路的有功功率，$\cos\varphi$ 为总功率因数。

3. RLC 串联谐振电路测试分析

按图 2-2-2 所示电路接线，取 $R=510\Omega$、$C=0.1\mu\text{F}$、$L\approx30\text{mH}$，调节信号源输出电压为 4V 的正弦信号，并在整个实验过程中保持不变。将交流毫伏表跨接在电阻 R 两端，令信号源的频率逐渐由小变大（注意要维持信号源的输出幅值不变），U_R 的读数为最大时，读得频率计上频率值即为电路的谐振频率 f_0，并测量元件上的电压 U_R、U_L、U_C（注意及时更换毫伏表的量程），数据记入表 2-2-2 中。

1）在谐振点两侧，按频率递增或递减 500Hz 或 1kHz，依次取若干测量点，逐点测出 U_R、U_L、U_C，数据记入表 2-2-2 中，绘制曲线，计算通频带及 Q 值。

表 2-2-2　谐振测量数据 1

	$U_i = 4V$, $C = 0.1\mu F$, $R = 510\Omega$, $f_0 =$　　, $\Delta f =$　　, $Q =$									
f/kHz										
U_R/V										
U_L/V										
U_C/V										

2）取 $R = 2k\Omega$，重新测量数据，数据记入表 2-2-3 中，绘制曲线，计算通频带及 Q 值。

表 2-2-3　谐振测量数据 2

	$U_i = 4V$, $C = 0.1\mu F$, $R = 2k\Omega$, $f_0 =$　　, $\Delta f =$　　, $Q =$									
f/kHz										
U_R/V										
U_L/V										
U_C/V										

3）取 $R=510\Omega$、$C=0.01\mu F$，重新测量，数据记入表 2-2-4 中，绘制曲线，计算通频带及 Q 值。

表 2-2-4　谐振测量数据 3

	$U_i = 4V$, $C = 0.01\mu F$, $R = 510\Omega$, $f_0 =$　　, $\Delta f =$　　, $Q =$									
f/kHz										
U_R/V										
U_L/V										
U_C/V										

4）取 $R=2k\Omega$、$C=0.01\mu F$，重新测量，数据记入表 2-2-5 中，绘制曲线，计算通频带及 Q 值。

表 2-2-5　谐振测量数据 4

	$U_i = 4V$, $C = 0.01\mu F$, $R = 2k\Omega$, $f_0 =$　　, $\Delta f =$　　, $Q =$									
f/kHz										
U_R/V										
U_L/V										
U_C/V										

对照各次计算数据Δf、Q 值及得到的曲线，分析数据和曲线产生差异的原因。

4．GLC交流并联电路测量分析

将 3 个元件（$G = 0.0001S$，$L = 1H$，$C = 1\mu F$）组成并联电路，如图 2-2-3 所示，交流电压源输出调至 220V。

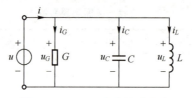

图 2-2-3 GLC 交流并联电路

测量有关电路参数,将数据记入表 2-2-6 中,分析数据意义及产生误差的原因,总结交流并联电路的规律。

表 2-2-6 GLC 交流并联电路测量数据

项目	I/A	I_G/A	I_L/A	I_C/A	I_X/A	U/A	P/W	$\cos\varphi$
测量值								
计算值								

注:表中 I_X 指 L、C 并联电路的总电流,P 为电路总有功功率,$\cos\varphi$ 为元件的功率因数。

[总结与提升]

交流电路中存在电感、电容等储能元件导致交流电源输出的电压和电流存在相位差,相位差的存在使得交流电路的分析与计算变得复杂,不仅要考虑数值形式的欧姆定律还要考虑相量形式的欧姆定律,使得交流电路表现出直流电路不可能出现的现象,学习过程中一定要多思考,多从有效值和相位两个角度去理解交流电路的分析方法。

[知识链接]

2.2 交流电串联、并联及混联电路分析

> 千人同心,则得千人之力,全体中华儿女心往一处想,劲往一处使,中华民族伟大复兴的中国梦定能实现。

2.2.1 RLC 串联交流电路

1. 基尔霍夫定律的相量形式

2-2-1
RLC 串联交流电路

根据 KCL,电路中任一节点在任何时刻有 $\sum i = 0$,在正弦交流电路中,由于流过节点的各支路电流都是同频率的正弦量,用对应的相量表示,则有 $\sum \dot{I} = 0$,此为基尔霍夫电流定律的相量形式,它表示流过任一节点的各支路电流相量的代数和为零。

同样道理,KVL 的相量形式为 $\sum \dot{U} = 0$,即任一回路中的所有电压相量的代数和为零。

2. RLC 串联的交流电路

RLC 串联的电路如图 2-2-4a 所示,由于是串联电路,流过各个元件的电流相同,以电流作

为参考相量（所谓参考相量，是指该相量所代表的正弦量初相位为零，电路中所有正弦量的大小和初相位都以它为基准），设流过电路的正弦电流为

$$i = I_m \sin \omega t = \sqrt{2} I \sin \omega t$$

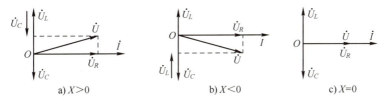

图 2-2-4 RLC 串联电路

根据电阻、电容、电感元件欧姆定律的相量形式可知：$\dot{U}_R = \dot{I}R$，$\dot{U}_L = jX_L\dot{I}$，$\dot{U}_C = -jX_C\dot{I}$，RLC 串联电路相量模型如图 2-2-4b 所示。

根据基尔霍夫定律的相量形式，可得总电压相量 $\dot{U} = \dot{U}_R + \dot{U}_L + \dot{U}_C$，因为电容和电感元件电压相量方向相反，根据两电压相量模的大小不同，RLC 串联电路相量图有 3 种情况，如图 2-2-5 所示。

图 2-2-5 RLC 串联电路的相量图

由图 2-2-5 可得

$$U = \sqrt{U_R^2 + (U_L - U_C)^2}$$

$$\varphi = \arctan \frac{U_L - U_C}{U_R}$$

把电阻、电容、电感元件欧姆定律的相量形式代入总电压相量并合并得

$$\dot{U} = \dot{I}R + jX_L\dot{I} - jX_C\dot{I} = [R + j(X_L - X_C)]\dot{I} = (R + jX)\dot{I} = Z\dot{I} \qquad (2\text{-}2\text{-}1)$$

式中，$Z = R + j(X_L - X_C) = R + jX = |Z| \angle \varphi$，$Z$ 称为阻抗，单位为 Ω，$X = X_L - X_C$ 称为电抗，$|Z|$ 称为阻抗的模，φ 称为阻抗角，阻抗模是电压与电流有效值或最大值的比值，阻抗角是电路中电压与电流之间的夹角，即电压与电流的相位差。阻抗是一个复数，RLC 串联电路用阻抗表示的相量模型如图 2-2-4c 所示。

 注意：

> 阻抗是一个复数，也叫复阻抗，在复平面内阻抗对应一个有向线段，但阻抗不是相量。
>
> 阻抗的实部为电阻，阻抗的虚部为电抗，电阻和电抗的单位都是 Ω，对电流流动都有阻碍作用。

对于任意一个线性无源单口网络，其阻抗定义为端口电压相量与端口电流相量的比值，即

$$Z = \frac{\dot{U}}{\dot{I}} = \frac{U \angle \psi_u}{I \angle \psi_i} = |Z| \angle \varphi_Z \qquad (2\text{-}2\text{-}2)$$

式（2-2-2）与电阻电路的欧姆定律在形式上相似，只是电压和电流都用相量表示，其为欧姆定律的相量形式。RLC 串联电路的等效阻抗在知道单口网络电压和电流相量情况下可以用式（2-2-2）求解，也可以使用表达式 $Z = R + j(X_L - X_C) = R + j(\omega L - \dfrac{1}{\omega C})$ 求解。

对于任意一个无源单口网络，网络总阻抗的模|Z|、网络总阻抗的实部 R、网络总阻抗的虚部 X 的数值满足直角三角形关系，此三角形称为阻抗三角形，如图 2-2-6 所示，从阻抗三角形可以看出阻抗角也是阻抗的模|Z|和电阻 R 之间的夹角。

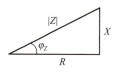

图 2-2-6　阻抗三角形

阻抗三角形中各个量满足以下关系：

$$|Z| = \sqrt{R^2 + X^2} \qquad (2\text{-}2\text{-}3)$$

$$\varphi_Z = \arctan \dfrac{X}{R} \qquad (2\text{-}2\text{-}4)$$

阻抗的模|Z|和阻抗角 φ_Z 与电路参数及频率有关，而与网络两端电压及流过网络的电流无关。

 注意：

对于交流串联电路，因为电流相等，所以在分析时如果题目没有给出相位，一般把电流相量的初相位设为零并将其作为参考相量；对于交流并联电路，因为电压相等，所以在分析时如果题目没有给出相位，一般把电压相量的初相位设为零并将其作为参考相量。

对于串联电路，因为电流的有效值或者最大值不变，初相位不变，所以图 2-2-6 中电阻、电抗、阻抗模同时乘以一个相等量后仍满足直角三角形三边关系，从而得到电压三角形。同理对于并联电路，因为电压相等，可以得到电流三角形，如图 2-2-7 所示。

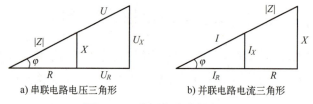

a) 串联电路电压三角形　　b) 并联电路电流三角形

图 2-2-7　电压与电流三角形

由以上分析可知，任意一个无源单口交流网络的总阻抗计算和直流电路总电阻的计算方法相同，串联总阻抗等于各阻抗相加，并联总阻抗的倒数等于各阻抗倒数之和，不同的是阻抗的运算要按照复数的运算法则进行，总阻抗求出后，网络的性质由电源频率、总阻抗的模及阻抗角决定，当阻抗角 φ 取值不同时，交流电路有以下 3 种不同的性质：

1）当 $\varphi>0$ 时，电压超前电流，电路中电感的作用大于电容的作用，这种电路称为电感性电路，可以等效为电阻与电感串联的电路，此时电路除了消耗能量外，还与电源之间进行着电能和磁场能的交换。

2）当 $\varphi<0$ 时，电压滞后电流，电路中电容的作用大于电感的作用，这种电路称为电容性电路，可以等效为电阻与电容串联的电路，此时电路除了消耗能量外，还与电源之间进行着电能和电场能的交换。

3）当 $\varphi=0$ 时，电压与电流同相位，电路中电容的作用与电感的作用相互抵消，这种电路称为电阻性电路。

注意：

X_L 和 X_C 分别是感抗和容抗，它们只反映了元件的电压和电流的有效值或最大值关系，而 $Z_L=jX_L$ 和 $Z_C=-jX_C$ 分别是电感和电容的阻抗，阻抗 Z_L 和 Z_C 是实部为零的复阻抗，不仅反映了元件电压和电流有效值的关系，同时还反映了电压和电流的相位关系。

一个无源单口网络的阻抗包含了该网络的两个基本特征，即电压和电流之间的有效值或最大值关系、电压和电流的相位关系。知道了一个网络的阻抗，就清楚了这个网络的性质。

分析计算交流电路时，必须要有交流意识：交流电频率不仅可以改变元件电压和电流的有效值或最大值关系，也可以改变电压和电流的相位关系；交流电的基尔霍夫定律和欧姆定律必须严格按照相量形式进行计算，建立原电路的相量模型，再仿照直流电路的分析方法进行计算。

【**例 2-2-1**】 RLC 串联电路如图 2-2-8 所示，总电压 $u=100\sqrt{2}\sin(314t+30°)$V、$R$=30Ω、$L$=382mH、$C$=40μF，求：（1）电流的有效值 I 与瞬时值 i；（2）各部分电压的有效值与瞬时值；（3）作相量图。

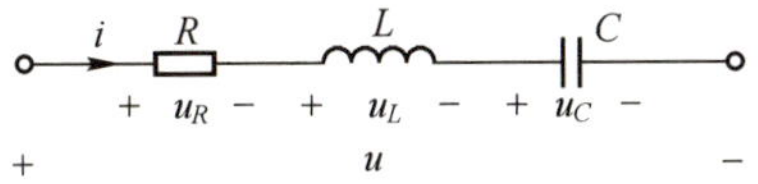

图 2-2-8 例 2-2-1 图

解：选定电流、电压的参考方向为关联参考方向。

（1） $X_L = \omega L = 314 \times 382 \times 10^{-3}\Omega \approx 120\Omega$，$X_C = \dfrac{1}{\omega C} = \dfrac{1}{314 \times 40 \times 10^{-6}}\Omega \approx 80\Omega$

$Z_R = 30\Omega$，$Z_L = j120\Omega$，$Z_C = -j80\Omega$

$Z = Z_R + Z_L + Z_C = (30 + j120 - j80)\Omega = (30 + j40)\Omega = 50\angle 53.1°\Omega$，$\dot{U} = 100\angle 30°$V

则 $\dot{I} = \dfrac{\dot{U}}{Z} = \dfrac{100\angle 30°}{50\angle 53.1°}$A $= 2\angle -23.1°$A，$i = 2\sqrt{2}\sin(314t - 23.1°)$A

（2） $\dot{U}_R = Z_R \dot{I} = 30 \times 2\angle -23.1°$V $= 60\angle -23.1°$V，$u_R = 60\sqrt{2}\sin(314t - 23.1°)$V

$\dot{U}_L = Z_L \dot{I} = 120 \times 2\angle(90° - 23.1°)$V $= 240\angle 66.9°$V，$u_L = 240\sqrt{2}\sin(314t + 66.9°)$V

$\dot{U}_C = Z_C \dot{I} = 80 \times 2\angle(-90° - 23.1°)$V $= 160\angle -113.1°$V，$u_C = 160\sqrt{2}\sin(314t - 113.1°)$V

（3）相量图如图 2-2-9 所示。

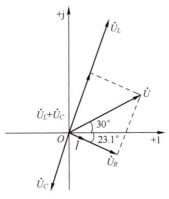

图 2-2-9 相量图

【例 2-2-2】 RC 串联电路如图 2-2-10 所示，已知输入电压 $U_1=1\text{V}$，$f=500\text{Hz}$。求：

（1）求输出电压 U_2，并讨论输入电压和输出电压之间的大小和相位关系；

（2）当将电容 C 改为 20μF 时，求（1）中各项；

（3）当将频率改为 4000Hz 时，再求（1）中各项。

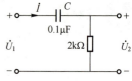

图 2-2-10 例 2-2-2 图

解：（1）$X_C = \dfrac{1}{\omega C} = \dfrac{1}{2 \times 3.14 \times 500 \times 0.1 \times 10^{-6}}\text{k}\Omega \approx 3.2\text{k}\Omega$，$Z = (2 - \text{j}3.2)\text{k}\Omega$

设 $\dot{U}_1 = 1\angle 0°\text{V}$，则

$$\dot{I} = \dfrac{\dot{U}_1}{Z}, \quad \dot{U}_2 = \dot{I}R = \dfrac{\dot{U}_1}{Z}R = \dfrac{2}{2-\text{j}3.2} \times 1\angle 0°\text{V} \approx \dfrac{2}{3.77\angle -58°}\text{V} \approx 0.53\angle 58°\text{V}$$

大小和相位关系为：$U_2/U_1 = 0.53$，$\dot{U}_2$ 比 $\dot{U}_1$ 超前 58°，如图 2-2-11a 所示。

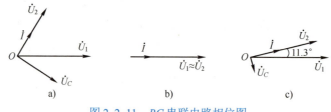

图 2-2-11 RC 串联电路相位图

（2）$X_C = \dfrac{1}{\omega C} = \dfrac{1}{2 \times 3.14 \times 500 \times 20 \times 10^{-6}}\Omega \approx 16\Omega \ll R$

$$Z = (2000 - \text{j}16)\Omega \approx 2000\angle 0°\Omega$$

$$\dot{U}_2 = \dot{I}R = \dfrac{\dot{U}_1}{Z}R = \dfrac{1\angle 0°}{2000\angle 0°} \times 2000\text{V} = 1\angle 0°\text{V}$$

大小和相位关系为：$U_2/U_1 \approx 1$，$\dot{U}_2$ 与 $\dot{U}_1$ 同向，如图 2-2-11b 所示。

（3）$X_C = \dfrac{1}{\omega C} = \dfrac{1}{2 \times 3.14 \times 4000 \times 0.1 \times 10^{-6}}\Omega \approx 398\Omega$

$$Z \approx (2 - \text{j}0.4)\text{k}\Omega$$

$$\dot{U}_2 = \dot{I}R = \dfrac{\dot{U}_1}{Z}R = \dfrac{1\angle 0°}{2-\text{j}0.4} \times 2\text{V} \approx 0.98\angle 11.3°\text{V}$$

大小和相位关系为：$U_2/U_1 = 0.98$，$\dot{U}_2$ 比 $\dot{U}_1$ 超前 11.3°，如图 2-2-11c 所示。

由该题可知：RC 串联电路也是一种移相电路，改变 C、R 或 f 都可达到移相的目的。

2.2.2 GLC 并联交流电路

分析并联交流电路时，电阻一般使用电导表示，用电导表示的 GLC 并联交流电路如图 2-2-12 所示。

设电压相量为 $\dot{U} = U\angle 0°$，则通过各元件的电流相量为

$$\dot{I}_G = G\dot{U}, \quad \dot{I}_C = \text{j}\omega C\dot{U} = \text{j}B_C\dot{U}, \quad \dot{I}_L = -\text{j}\dfrac{1}{\omega L}\dot{U} = -\text{j}B_L\dot{U} \quad (2\text{-}2\text{-}5)$$

式中，$B_C = 1/X_C = \omega C$ 为电容的容纳，$B_L = 1/X_L = \dfrac{1}{\omega L}$ 为电感的感纳，容纳和感纳的单位和电

导一样均为西门子（S）。

根据式（2-2-5）画出 GLC 并联电路的相量模型如图 2-2-13 所示。

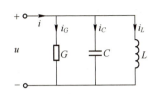
图 2-2-12　GLC 并联交流电路

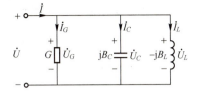
图 2-2-13　GLC 并联电路的相量模型

由图 2-2-13 及式（2-2-5）可得，GLC 并联电路总电流的相量形式为

$$\dot{I} = G\dot{U} + jB_C\dot{U} - jB_L\dot{U} = [G + j(B_C - B_L)]\dot{U} = (G + jB)\dot{U} = Y\dot{U}$$

式中，$Y = G + j(B_C - B_L) = G + jB = |Y|\angle\varphi$，$Y$ 称为导纳，导纳是一个复数，因此也称为复导纳，单位为 S，$B = B_C - B_L$ 称为电纳，$|Y|$ 称为导纳的模，φ 称为导纳角，导纳模是电流与电压有效值或最大值的比值，导纳角是电路中电流与电压之间的夹角，即电流与电压的相位差。GLC 并联电路用导纳表示的相量模型如图 2-2-14 所示。

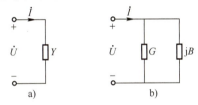

图 2-2-14　用导纳等效的 GLC 并联电路相量模型

根据基尔霍夫定律的相量形式，可得总电流相量 $\dot{I} = \dot{I}_G + \dot{I}_C + \dot{I}_L$，因为电容和电感电流相量方向相反，根据两电流相量模的大小不同，GLC 并联电路相量图有 3 种情况，如图 2-2-15 所示。

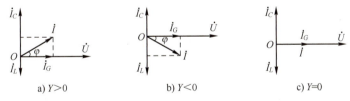

图 2-2-15　GLC 并联电路的相量图

由图 2-2-15 可得

$$I = \sqrt{I_G^2 + (I_C - I_L)^2}$$

$$\varphi = \arctan\frac{I_C - I_L}{I_G}$$

对于一个线性无源单口网络，在电压和电流方向关联的情况下，正弦交流并联电路习惯用导纳表示任一线性无源单口网络的端口电流相量与电压相量的比，即

$$Y = \frac{\dot{I}}{\dot{U}} = \frac{I\angle\psi_i}{U\angle\psi_u} = |Y|\angle\varphi_Y \qquad (2\text{-}2\text{-}6)$$

$|Y|=I/U$ 称为导纳的模，导纳模$|Y|$反映了电路导通电流的"能力"，φ_Y 称为导纳的辐角，也称为导纳角，导纳角φ_Y为电流超前于电压的相位差，即$\varphi_Y=\psi_i-\psi_u$。

GLC 并联电路的等效导纳在知道单口网络电压和电流相量情况下可以用式（2-2-6）求解，也可以使用表达式 $Y=G+\mathrm{j}B=G+\mathrm{j}(B_C-B_L)=G+\mathrm{j}\left(\omega C-\dfrac{1}{\omega L}\right)$ 求解。

对于任意一个无源单口网络，使用导纳分析时，网络总导纳的模$|Y|$、网络总导纳的实部 G、网络总导纳的虚部 B 的数值满足直角三角形关系，此三角形称为导纳三角形，如图 2-2-16 所示。

从导纳三角形可以看出导纳角也是导纳的模$|Y|$和电导 G 之间的夹角。一个网络总导纳求出后，网络的性质由电源频率、总导纳的模及导纳角决定，当导纳角 φ_Y 取值不同时，交流电路有以下 3 种不同的性质：

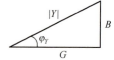

图 2-2-16 导纳三角形

1）当 $B>0$，即 $B_C>B_L$ 时，$\varphi_Y>0$，电流超前于电压，电路呈电容性。
2）当 $B<0$，即 $B_C<B_L$ 时，$\varphi_Y<0$，电流滞后于电压，电路呈电感性。
3）当 $B=0$，即 $B_C=B_L$ 时，$\varphi_Y=0$，电流和电压同相，电路呈电阻性。

对于任意无源并联单口网络，总复导纳计算公式为

$$Y=\dfrac{\dot{I}}{\dot{U}}=\dfrac{\dot{I}_1+\dot{I}_2+\dot{I}_3+\cdots}{\dot{U}}=\dfrac{\dot{I}_1}{\dot{U}}+\dfrac{\dot{I}_2}{\dot{U}}+\dfrac{\dot{I}_3}{\dot{U}}+\cdots$$

当知道并联电路中每一个导纳后，也可以使用如下公式计算总导纳：

$$\begin{aligned}Y&=Y_1+Y_2+Y_3+\cdots=(G_1+\mathrm{j}B_1)+(G_2+\mathrm{j}B_2)+(G_3+\mathrm{j}B_3)+\cdots\\&=(G_1+G_2+G_3+\cdots)+\mathrm{j}(B_1+B_2+B_3+\cdots)\\&=G+\mathrm{j}B\end{aligned}$$

式中，实部 $G=G_1+G_2+G_3+\cdots$ 为单口网络的等效电导；虚部 $B=B_1+B_2+B_3+\cdots$ 为单口网络的等效电纳。复阻抗和复导纳的关系为 $Z=1/Y$，即 $|Z|=1/|Y|$，$\varphi_Z=-\varphi_Y=\arctan B/G$。

 注意：

假设 $Z=R+\mathrm{j}X$，根据 $Y=1/Z$，可得 $Y=R/(R^2+X^2)-\mathrm{j}X/(R^2+X^2)\neq 1/R+1/\mathrm{j}X$。

2.2.3 正弦交流混联电路分析

一个任意的线性无源单口网络，设 $\dot{U}$ 与 $\dot{I}$ 的参考方向相关联，如图 2-2-17 所示，都可以用复阻抗和复导纳两种形式的模型进行分析。复阻抗的定义为 $Z=\dot{U}/\dot{I}$，复导纳的定义为 $Y=\dot{I}/\dot{U}$。由于同一单口网络的复阻抗和复导纳互为倒数，因此在计算电阻、电感、电容混联电路时，可以交替使用复阻抗和复导纳两种形式进行电路的等效变换与化简。

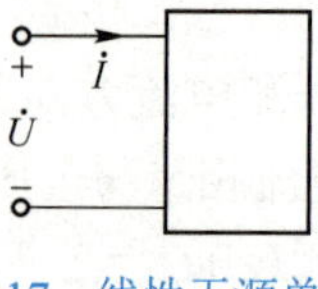

2-2-3
正弦交流混联电路

图 2-2-17 线性无源单口网络

【**例 2-2-3**】 试分别用节点电压法、戴维南定理和叠加定理求图 2-2-18a 所示电路中的电流。

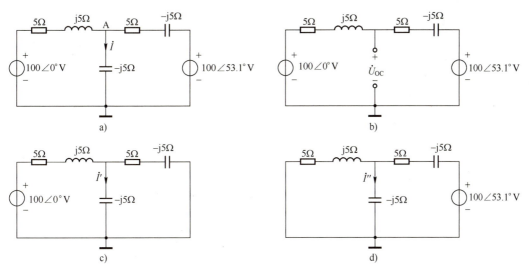

图 2-2-18 例 2-2-3 图

解：（1）节点电压法。

$$\left(\frac{1}{5+j5}+\frac{1}{-j5}+\frac{1}{5-j5}\right)V_A = \frac{100\angle 0°}{5+j5}+\frac{100\angle 53.1°}{5-j5}$$

解得
$$V_A = (30-j10)V$$

所以
$$\dot{I} = \frac{V_A}{-j5} = \frac{30-j10}{-j5}A = (2+j6)A \approx 6.32\angle 71.6°A$$

（2）戴维南定理。

去掉电流 $\dot{I}$ 所在支路，并设开路电压 $\dot{U}_{OC}$ 的参考方向如图 2-2-18b 所示。

则

$$\dot{U}_{OC} = \left[\frac{100\angle 0°-100\angle 53.1°}{5+j5+5-j5}(5+j5)+100\angle 0°\right]V = (40+j20)V$$

等效阻抗为
$$Z_0 = \frac{(5+j5)(5-j5)}{5+j5+5-j5}\Omega = 5\Omega$$

故
$$\dot{I} = \frac{\dot{U}_{OC}}{Z_0-j5} = \frac{40+j20}{5-j5}A = (2+j6)A \approx 6.32\angle 71.6°A$$

（3）叠加定理。

$100\angle 0°V$ 电压源单独作用时的电路如图 2-2-18c 所示。

求得
$$\dot{I}' = \frac{100}{5+5j+\frac{-j5(5-j5)}{-j5+5-j5}}\cdot\frac{5-j5}{5-j5-j5}A = 10A$$

$100\angle 53.1°V$ 电压源单独作用时的电路如图 2-2-18d 所示。

求得
$$\dot{I}'' = \frac{100\angle 53.1°}{5-5j+\frac{-j5(5+j5)}{-j5+5+j5}}\cdot\frac{5+j5}{-j5+5+j5}A = (-8+j6)A$$

因此
$$\dot{I} = \dot{I}' + \dot{I}'' = (2+j6)A \approx 6.32\angle 71.6°A$$

2.2.4 电路中的谐振

1. 谐振现象

2-2-4
电路中的谐振

在含有 L 和 C 的单口网络中，在正弦激励作用下，当出现端口电压与电流同相时，称电路发生了谐振，即端口处的等效阻抗角 $\varphi=0$。

谐振现象是正弦交流电路的一种特定工作状态，它在电子和通信工程中得到了广泛的应用，但在电力工程中，发生谐振时有可能破坏系统的正常工作，因此需要对谐振现象进行分析，谐振电路通常是由电阻、电感和电容组成的串联谐振电路和并联谐振电路。

2. 串联谐振

（1）串联谐振的条件 串联谐振电路如图 2-2-19 所示，设电路的输入阻抗为 Z，则

$$Z = R + j(X_L - X_C) = R + j\left(\omega L - \frac{1}{\omega C}\right) = R + jX = |Z|\angle\varphi$$

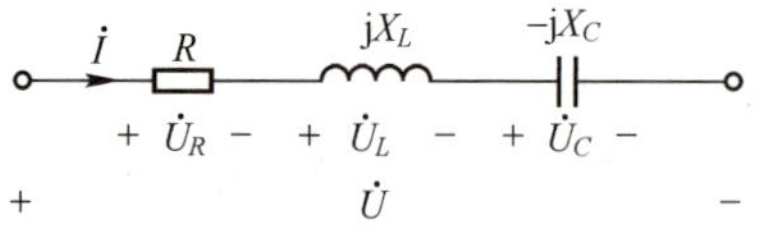

图 2-2-19 串联谐振电路图

当阻抗中的虚部 $X = X_L - X_C = \omega L - 1/(\omega C) = 0$ 时，$\varphi=0$，电路发生了谐振，此时

$$\omega = \omega_0 = \frac{1}{\sqrt{LC}}$$

式中，ω_0 为该电路的谐振角频率，又称为固有角频率。电路发生谐振时，感抗、容抗必须相等，且谐振时电路端口电压 $\dot{U}$ 和端口电流 $\dot{I}$ 同相，根据角频率和频率的关系，可得此时的谐振频率为

$$f_0 = \frac{1}{2\pi\sqrt{LC}}$$

若电源频率 ω 一定时使电路谐振，可以通过改变电路参数 L 或 C，以改变电路的固有角频率 ω_0，当 $\omega = \omega_0$ 时，电路发生谐振。谐振电路只有一个对应的谐振频率（该频率称为固有频率），调节 L 或 C 使电路发生谐振的过程称为调谐。

（2）串联谐振的特征 串联谐振时电路的阻抗最小。由于谐振时，X=0，所以网络的复阻抗为一实数且为最小，谐振时阻抗为

$$Z_0 = |Z_0| = \sqrt{R^2 + (X_L - X_C)^2} = R$$

电路的特性阻抗：串联谐振时，网络的感抗和容抗相等，为

$$X_L = X_C = \omega_0 L = \frac{L}{\sqrt{LC}} = \frac{1}{\omega_0 C} = \sqrt{\frac{L}{C}} = \rho$$

ρ 叫作特性阻抗，单位为 Ω，只与网络的 L、C 有关。

串联谐振时

$$\dot{U}_L = j\omega_0 L\dot{I} = j\omega_0 L\frac{\dot{U}}{R} = jQ\dot{U}, \quad \dot{U}_C = -j\frac{1}{\omega_0 C}\dot{I} = -j\frac{1}{\omega_0 C}\frac{\dot{U}}{R} = -jQ\dot{U}$$

所以定义串联谐振电路的品质因数为

$$Q = \frac{\omega_0 L}{R} = \frac{1}{R\omega_0 C} = \frac{\rho}{R} = \frac{1}{R}\sqrt{\frac{L}{C}}$$

串联谐振电路的品质因数 Q 的大小由 R、L、C 的值决定（或者说由电路的特性阻抗决定）。Q 反映串联谐振时，L、C 元件上产生电压高出电源电压的倍数。在电力系统中不允许电路发生电压谐振（将会出现过电压），在电子工程中这种现象有时可以合理利用，一般 Q 在 10~500 之间。由于 $Q \gg 1$ 时，$U_{L0} = U_{C0} = IX_L = IX_C = \frac{U}{R}\rho = QU \gg U$，所以串联谐振又叫电压谐振。

注意：

若激励为电压源，根据 $I = U/|Z| = U/R$ 可知，此时电流的有效值达到最大值，而且电流的最大值完全取决于电阻值，与电感值和电容值无关，在电源电压不变的情况下电容和电感两端电压也出现最大值；若激励为电流源，根据 $U = I|Z| = IR$ 可知，谐振时端口电压有效值最小。

谐振时电路中的电场能量与磁场能量之和 W 是不随时间变化的常量，说明谐振时电路不从外部吸收无功功率，能量交换在电路内部的电场与磁场间进行。

串联电阻的大小虽然不影响串联谐振电路的固有频率，但有控制和调节谐振时电流和电压幅度的作用，而且串联电阻越大品质因数越小。

【例 2-2-4】 在 RLC 串联谐振电路中，U=25mV，R=5Ω，L=4mH，C=160pF。（1）求电路的 f_0、I_0、ρ、Q 和 U_{C0}；（2）保持端口电压大小不变，谐振频率增大 10%时，求电路中的电流和电容两端电压。

解：（1）谐振频率 $f_0 = \frac{1}{2\pi\sqrt{LC}} = \frac{1}{2\pi\sqrt{4\times10^{-3}\times160\times10^{-12}}}$Hz ≈ 199kHz

端口电流 $I_0 = \frac{U}{R} = \frac{25}{5}$mA = 5mA

特性阻抗 $\rho = \omega_0 L = \frac{1}{\omega_0 C} = \sqrt{\frac{L}{C}} = \sqrt{\frac{4\times10^{-3}}{160\times10^{-12}}}$Ω = 5000Ω

品质因数 $Q = \frac{\rho}{R} = \frac{5000}{5} = 1000$

电容两端电压 $U_{C0} = QU = 1000 \times 25$mV = 25000mV = 25V

（2）当端口电压频率增大 10%时，$f = f_0(1+0.1) \approx 219$kHz。

感抗 $X_L = 2\pi fL = 2\pi \times 219 \times 10^3 \times 4 \times 10^{-3}$Ω ≈ 5501Ω

容抗 $X_C = \frac{1}{2\pi fC} = \frac{1}{2\pi \times 219 \times 10^3 \times 160 \times 10^{-12}}$Ω ≈ 4544Ω

阻抗的模 $|Z| = \sqrt{R^2 + (X_L - X_C)^2} = \sqrt{5^2 + (5501-4544)^2}$Ω ≈ 957Ω

电流 $I = \frac{U}{|Z|} = \frac{25}{957}$mA ≈ 0.026mA

电容电压 $U_C = X_C I = 4544 \times 0.026$mV ≈ 118mV = 0.118V

可见，电源电压频率偏离谐振频率少许，端口电流、电容电压会迅速衰减。

【例 2-2-5】 某收音机的输入回路（谐振回路）可简化为一个 RLC 串联电路，已知电感

$L=250\mu H$,电阻 $R=20\Omega$,欲接收频率为 525～1610kHz 的中波段信号,试求电容的变化范围。

解: 由谐振的条件可得

$$C = \frac{1}{(2\pi f)^2 L}$$

当 $f_1 = 525\text{kHz}$ 时,电路发生谐振,则

$$C_1 = \frac{1}{(2\pi f_1)^2 L} = \frac{1}{(2\times 3.14\times 525\times 10^3)^2 \times 250\times 10^{-6}}\text{F} \approx 368\text{pF}$$

当 $f_2 = 1610\text{kHz}$ 时,电路发生谐振,则

$$C_2 = \frac{1}{(2\pi f_2)^2 L} = \frac{1}{(2\times 3.14\times 1610\times 10^3)^2 \times 250\times 10^{-6}}\text{F} \approx 39.1\text{pF}$$

所以电容 C 的变化范围为 39.1～368pF。

(3) 串联谐振电路的频率特性 谐振时电路中的阻抗、电压和电流随外施电源频率变化的特性,称为频率特性或频率响应,它们随频率变化的曲线称为谐振曲线,如图 2-2-20 所示。

由谐振曲线可以看出,串联谐振电路对偏离谐振点的输出有抑制能力,只有在谐振点附近的频域内,才有较大的输出幅度,电路的这种性能称为选择性,很显然 Q 值越大(曲线越尖锐),电路的选择性越好。

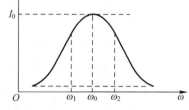

图 2-2-20 谐振曲线

(4) 串联谐振电路的通频带 工程中为了定量的衡量选择性,常用 $U_R/U = 1/\sqrt{2} = 0.707$ 时的两个频率 ω_1 和 ω_2 之间的差说明,并定义其为通频带。显然,通频带越窄,选择性越好,通频带的求解公式为

$$B_W = \omega_2 - \omega_1 = \frac{\omega_0}{Q} = \frac{R}{L}$$

实际中,电路接收信号的频率都有一定的频率范围,通频带足够宽和选择性足够好是一对矛盾,因此通频带的宽窄应根据实际情况来确定。

3. 并联谐振

(1) 并联谐振条件 并联谐振电路如图 2-2-21 所示,并联电路的总导纳为 $Y = G + j\left(\omega C - \frac{1}{\omega L}\right)$,当导纳的虚部为零时,并联电路的总电压和总电流相位相同,电路发生谐振,此时有 $\omega_0 L = \frac{1}{\omega_0 C}$,可得并联谐振的角频率为 $\omega_0 = 1/\sqrt{LC}$,根据角频率和频率关系,可得谐振频率为 $f_0 = \frac{1}{2\pi\sqrt{LC}}$,该频率称为电路的固有频率。

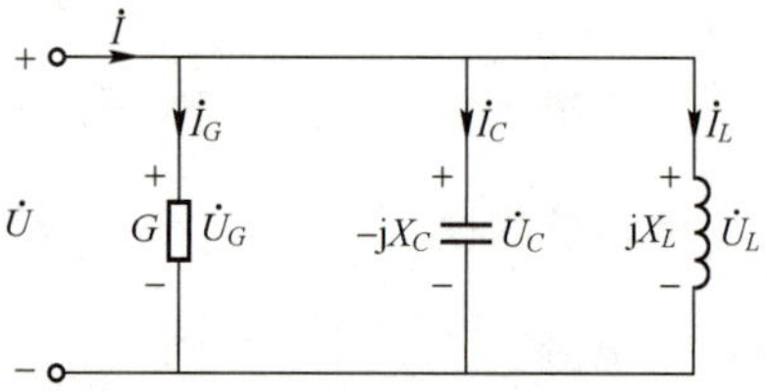

(2) 并联谐振特性

1) 输入导纳最小(或输入阻抗最大),谐振阻抗的模记为

$$|Z_0| = \frac{1}{|Y_0|} = \frac{1}{G}$$

图 2-2-21 *GLC* 并联电路

2) 若电源为电流源,谐振时端电压最大为 $\dot{U}_0 = \dot{I}Z_0 = \dot{I}R$。

若电源为电压源,谐振时端口总电流最小为 $\dot{I}_0 = U/Z_0 = U/R$。

3）并联谐振时

$$\dot{I}_L = -j\frac{1}{\omega_0 L}\dot{U} = -j\frac{1}{\omega_0 L}\frac{\dot{I}}{G} = -jQ\dot{I}, \quad \dot{I}_C = j\omega_0 C\dot{U} = j\omega_0 C\frac{\dot{I}}{G} = jQ\dot{I}$$

定义并联谐振电路的品质因数为

$$Q = \frac{R}{\omega_0 L} = R\omega_0 C = \frac{1}{G}\sqrt{\frac{C}{L}}$$

并联谐振电路的品质因数 Q 的大小由 G、L、C 的数值决定。Q 反映并联谐振时，L、C 元件上产生电流高出电源电流的倍数，所以并联谐振又称为电流谐振。

（3）并联谐振电路的频率特性和通频带

1）并联谐振电路的电压幅频曲线与串联谐振电路的电流幅频曲线具有相同的特点，Q 值越大，曲线越尖锐，选择性越好。

2）并联谐振电路通频带的定义和串联谐振电路相同。

3）并联谐振与串联谐振最主要的区别是前者阻抗最大，后者阻抗最小。

4）电源的内阻抗大，电路一般采用并联谐振，反之用串联谐振。

[知识拓展] 全球能源态势

1. 经济社会发展对能源的依赖程度前所未有

能源的开发利用是人类进步的标准，全球能源发展经历了从薪柴时代到煤炭时代，再到油气时代、电气时代的演变过程。21 世纪初，石油、煤炭、天然气三大化石能源成为世界能源供应的主角，占全球能源消费总量的比重达到 80%以上，提供了绝大部分的运输能源和 65%以上的发电用一次能源。随着人类社会对能源依赖程度的不断加深，能源已成为经济社会可持续发展的关键要素。能源供应的充足程度及供应成本对经济社会发展的影响越来越大。

2. 能源生产与消费格局正在发生深刻变化

在人类能源利用技术出现大的突破、找到足够代替化石能源的新能源之前，化石能源将是世界经济发展的基础性能源，人类社会以化石能源为主导的消费结构在较长时期内不会发生根本性改变。2016 年，全球一次能源消费量共计约 189.7 亿吨标准煤，其中煤炭、石油和天然气消费量占 85.5%。在化石能源长期占据能源供应主导地位的同时，世界能源生产与消费的格局正在悄然发生深刻的变化。出于对能源供应安全和全球气候变化的担忧，世界各国纷纷开始寻找传统化石能源的替代能源，降低化石能源特别是石油在能源消费中的比重。

3. 资源和环境对能源发展的约束越来越强

资源的可持续供应问题成为约束世界能源发展的重要因素。化石能源的不可再生性、开发成本的不断升高，使得如何保障能源的可持续供应成为人们关注的问题。对大多数国家特别是处于工业化进程中的发展中国家来说，在新能源和可再生能源尚无法充分替代化石能源的情况下，能源供应的可持续性对经济社会发展的约束作用正日益显现。

化石能源消费引起的温室气体排放问题也越来越受到人们的关注。据统计，全球化石能源燃烧产生的温室气体排放是导致全球气候变化的重要原因，在应对气候变化问题上，发展中国家面临双重压力，既面临能源开发利用引起的传统生态和环境压力，又面临减缓温室气体排放的压力，其挑战远大于发达国家。

4. 能源安全问题受到国际社会普遍关注

能源安全是指能够以可以承受的价格持续获得满足经济社会发展需要并符合生态环境要求的能源供应，随着世界各国经济相互联系和相互依赖程度的不断增强，促进世界能源供应平衡、维护世界能源安全，成为世界各国共同面临的紧迫任务。国际社会对能源安全问题担忧的深层次原因主要包括：一是化石能源的不可再生性使得人们产生了对未来化石能源紧缺的担忧；二是全球能源区域性供应和消费的失衡，化石能源尤其是油气资源剩余探明储量及生产能力集中在中东、俄罗斯等少数地区和国家，能源消费增长主要集中在亚太地区的新兴经济体，能源和消费地区分布的不均衡引发对能源持续稳定供应的担忧；三是能源生产区域和运输通道存在较多的不确定性因素。

5. 新一轮能源技术革命正在孕育发展

能源技术的突破是实现绿色发展的重要前提和关键，新的科技革命必然是一场新的能源技术革命。在能源生产领域，各国积极推进传统化石能源的低碳高效开发和利用，寻找新能源替代传统化石能源。煤炭的绿色清洁利用技术、风能及太阳能等可再生能源的大规模开发利用技术、新一代核能利用技术、非常规油气开发利用技术，是新一轮能源技术创新中能源生产领域的热点。能源输送领域，各国大力加强资源的优化配置，提高能源运输系统的整体协调和互动能力，保障能源的安全输送。特高压等大容量输电技术、大电网安全稳定运行技术、可再生能源发电并网技术、智能电网技术是能源输送领域革命的核心内容。在能源消费领域，各国不断提高能源利用效率，在交通等领域逐步实现电力对石油的替代，高效节能技术和以电动汽车为代表的新能源汽车技术具有广阔的市场前景。总体来看，新能源和智能电网发展将成为新一轮能源技术革命的重要推动力量。

[练习与思考]

一、判断题（正确的打√，错误的打×）

1. 在 RLC 串联电路中，只要发生串联谐振，则电路必呈电阻性。（　　）
2. 串联谐振也称电流谐振，并联谐振也称电压谐振。（　　）
3. GLC 并联谐振电路中电感和电容支路电流和为零。（　　）

二、单选题

1. 图 2-2-22 所示正弦稳态电路中，电压 u_1 的有效值为 10V，u_2 的有效值为 15V，u_3 的有效值为 5V，则 u 的有效值为（　　）。

　　A. $10\sqrt{2}$ V　　B. $10\sqrt{5}$ V　　C. 20V　　D. 30V

2. 图 2-2-23 所示 RLC 并联电路中，已知各支路的电流有效值大小，则总电流表 A 的读数为（　　）。

　　A. 4A　　B. $4\sqrt{2}$ A　　C. 8A　　D. 16A

3. 图 2-2-24 所示电路中，若 $R=3\Omega$，$X_L=4\Omega$，$i=\sqrt{2}\sin(314t-30°)$A，则电压 U 等于（　　）。

　　A. 3V　　B. 4V　　C. 5V　　D. 6V

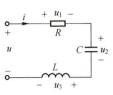
图 2-2-22　题 1 图
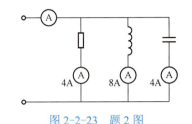
图 2-2-23　题 2 图
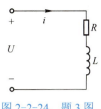
图 2-2-24　题 3 图

三、分析计算题

1. 若线圈（含 R、L）与 3V 的直流电压接通时，电流为 0.1A；与正弦电压 $u = 3\sqrt{2}\sin 200t$ V 接通时，电流为 60mA，则线圈的 R 和 L 分别为多少？

2. 若某一电压和两电流的瞬时值解析式为 $u = 317\sin(\omega t - 160°)$ V，$i_1 = 10\sin(\omega t - 45°)$ A，$i_2 = 4\sin(\omega t + 70°)$ A。在保持相位差不变的条件下，将电压的初相位改为 $0°$，重新写出它们的瞬时值解析式。

任务 3　荧光灯电路功率因数提高测试分析

[任务导入]

因为在交流电路中二端网络的电压和电流之间存在相位差，导致交流电路功率分析比直流电路功率分析复杂，不仅要分析网络的有功功率还要分析网络的无功功率，也需要了解视在功率以及功率因数的概念。视在功率与功率因数是怎么定义的？功率因数的大小对电力系统的运行有什么影响？完成任务 3 的学习后这些问题将得到很好的解答。

[学习目标]

1）分析荧光灯电路工作原理。
2）测量荧光灯电路参数并分析数据。
3）测量荧光灯电路提高功率因数后的参数并分析数据。

[工作任务]

按照图 2-3-1 连接实验电路，在 S_1 和 S_2 为不同状态下测量电路的功率与功率因数。

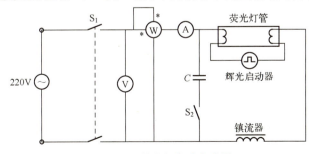
图 2-3-1　荧光灯实验电路图

[任务实施]

1）按图 2-3-1 所示电路图连接实验电路。注意接线工艺要求：横线要水平，竖线要垂直，拐弯要直角，不能有斜线；接线时，要尽量避免交叉线，如果一个方向有多条导线，要并在一起走。

2）接线完成后，S_1、S_2 必须为断开状态，待实验教师检查无误后才能通电实验。

3）实验教师检查电路连接无误后，学生需先闭合 S_1，等待实验教师用辉光启动器点亮荧光灯。调节功率表，记录此时的电压、电流及功率因数。

4）第一次使 $C=2.7\mu F$，闭合 S_2，调节功率表，记录此时的电压、电流及功率因数。

5）第二次使 $C=3.0\mu F$，闭合 S_2，调节功率表，记录此时的电压、电流及功率因数。

6）第三次使 $C=3.3\mu F$，闭合 S_2，调节功率表，记录此时的电压、电流及功率因数。

将以上实验数据填入表 2-3-1 中。

表 2-3-1 荧光灯实验数据记录表

被测量	电压/V	电流/A	功率/W	功率因数
S_1 闭合、S_2 断开				
S_1、S_2 都闭合，$C=2.7\mu F$				
S_1、S_2 都闭合，$C=3.0\mu F$				
S_1、S_2 都闭合，$C=3.3\mu F$				
结论	在感性负载两端并联合适电容可提高电路功率因数			

[总结与提升]

交流电路中存在电感、电容等储能元件，导致了交流电源输出的电压和电流存在相位差，从而导致交流电源输出的功率不再像直流电源那样简单。交流电源输出的功率包含视在功率、有功功率和无功功率，视在功率表示交流设备容量，有功功率表示交流设备实际消耗的功率，无功功率表示交流设备和电源间能量交换规模。因为电力系统中存在大量电感性设备，导致电力系统整体功率因数不高，使得电源设备利用率低下，输电线路的损耗和电压降增加，对电力系统来说是不利的，所以需要采取合适的方法提高功率因数，减小电源的无功输出，从而减小电流输出，提高电源设备的利用率，减少线路损耗和电压降。

[知识链接]

2.3 正弦交流电路功率及功率因数的提高

有信念、有梦想、有奋斗、有奉献的人生才是有意义的人生，当代大学生建功立业的舞台空前广阔，梦想成真的前景空前光明。

2.3.1 正弦交流电路功率

在正弦交流电路中，负载往往是一个无源二端网络，而任何一个无源二端网络都可以用一个电阻和电抗串联的阻抗形式进行等效替代，下面将以等效阻抗形式阐述无源二端网络的功率问题。

如图 2-3-2a 所示的无源二端网络，用图 2-3-2b 所示的阻抗等效替代，电压、电流方向为图中所标的关联参考方向。阻抗 $Z=R+\mathrm{j}X$，设电路的电压、电流分别为 $u=\sqrt{2}U\sin(\omega t+\psi_u)$，$i=\sqrt{2}I\sin(\omega t+\psi_i)$。根据三角函数的积化和差公式 $\sin\alpha\sin\beta = [\cos(\alpha-\beta)-\cos(\alpha+\beta)]/2$，无源二端网络的瞬时功率为

$$p = ui = \sqrt{2}U\sin(\omega t+\psi_u)\sqrt{2}I\sin(\omega t+\psi_i) = UI[\cos(\psi_u-\psi_i)-\cos(2\omega t+\psi_u+\psi_i)] \quad (2\text{-}3\text{-}1)$$

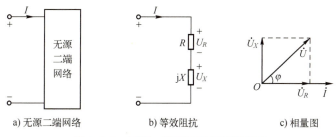

a) 无源二端网络　　　b) 等效阻抗　　　c) 相量图

图 2-3-2　无源二端网络及其等效电路

通过式（2-3-1）可以看出，交流电路的瞬时功率分为两部分：一部分为 $UI\cos(\psi_u-\psi_i)$，是与时间无关的恒定分量；另一部分为 $-UI\cos(2\omega t+\psi_u+\psi_i)$，是随时间按 2ω 变化的余弦函数。瞬时功率有时为正，有时为负。当 $p>0$ 时，网络吸收功率；当 $p<0$ 时，网络发出功率。瞬时功率时正时负的现象说明电源与负载之间存在能量的往复交换，其原因是电路中存在储能元件。

1. 有功功率

交流电路的有功功率又叫平均功率，定义为瞬时功率在一个周期内的平均值，有功功率求解公式根据牛顿-莱布尼茨公式化简可得

$$p = \frac{1}{T}\int_0^T p\mathrm{d}t = \frac{1}{T}\int_0^T UI[\cos(\psi_u-\psi_i)-\cos(2\omega t+\psi_u+\psi_i)]\mathrm{d}t = UI\cos\varphi = UI\lambda \quad (2\text{-}3\text{-}2)$$

式中，$\lambda=\cos\varphi$ 称为电路的功率因数，φ 称为电路的功率因数角（等于阻抗角）。对于负载，功率因数不会为负，因为当电路为电阻性电路时，$\varphi=0$，$\cos\varphi=1$，有功功率最大；当电路为电感性和电容性电路时，考虑到极端情况，$\varphi=\pm 90°$，$\cos\varphi=0$，有功功率为零。

式（2-3-2）表明，有功功率不仅与电压、电流的有效值有关，还与它们之间的夹角有关。当 $\cos\varphi$ 减小时，有功功率减小；当 $\cos\varphi$ 增大时，有功功率增大。

除了式（2-3-2）外，有功功率还可以用其他方法计算：

1) $P = I^2|Z|\cos\varphi$，因为 $|Z|\cos\varphi=R$ 为阻抗 Z 的实部（电阻分量），因此可得 $P=I^2R$，即电路的有功功率等于电路总电流有效值的二次方与阻抗实部的乘积。

2) 对于负载而言，储能元件的有功功率为零，所以电路的全部有功功率都消耗在耗能元件（电阻）上，根据能量守恒定理，电路总有功功率是各电阻有功功率之和，即 $P=\sum\limits_{k=1}^{n}P_{Rk}$。

2. 无功功率

由于交流电路中存在储能元件，而储能元件与电源之间存在能量交换，为了表示这种交换规模，定义储能元件与电源之间能量交换的最大值为无功功率，用 Q 表示，即

$$Q = UI\sin\varphi \qquad (2\text{-}3\text{-}3)$$

式中，φ 称为电路的功率因数角，即电压与电流之间的夹角（等于阻抗角）。无功功率的单位为乏（var）。

无功功率可正可负，也可以为零。当 $\sin\varphi>0$ 时，无功功率为正，此时的无功功率称为感性无功功率，表明电路呈电感性；当 $\sin\varphi<0$ 时，无功功率为负，此时的无功功率称为容性无功功率，表明电路呈电容性；当 $\sin\varphi=0$ 时，无功功率为零，表明电路呈电阻性。

除了式（2-3-3）外，无功功率还可以用其他方法计算。

1）$P = I^2|Z|\sin\varphi$，因为 $|Z|\sin\varphi = X$ 为阻抗 Z 的虚部（电抗分量），因此可得 $P = I^2X = I^2 \cdot (X_L - X_C)$，即电路的无功功率等于电路总电流有效值的二次方与阻抗虚部的乘积。

2）对于一个负载，耗能元件的无功功率为零，所以所有的无功功率都降落在储能元件（电感和电容）上，根据能量守恒定理，电路总无功功率是各储能元件无功功率之和，即 $Q = \sum\limits_{k=1}^{n} Q_k$。式中，当储能元件为电感时，$Q_k$ 为正值；当储能元件为电容时，Q_k 为负值。

3. 视在功率

交流电路中电压和电流一般存在相位差，因此正弦电路的平均功率不等于电压和电流的有效值的乘积 UI。UI 既不是有功功率，也不是无功功率，工程上把它称为视在功率，用大写字母 S 表示，采用复数形式的视在功率称为复功率，S 为复功率的有效值，复功率表达式为 $\overline{S} = \dot{U}\dot{I}^* = UI\angle\varphi = P + jQ = UI\cos\varphi + jUI\sin\varphi$，式中 $\dot{I}^*$ 为 $\dot{I}$ 的共轭复数，视在功率的单位为伏安（V·A）。由式（2-3-2）和式（2-3-3）可得

$$S = UI = \sqrt{P^2 + Q^2} \qquad (2\text{-}3\text{-}4)$$

由式（2-3-4）可以看出，有功功率、无功功率、视在功率之间的关系可以用一个直角三角形表示，此直角三角形称为功率三角形，如图 2-3-3 所示，由图可知 $P = S\cos\varphi, Q = S\sin\varphi = P\tan\varphi$。

【例 2-3-1】 如图 2-3-4 所示电路中，$R=15\Omega$，$X_L=20\Omega$，电压 $\dot{U} = 100\angle 0°$ V，求 P、Q、S。

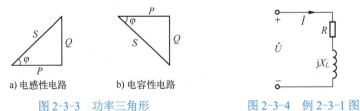

a) 电感性电路　　b) 电容性电路

图 2-3-3　功率三角形　　　　图 2-3-4　例 2-3-1 图

解：R 与 L 串联支路的阻抗为

$$Z = R + jX_L = 15 + j20 = 25\angle 53.1°$$

由欧姆定律的相量形式可得

$$\dot{I} = \frac{\dot{U}}{Z} = \frac{100\angle 0°}{25\angle 53.1°} = 4\angle -53.1° \text{A}$$

因电压与电流的夹角为 $\varphi=53.1°$，所以

$$P = UI\cos\varphi = 100 \times 4 \times 0.6\text{W} = 240\text{W}$$

$$Q = UI\sin\varphi = 100 \times 4 \times 0.8\text{Var} = 320\text{Var}$$

$$S = \sqrt{P^2 + Q^2} = 400\text{V·A}$$

2.3.2 正弦交流电路功率因数的提高

1. 提高功率因数的意义

直流电路的功率等于电流与电压的乘积，但对于交流电路则不成立。根据式（2-3-2）可知，在计算交流电路的有功功率时，还要考虑电路的功率因数 $\cos\varphi$，它取决于电路（负载）的参数。只有纯电阻性负载，功率因数才为 1，但工业上的负载大多是感性负载，如大量使用的三相异步电动机就是电感性负载，在满载时，功率因数在 0.8～0.9 之间，空载时功率因数很低；再如荧光灯，由于串联了镇流器，其功率因数在 0.4 左右。因此，大部分电路的功率因数总是小于 1，功率因数低，则电源设备不能充分利用，输电线路的损耗和电压降增加，对电力系统来说是不利的。

2-3-2 交流电路功率因数的提高

在实际生产过程中，功率因数低的原因主要是因为电感性负载的存在，电感性负载要与发电设备进行能量的交换，所以提高功率因数的方法主要是采取合适措施来减少负载与发电设备之间能量交换的规模，同时又不能影响电感性负载的正常工作。

2. 提高功率因数的方法

如图 2-3-5a 所示，图中 RL 支路表示电感性负载，C 是补偿电容，设电压 U 的初相位为零，相量图如图 2-3-5b 所示。

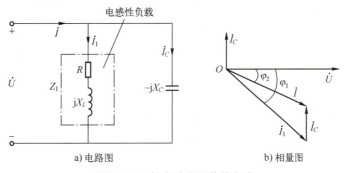

图 2-3-5 提高功率因数的电路

1）并联电容前，电感性负载两端的电压为 $\dot{U} = U\angle 0°$，流经电感性负载 Z_1 的电流为

$$\dot{I}_1 = \frac{\dot{U}}{Z_1} = \frac{\dot{U}}{R+\mathrm{j}X_L} = \frac{\dot{U}}{|Z|}\angle\varphi_1$$

I_1 为并联电容前电路电流有效值，电路的功率因数即电感性负载的功率因数为 $\cos\varphi_1$。

2）并联电容后，因为并联电路电压相等，所以流经电感性负载的电流和电感性负载的功率因数均未变化，但电容支路有新的电流产生，该电流相量为

$$\dot{I}_C = -\frac{\dot{U}}{jX_C} = j\frac{\dot{U}}{X_C} = \frac{\dot{U}}{X_C}\angle 90°$$

通过上式可知电容支路电流 $\dot{I}_C$ 超前电压 $\dot{U}$ 90°，由 KCL 可知并联电容后总电流为 $\dot{I} = \dot{I}_1 + \dot{I}_C$，相量图如图 2-3-5b 所示，由相量图可知并联电容后，总电压和总电流的相位差减小（$\varphi_2<\varphi_1$），即功率因数提高（$\cos\varphi_2>\cos\varphi_1$）。要强调的是，提高功率因数含义指的是提高电源或整个电路的功率因数，而不是指提高某一电感性负载的功率因数。由相量图 2-3-5b 可知并联电容后，电路上的电流 I 相比原来的电流 I_1 小，因而减小了电路的损耗和电压降。

如果选择合适电容，还可以使 $\varphi_2=0$。如果电容量选择过大，电路的电流会超前于电压，φ_2 有可能比 φ_1 大，电路会出现过补偿。因此，提高功率因数时必须选择合适的电容。下面通过理论计算推导补偿电容大小的求解公式。

并联电容前，电路的无功功率为

$$Q = UI_1 \sin\varphi_1 = \frac{UI_1 \cos\varphi_1 \sin\varphi_1}{\cos\varphi_1} = P\tan\varphi_1$$

并联电容后，电路的无功功率为

$$Q' = UI \sin\varphi_2 = P\tan\varphi_2$$

电容补偿的无功功率为

$$Q_C = Q - Q' = P(\tan\varphi_1 - \tan\varphi_2)$$

电容的无功功率大小又可以表示为

$$Q_C = \frac{U^2}{X_C} = \omega C U^2$$

因此可得补偿电容为

$$C = \frac{Q_C}{\omega U^2} = \frac{P}{2\pi f U^2}(\tan\varphi_1 - \tan\varphi_2) \tag{2-3-5}$$

式（2-3-5）是所需并联电容器电容量的求解公式，式中 P 是电感性负载的有功功率，U 是电感性负载的端电压，φ_1 和 φ_2 分别是并联电容前和并联电容后的功率因数角。

注意：

1）并联电容器后，负载的工作仍然保持原状态，而自身的功率因数并没有提高，只是整个电路的功率因数得到提高。

2）并联电容器后，电路总电流减小，这是由于功率因数的提高，减小了电路中的无功电流。

3）功率因数的提高不要求达到 1，因为此时电路将处于并联谐振状态，会给电路带来其他不利的影响。

4）提高功率因数的方法有：并联电容、串联电容、利用调相机向系统发出容性无功功率等。串联电容常用于高压输电线路，以改善输电参数，但因串联电容会改变设备两端电压，对于用电设备来说一般不采用；并联电容一般常用于用电企业用电设备功率因数的提高。

【例 2-3-2】 荧光灯等效电路如图 2-3-5a 所示，灯管可等效为电阻元件 R，镇流器等效为

电感 L。已知电源电压 $U=220V$，频率 $f=50Hz$，测得荧光灯灯管两端的电压 $U_R=110V$，功率 $P=40W$。求：

（1）补偿电容前荧光灯电路的电流和功率因数；
（2）若要将功率因数提高到 $\cos\varphi_2=0.9$，需要并联的电容器的电容量是多少？
（3）并联电容前后电源提供的电流各是多少？

解：（1）补偿电容前通过荧光灯灯管的电流为

$$I_1 = \frac{P}{U_R} = \frac{40}{110}A \approx 0.36A$$

荧光灯电路的总功率因数为

$$\cos\varphi_1 = \frac{P}{UI} = \frac{40}{220 \times 0.36} = 0.5$$

（2）$\cos\varphi_1 = 0.5$，$\varphi_1 = \arccos 0.5 = 60°$
$\cos\varphi_2 = 0.9$，$\varphi_2 = \arccos 0.9 \approx 25.84°$

要将功率因数提高到 $\cos\varphi_2 = 0.9$，需要并联的电容器的容量为

$$C = \frac{Q_C}{\omega U^2} = \frac{P}{2\pi f U^2}(\tan\varphi_1 - \tan\varphi_2) = \frac{40}{2 \times 3.14 \times 50 \times 220^2}(\tan 60° - \tan 25.84°)F \approx 3.28\mu F$$

（3）并联电容前，流过荧光灯灯管的电流就是电源提供的电流 $I_1 = 0.36A$，并联电容后，电源提供的电流将减小为

$$I_2 = \frac{P}{U\cos\varphi_2} = \frac{40}{220 \times 0.9}A \approx 0.202A$$

可见，并联电容在提高功率因数的同时也减小了电路中的电流。

[知识拓展] 荧光灯的工作原理及维修方法

荧光灯主要由灯管、镇流器和辉光启动器组成。

灯管是一根直径为 15~40.5mm 的玻璃管，在灯管内壁上涂有荧光粉，灯管两端各有一根灯丝，固定在灯管两端的灯脚上。灯丝上涂有氧化物。当灯丝通过电流发热时，发射出大量电子，管内在真空情况下充有一定量的氩气和少量汞（俗称水银），如图 2-3-6 所示。灯管两端加上电压时，灯丝发射出的电子不断轰击汞蒸气，使汞分子在碰撞中电离，并迅速使带电离子增殖，产生肉眼看不见的紫外线，紫外线射到玻璃管内壁的荧光粉上发出近似日光色的可见光。氩气有帮助灯管点燃并保护灯丝，延长灯管使用寿命的作用。

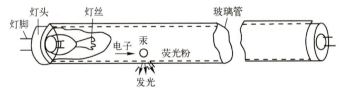

图 2-3-6　荧光灯灯管构造

镇流器是具有铁心的电感线圈，外形上有封闭式和开启式两种，如图 2-3-7 所示。它有两个作用：起动时与辉光启动器配合，产生瞬时高压，点燃灯管；工作时利用串联于电路中的高电抗来限制灯管电流，从而延长灯管使用寿命。

辉光启动器由玻璃泡（氖泡）、纸介电容器、引线插头和铝质或塑料外壳组成。玻璃泡内有一个由固定的静触片和一个双金属片制成的倒 U 形触片。双金属片由两种膨胀系数差别很大的金属薄片黏合而成，动触片与静触片平时分开，两者相距 0.5mm 左右，其结构如图 2-3-8a 所示，装配方法如图 2-3-8b 所示。与玻璃泡并联的纸介电容器电容量在 5000pF 左右，它的作用是：第一，与镇流器线圈组成 LC 振荡回路，能延长灯丝预热时间和维持脉冲放电电压；第二，能吸收干扰收录机、电视机等电子设备的杂波信号。如果电容被击穿或去掉后，玻璃泡仍可使灯管正常发光，但失去吸收干扰杂波的功能。

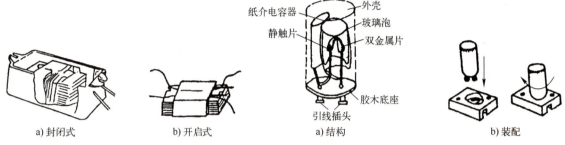

a) 封闭式　　　　b) 开启式　　　　a) 结构　　　　b) 装配

图 2-3-7　镇流器　　　　　　　图 2-3-8　辉光启动器

荧光灯管工作原理为：接通电源后，电源电压全部加在辉光启动器的两极间，玻璃泡内氖气放电，双金属片电极受热伸直，两极间接通，接通后，辉光启动器放电停止，双金属片冷却复原，两极断开，在断开瞬间，镇流器感应出一个很高的自感电动势，灯管内的氩气放电并很快过渡到汞蒸气放电使得灯管导通，发出紫外线，使管壁上荧光粉发出白光。荧光灯的常见故障和排除方法见表 2-3-2。

表 2-3-2　荧光灯的常见故障和排除方法

故障现象	产生故障的可能原因	排除方法
灯管不发光	无电源	验明是否停电，或熔丝烧断
	灯座触点接触不良，或电路线头松散	重新安装灯管，或重新连接已松散线头
	辉光启动器损坏，或与基座触点接触不良	检查辉光启动器、线头；更换辉光启动器
	镇流器线圈或管内灯丝断裂或脱落	用万用表低电阻档测量线圈和灯丝是否通路
启辉困难（灯管两端不断闪烁，中间不亮）	辉光启动器配用不成套	换上配套的辉光启动器
	电源电压太低	调整电路，检查电压
	环境气温太低	可用热毛巾在灯管上来回烫熨（但注意安全）
	镇流器配用不成套，启辉电流过小	换上配套镇流器
	灯管老化	更换灯管
镇流器过热	镇流器不佳	更换镇流器
	灯具散热条件差	改善灯具散热条件
镇流器嗡声	镇流器内铁心松动	插入垫片或更换镇流器
灯管两端发黑	灯管老化	更换灯管
	启辉不佳	排除启辉系统故障
	电压过高	调整电压
	镇流器不配套	换上配套的镇流器

[练习与思考]

一、填空题

1. 无功功率反映了元件和电源之间_____。
2. 在正弦交流电路中，P 称为_____功率，它是_____元件消耗的功率。
3. 负载的功率因数是供电系统中一个相当重要的参数，它的数值取决于电路的性质。如果 $\cos\varphi=1$，说明电路呈_____性；如果 $\cos\varphi=0$，且 $\sin\varphi=1$，说明电路呈_____性。
4. 负载的功率因数低，给整个电路带来的不利因素表现为：一是电源设备_____；二是输电线路上的_____。
5. 荧光灯消耗的有功功率 $P=UI\cos\varphi=25W$，并联一个适当的电容器后，使整个电路的功率因数提高为 0.9，则并联电容后荧光灯消耗的有功功率为_____。
6. 一台变压器的容量 $S=10kV\cdot A$，当功率因数 $\cos\varphi=0.8$ 时，输出有功功率 $P=$_____；若使功率因数 $\cos\varphi=0.9$ 时，则输出的有功功率 $P=$_____。

二、判断题（正确的打√，错误的打×）

1. 把"110V/50W"的灯接在 220V 交流电压上时，功率还是 50W。（   ）
2. 把"220V/25W"的灯接在 1000V·A/220V 的变压器上，灯会被烧毁。（   ）
3. 通过电阻上的电流增大到原来的 2 倍，它消耗的有功功率也增大到原来的 2 倍。（   ）
4. 忽略电源内阻，负载电阻减小，则电路输出的有功功率增加，电源的负担加重。（   ）
5. $u=\sin(314t+30°)$ V 交流电源与 1V 直流电源先后加到同一个电容元件上，在相同时间内消耗的有功功率相等。（   ）
6. RLC 串联交流电路功率因数的大小，由串联电路总有功功率和视在功率决定。（   ）

三、单选题

1. 下列说法正确的是（   ）。
   A．无功功率是无用的功率
   B．无功功率是表示电感建立磁场能量的平均功率
   C．无功功率是表示设备与外电路进行能量交换的瞬时功率最大值
2. 电路的视在功率表示的是（   ）。
   A．实际消耗的功率　　　　　　　B．设备的容量
   C．无功随时间交换的状况　　　　D．做功情况
3. 在 RLC 串联正弦交流电路中，计算电路总功率因数的公式不正确的是（   ）。
   A． $\cos\varphi=\dfrac{R}{|Z|}$ 　　　　　　　　B． $\cos\varphi=\dfrac{X_L-X_C}{|Z|}$
   C． $\cos\varphi=\dfrac{U_R}{U}$ 　　　　　　　　D． $\cos\varphi=\dfrac{P}{\sqrt{P^2+Q^2}}$

四、分析计算题

1. 已知正弦交流电路中某负载上的电压瞬时值为 $u=50\sqrt{2}\sin(314t-60°)$V，若该负载的复阻抗 $Z=25\angle-30°\,\Omega$，求负载电流的有效值相量 $\dot{I}$、瞬时值 i 及负载上消耗的有功功率 P。

2. 图 2-3-9 所示的 RLC 串联电路，接在工频正弦交流电源上，已知 $R=5\Omega$，$X_L=10\Omega$，$X_C=5\Omega$，若电源电压的有效值 $U=50$V，试求电路中的电流 I 及电路的平均功率 P。

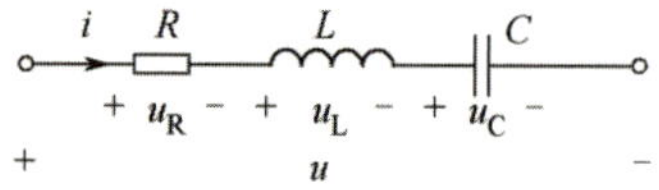

图 2-3-9　题 2 图

五、问答题

1. 提高功率因数有什么意义？
2. 电感性负载常采用在负载两端并联合适的电容器来提高功率因数，试说明提高功率前、后电路的有功功率、电感性负载的电流及总电流如何变化？
3. 试说明无源二端网络的有功功率、无功功率、视在功率的物理意义及三者之间的关系。

任务 4　三相交流电路的测量分析

[任务导入]

三个电源如何连接才能构成三相交流电源，三相交流电源的特征有哪些？在工业企业中有的设备使用 380V 交流电，有的设备使用 220V 交流电，三相交流电源是如何提供两种不同电压的？两种电压之间又有什么关系？三相四线制对称电路中，三个负载电流均流入负载端中性点 N′，经中性点 N′汇集后流回电源端中性点 N，初学者往往会认为中性线电流一定比每根相线的电流大，但实际测量发现中性线电流为零，这是为什么？既然三相四线制对称电路中中性线电流为零，夏季高温天气因为中性线接头严重氧化或负载过大导致中性线接头烧断后，为什么会导致居民家庭使用的电器不同程度的烧坏？三相交流电路的功率怎么测量？电力公司收取电费的依据是什么？完成任务 4 的学习后这些问题将得到很好的解答。

[学习目标]

1）掌握三相交流电的概念。
2）掌握三相电路电压、电流的相关规律。
3）学会使用仪表测量三相电路的电压、电流。
4）学会分析三相星形、三角形联结电路。
5）掌握三相电路电压、电流、功率间的关系。
6）学会使用功率表测量三相电路功率。

用电压表、电流表测量三相交流电路的电压、电流，分析三相交流电路电压和电流的关系，用功率表测量三相交流电路功率，分析三相交流电路的功率计算方法。

[任务实施]

1. 三相负载星形联结电路测量与分析

1）按图 2-4-1 电路图连接实验电路，$L_1 \sim L_6$ 为 6 个额定电压为 220V、额定功率为 40W 的灯，QF 为三相断路器，N′为负载端中性点，N 为电源端中性点。

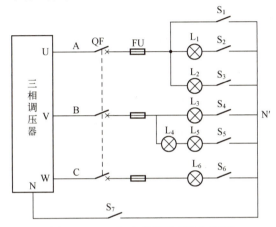

图 2-4-1 三相负载星形联结实验图

2）将三相调压器输出端调节到 220V，闭合 QF、S_2、S_4、S_6、S_7，断开 S_1、S_3、S_5，分别测量线电压 U_{AB}、U_{BC}、U_{CA}，相电压 U_{AN}、U_{BN}、U_{CN}，线电流 I_A、I_B、I_C，中性线电流 I_N 和中性点位移电压 $U_{N'N}$ 数值记录于表 2-4-1 中。线电流和中性线电流的测量可以断开对应的开关，将电流表跨接于开关两端（串入电路）即可测量；断开中性线（用断开开关 S_7 模拟），重复测量上述数据，记录于表 2-4-1 中。

表 2-4-1 对称三相负载电压、电流实验数据

被测量	U_{AB}	U_{BC}	U_{CA}	U_{AN}	U_{BN}	U_{CN}	I_A	I_B	I_C	I_N	$U_{N'N}$
有中性线											
无中性线											
结论											

3）闭合 QF、S_2、S_3、S_4、S_7，断开 S_1、S_5、S_6，构成不对称三相负载、有中性线连接方式。测量相电压 $U_{AN'}$、$U_{BN'}$、$U_{CN'}$，中性点位移电压 $U_{N'N}$，并观察三相负载灯的亮暗程度，数据记录于表 2-4-2 中第 2 行。

4）在步骤 3）的基础上，断开 S_7，构成不对称三相负载星形联结、无中性线电路。测量相电压 $U_{AN'}$、$U_{BN'}$、$U_{CN'}$，中性点位移电压 $U_{N'N}$，并观察三相负载灯的亮暗程度，数据记录于表 2-4-2 中第 3 行。

5）闭合 QF、S_1、S_5，其他开关断开，A 相电源短路，构成不对称三相负载星形联结、无中性线电路，**注意此时绝对不可以闭合开关 S_6**。测量相电压 $U_{AN'}$、$U_{BN'}$、$U_{CN'}$，中性点位

移电压 $U_{N'N}$，并观察三相负载灯的亮暗程度，数据记录于表 2-4-2 中第 4 行。

表 2-4-2 不对称三相负载电压实验数据

被测量	$U_{AN'}$	$U_{BN'}$	$U_{CN'}$	$U_{N'N}$	A、B、C 三相灯亮度排序
有中性线					
无中性线					
A 相短路					
结论					

2. 三相交流电路功率测量与分析

（1）对称三相负载功率测量　对称三相负载功率测量可以使用一功率表法、二功率表法和三功率表法。本次实验采用一功率表法、二功率表法。

1）按图 2-4-2 接线，第一次功率表只接入 A 相，第二次只接入 B 相，第三次只接入 C 相，分别测量功率 P_A、P_B、P_C，因三相电路对称，必有 $P_A=P_B=P_C$，实际只用测量一相的值乘以 3 即可得到三相总功率，将 3 个 40W 灯换成三相异步电动机，再分别测量功率 P_A、P_B、P_C，将一功率表法测量数据记录于表 2-4-3 中。

2）按图 2-4-3 接线，分别测量功率 P_1、P_2，将 3 个 40W 灯换成三相异步电动机，再分别测量功率 P_1、P_2，将二功率表法测量数据记录于表 2-4-3 中。

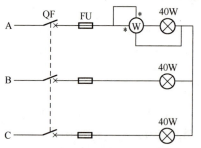 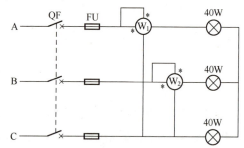

图 2-4-2　一功率表法测对称三相负载功率　　　图 2-4-3　二功率表法测对称三相负载功率

（2）不对称三相负载功率测量　不对称三相负载功率测量可以使用二功率表法和三功率表法。不对称三相负载功率二功率表法测量与对称三相负载功率二功率表法测量完全相同。三功率表法是按一功率表法方式，分别测量三相负载功率，然后求得总功率 $P=P_A+P_B+P_C$。

1）二功率表法步骤：按照图 2-4-4 接线，分别测量功率 P_1、P_2，将二功率表法测量数据记录于表 2-4-3 中。

2）一功率表法步骤：按照图 2-4-5 接线，第一次功率表只接入 A 相，第二次只接入 B 相，第三次只接入 C 相，分别测量功率 P_A、P_B、P_C，将一功率表法测量数据记录于表 2-4-3 中。

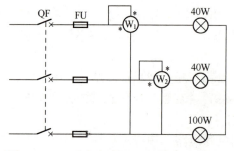 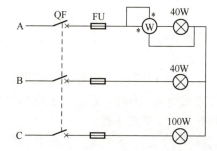

图 2-4-4　二功率表法测不对称三相负载功率　　　图 2-4-5　一功率表法测不对称三相负载功率

表 2-4-3 三相负载功率测量实验数据

被测量	P_A	P_B	P_C	P_1	P_2
对称负载（灯）					
对称负载（三相异步电机）					
不对称负载					
结论					

[总结与提升]

对称三相交流电源由 3 个幅值相等、角频率相等、相位互差 120°的电源组成，三相交流电源与负载都有星形和三角形两种接法。三相交流电路与单相电路相比，在输送功率相同条件下，节约了有色金属使用量，减少了输电损失。

不满足幅值相等、角频率相等、相位互差 120°的电源叫非对称电源。如果三相电路中的三相负载对称，三相电路电源也对称，这样的电路叫对称三相电路。对称三相电路发生故障如短路、断路时电路就变成了三相非对称电路。

对于对称三相电路，三相总瞬时功率是一恒定值，产生的机械转矩也是恒定值，因而运转平衡，所以对称三相制也叫平衡三相制。在我国电力系统里，10kV 架空线一般采用三相三线制供电提高供电可靠性，低压配电系统一般采用三相四线制供电，可以向负载提供 380V 线电压和 220V 相电压，任意一相端线和中性线配合便可获得单相 220V 电源。

低压 380V/220V 三相四线制供电系统中，如果中性线连接完好，当有一相电源对地或对中性点短路时，该相电源通过中性线或者大地使得正负极接通被烧坏，中性线也会被烧坏，严重时会引起火灾等重大事故发生；当有一相电源断线时，该相负载不能正常工作，其他两相电源连接的单相设备相电压仍然为 220V，可以正常工作，如果接的是三相设备，则三相设备缺相不能正常运行，长时间运行将导致设备烧毁，引起火灾、击伤等重大灾难事故。

低压 380V/220V 三相四线制供电系统中，如果中性线烧毁或者断开，变成低压三相三线制，当有一相电源对地短路时，因为没有中性点和中性线，不能形成回路，短路相电源不会烧毁，此时三相线电压仍然对称，三相设备可以带电正常运行 2h，长时间运行将导致设备绝缘损坏，其他两相使用的单相设备相电压将升高为 380V 线电压，从而导致设备被烧毁；当有一相电源断线时，其他两相单相设备电压降低为 190V，三相设备缺相不正常运行，长时间运行将导致设备烧毁。

低压 380V/220V 三相四线制供电系统中，因为负载和电路阻抗不可能完全对称，所以一定要保证中性线连接的可靠性及有足够的机械强度，不允许装开关和熔断器，从而保证低压供电系统的相电压对称，从而使得单相设备的相电压保持为 220V，提高低压供电系统的安全性。

[知识链接]

2.4 三相交流电路

"凿井者，起于三寸之坎，以就万仞之深。"大学生要从现在做起，使社会主义核心价值观成为自己的基本遵循，并身体力行将其推广到全社会中。

2.4.1 三相电源

用一个交流电源供电的电路称为单相交流电路，而由频率和幅值相同、相位互差 120°的 3 个正弦交流电源同时供电的电路称为三相电路。目前，国内外电力系统普遍采用这种三相制供电方式。与单相电路相比，三相交流电在发电、输电和用电方面具有明显的优越性：

1）在尺寸相同的情况下，三相发电机比单相发电机输出的功率大。

2）在输电距离、输电电压、输送功率和电路损耗相同的条件下，三相输电比单相输电节省金属导线。

3）单相电路的瞬时功率随时间交变，而对称三相电路的瞬时功率是恒定的，这使三相电动机具有恒定转矩，比单相电动机性能好，结构简单，便于维护。

在电力系统中除了单相和三相电源外，还有二相、六相等多相制的交流电源，多相制电源的特点是输出端多于两个，在各输出端之间具有频率相同而相位互异的电压，即一个电源能够同时输出几个频率相同但相位不同的电压。组成多相电源的各个单相部分称为相。多相发电机结构上的特点是铁心上具有几个线圈，它们在空间上彼此相隔一定的角度，当电枢在磁场内旋转时，各线圈内会感应出频率相同而相位不同的电动势。

1. 对称三相电压

三相交流发电机的原理示意图如图 2-4-6 所示，将三相完全相同的绕组对称固定在同一圆柱形铁心上，圆柱表面对称放置 3 个完全相同的线圈，为三相绕组 AX、BY、CZ，也叫 A 相绕组、B 相绕组和 C 相绕组，铁心和绕组合称电枢。

每相绕组的首端为 A、B、C，末端为 X、Y、Z，三相绕组首端（或末端）在空间上彼此相差 120°，当电枢逆时针等速旋转时，各绕组内感应出频率相同、幅值相等、相位相差 120°的电压，这就是三相交流电源。定义三相电压的参考极性"首端"为正，"末端"为负，即正极为 A、B、C 端，负极分别为 X、Y、Z 端，其电路符号如图 2-4-7 所示。设三相绕组 AX、BY、CZ 分别产生三相电压为 u_A、u_B、u_C，且 u_A 为参考正弦量，则由图 2-4-6 可知

$$u_A = U_m \sin \omega t$$

$$u_B = U_m \sin(\omega t - 120°)$$

$$u_C = U_m \sin(\omega t + 120°)$$

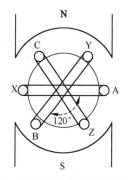

图 2-4-6 三相交流发电机的原理示意图 　　图 2-4-7 三相电源电路符号

3 个正弦电压的相量表示为

$$\dot{U}_A = U\angle 0°$$
$$\dot{U}_B = U\angle -120°$$
$$\dot{U}_C = U\angle 120°$$

三相电源的相量图及波形图如图 2-4-8 所示。

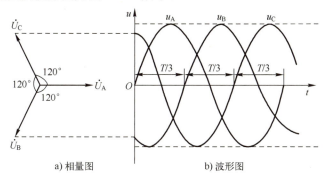

a) 相量图　　　　b) 波形图

图 2-4-8　三相电源的相量图及波形图

把大小相等、频率相同、相位互差 120°的正弦量称为对称三相正弦量，如 u_A、u_B、u_C。由这 3 个电压组成的电源称为对称三相电源（如不加特别说明，本书所提到的三相电源均指对称三相电源）。

凡是对称三相正弦量，其 3 个电量的相量或瞬时值之和都为零，例如

$$\dot{U}_A + \dot{U}_B + \dot{U}_C = 0$$
$$u_A + u_B + u_C = 0$$

三相电压到达幅值（或零值）的先后次序为相序。在图 2-4-8b 中，3 个电压达到幅值的顺序为 u_A、u_B、u_C。若其相序为 A→B→C→A，则称为顺序（或正序）；反之，则称为反序（或负序）。本书重点讨论顺序的情况。

2. 三相电源的连接

三相发电机每相绕组均是独立的，产生的 3 个电源也是独立的，都可以作为一个独立的电源分别接上负载成为互不相连的 3 个电路，但这种接法由于导线根数太多，实际中不可取。在实际工程中，对称三相电源常使用两种连接方式：星形（Y）联结和三角形（△或 D 形）联结。

（1）星形（Y）联结　将三相绕组 AX、BY、CZ 的首端 A、B、C 作为三相输出端，而末端 X、Y、Z 连接在同一中性点 N 上，这种连接方式称为星形联结。从首端 A、B、C 引出的 3 根线称为端线（又叫相线）；从中性点 N 引出的线称为中性线。如图 2-4-9 所示，这种连接方式又称为三相四线制。

在星形联结的三相电源中，每条端线与中性点 N 之间的电压称为相电压，即

$$\dot{U}_{AN} = \dot{U}_A,\quad \dot{U}_{BN} = \dot{U}_B,\quad \dot{U}_{CN} = \dot{U}_C$$

对称三相电源的相电压大小常用 U_P 表示。每两条端线之间的电压称为线电压，其方向规定为由 A→B，B→C，C→A，根据开口形式的 KVL 可得电源星形联结时各线电压和相电压的关系为

$$\begin{cases} \dot{U}_{AB} = \dot{U}_A - \dot{U}_B \\ \dot{U}_{BC} = \dot{U}_B - \dot{U}_C \\ \dot{U}_{CA} = \dot{U}_C - \dot{U}_A \end{cases} \qquad (2\text{-}4\text{-}1)$$

对称三相电源的线电压大小常用 U_L 表示。对称三相电源的相电压与线电压的相量图如图 2-4-10 所示。

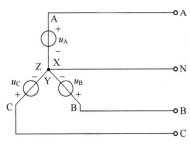

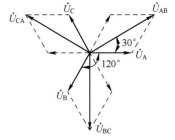

图 2-4-9　三相电源Y联结　　　　　　　　　图 2-4-10　相量图

注意：

对称三相电源星形联结时，其线电压大小相同，线电压下标双字母的顺序表示线电压的正方向，书写时不能任意颠倒，颠倒后相位变化 180°。

在复平面内电压相量方向由双下标后面的字母指向前面的字母，这和数学中向量方向规定相反。

由相量图推出各线电压与对应的相电压的相量关系为

$$\begin{cases} \dot{U}_{AB} = \sqrt{3}\dot{U}_A \angle 30° \\ \dot{U}_{BC} = \sqrt{3}\dot{U}_B \angle 30° \\ \dot{U}_{CA} = \sqrt{3}\dot{U}_C \angle 30° \end{cases} \qquad (2\text{-}4\text{-}2)$$

式（2-4-2）表明，对称三相电源星形联结时，线电压与相电压有效值的关系为 $U_L = \sqrt{3}U_P$，相位关系为线电压超前相应的相电压 30°。

（2）三角形（△）联结　将三相绕组的首端和末端顺次连接在一起，即 A 接 Z、B 接 X、C 接 Y，如图 2-4-11 所示，这种连接方式称为三角形联结，电源三角形联结时无中性线，一般用于三相三线制电路。从三个联结点分别引出的 3 根端线 A、B、C 为相线，端线与端线间电压是线电压，电源每一相电压为相电压。三角形联结时，线电压与相电压的关系为

$$\dot{U}_{AB} = \dot{U}_A, \dot{U}_{BC} = \dot{U}_B, \dot{U}_{CA} = \dot{U}_C$$

即线电压等于相电压。

当三角形电源正确连接时，$\dot{U}_A + \dot{U}_B + \dot{U}_C = 0$，所以电源内部无环流。若接错或电路发生故障，如一相电源短路，将形成很大的环流，造成事故，故大容量的三相交流发电机和变压器很少采用三角形联结。如图 2-4-12a 所示，3 个电源都没有接反，若 A 相和 C 相电源连接处断开，则电压 U_{AZ} 为零，如图 2-4-12b 所示，若 C 相电源接反，由开口形式的 KVL 有 $\dot{U}_{AC} = \dot{U}_A + \dot{U}_B - \dot{U}_C$，又因为 $\dot{U}_A + \dot{U}_B = -\dot{U}_C$，所以有 $\dot{U}_{AC} = -2\dot{U}_C$，开口电压不再为零，以此可以判断三角形联结电源是否存在一相接反。

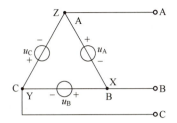
图 2-4-11 三相电源的三角形联结

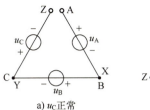
a) u_C 正常

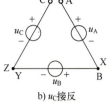
b) u_C 接反

图 2-4-12 开口三角形

2.4.2 三相负载

三相负载同样也有两种连接方式：星形联结和三角形联结。对于星形联结带中性线的三相电路，其负载有单相（如灯、洗衣机等家用电器）和三相（如三相异步电动机等）两种。单相负载使用相电压工作，三相负载分两种：对称负载和不对称负载，对称负载的 3 个复阻抗相同，不对称负载的 3 个阻抗不同，对于对称三相负载一相或者多相发生短路或者断路时，对称三相负载将变成不对称负载。

1. 负载的星形联结

图 2-4-13 所示为三相负载和三相电源均为星形联结的三相四线制电路，其中 Z_A、Z_B、Z_C 表示三相负载。三相电路中，若电源对称，输电线路阻抗对称，负载对称，这样的电路称为对称三相电路。由 KVL 可知：$\dot{U}'_A = \dot{U}_A$，$\dot{U}'_B = \dot{U}_B$，$\dot{U}'_C = \dot{U}_C$。

三相四线制电路中，负载相电压定义为负载两端电压，负载相电流定义为流过负载的电流，由图 2-4-13 可知，负载相电压等于对应电源端相电压，负载相电流等于对应电源端相电流。

如果忽略输电线路上的电阻，则各相电流为

$$\dot{I}'_A = \frac{\dot{U}'_A}{Z_A} = \frac{\dot{U}_A}{Z_A}, \dot{I}'_B = \frac{\dot{U}'_B}{Z_B} = \frac{\dot{U}_B}{Z_B}, \dot{I}'_C = \frac{\dot{U}'_C}{Z_C} = \frac{\dot{U}_C}{Z_C}$$

若为对称负载，即 $Z_A = Z_B = Z_C = Z$，则有

$$\dot{I}_A = \dot{I}'_A = \frac{\dot{U}'_A}{Z}, \dot{I}_B = \dot{I}'_B = \frac{\dot{U}'_B}{Z}, \dot{I}_C = \dot{I}'_C = \frac{\dot{U}'_C}{Z}$$

由于相电压对称，因此电流也对称，则在三相对称电路中有

$$\dot{I}'_A + \dot{I}'_B + \dot{I}'_C = \dot{I}_N = 0$$

即中性线电流为零，此时可以将中性线省去，得到图 2-4-14 所示电路，这种连接方式又称为三相三线制。

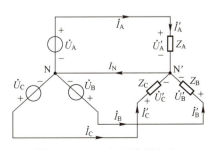
图 2-4-13 三相四线制电路

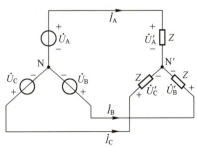
图 2-4-14 对称三相三线制电路

在对称三相负载星形联结构成三相四线制或对称三相三线制电路中，负载的相电压与线电压的关系与对称三相电源星形联结不带负载时相同，而且线电压、线电流对称，相电压、相电流也对称。带中性线的三相星形联结对称电路组成 3 个独立的单相电路，因而可以用单相正弦电路的分析方法，取三相中任意一相（一般取 A 相）进行计算，其余两相的电压或者电流可以根据对称关系直接写出来。电源对称、输电线路阻抗对称，但负载不对称的三相电路属于多电源、多回路的正弦交流电路，可以采用正弦交流混联电路的分析方法进行计算。

 注意：

  在低压 380V/220V 对称三相负载星形联结构成的三相四线制电路中，中性线连接正常情况下，当某一相负载发生短路或断路故障时，负载不对称但相电压对称，这一点很重要，对于单相负载使用 220V 相电压的设备来说可以保证单相设备的供电电压稳定，从而保证单相设备正常稳定运行，提高单相设备运行的安全性。如果某小区变压器三相电出线端总中性线接头因严重氧化或负载过大烧断，导致中性线断开时，此时相电压因没有中性线而变成不对称相电压，如果负载不对称，将有部分居民家庭电压超过 220V，部分居民家庭电压低于 220V，使得低压电器设备不能正常稳定运行或损坏。

2. 负载的三角形联结

将三相负载首尾顺次联结成三角形后，分别接到三相电源的 3 根端线上，如图 2-4-15 所示，Z_{AB}、Z_{BC}、Z_{CA} 分别为三相负载。负载三角形联结电路中，负载相电压仍然定义为负载两端电压，负载相电流仍然定义为流过负载的电流，由图 2-4-15 可知，负载相电压等于对应电源端线电压，负载相电流不再等于对应电源端相电流，但负载线电流等于对应电源端线电流，负载相电流及线电流参考方向如图 2-4-15 所示。

显然负载三角形联结时，负载相电压与线电压相同，即

$$\dot{U}_{A'B'} = \dot{U}_{AB}, \dot{U}_{B'C'} = \dot{U}_{BC}, \dot{U}_{C'A'} = \dot{U}_{CA}$$

负载相电流为

$$\dot{I}_{A'B'} = \frac{\dot{U}_{AB}}{Z_{AB}}, \dot{I}_{B'C'} = \frac{\dot{U}_{BC}}{Z_{BC}}, \dot{I}_{C'A'} = \frac{\dot{U}_{CA}}{Z_{CA}}$$

如果三相负载为对称负载，即 $Z_{AB}=Z_{BC}=Z_{CA}=Z$，则有

$$\dot{I}_{A'B'} = \frac{\dot{U}_{AB}}{Z}, \dot{I}_{B'C'} = \frac{\dot{U}_{BC}}{Z}, \dot{I}_{C'A'} = \frac{\dot{U}_{CA}}{Z}$$

以上分析的所有具有对称特性的电压或电流，在计算过程中只要求出其中一相，其他两相均可按照对称特性直接写出。

由 KCL 可知负载三角形联结时，相电流与线电流的关系为

$$\begin{cases} \dot{I}_A = \dot{I}_{A'B'} - \dot{I}_{C'A'} \\ \dot{I}_B = \dot{I}_{B'C'} - \dot{I}_{A'B'} \\ \dot{I}_C = \dot{I}_{C'A'} - \dot{I}_{B'C'} \end{cases} \quad (2\text{-}4\text{-}3)$$

三相负载对称时，设 $\dot{I}_{A'B'} = I_{A'B'} \angle 0°$，由图 2-4-16 可得

$$\begin{cases} \dot{I}_A = \sqrt{3}\dot{I}_{A'B'}\angle-30° \\ \dot{I}_B = \sqrt{3}\dot{I}_{B'C'}\angle-30° \\ \dot{I}_C = \sqrt{3}\dot{I}_{C'A'}\angle-30° \end{cases} \tag{2-4-4}$$

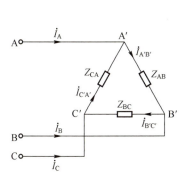

图 2-4-15　负载的三角形联结

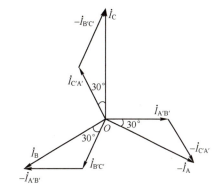

图 2-4-16　负载三角形联结电流相量图

式（2-4-4）表明，对称三相负载三角形联结时，线电流 I_L 与相电流有效值 I_P 的关系为 $I_L = \sqrt{3}I_P$，相位关系为线电流滞后相应的相电流30°。

对于三相负载三角形联结电路的分析计算，可以把三相负载转化为星形等效负载，然后按照星形联结负载电路的分析方法进行分析计算。

2.4.3　三相功率

2-4-3
三相功率

1. 有功功率

在三相电路中，三相负载吸收的有功功率等于各相有功功率之和，即

$$P = P_A + P_B + P_C = U_A I_A \cos\varphi_A + U_B I_B \cos\varphi_B + U_C I_C \cos\varphi_C \tag{2-4-5}$$

其中，各电压、电流分别为 A、B、C 三相的相电压和相电流，φ_A、φ_B、φ_C 为 A、B、C 三相的阻抗角。

在对称三相电路中，$P_A = P_B = P_C = P_P$，$\varphi_A = \varphi_B = \varphi_C = \varphi_P$，所以三相总有功功率为

$$P = 3P_A \text{ 或 } P = 3P_P \tag{2-4-6}$$

即

$$P = 3U_P I_P \cos\varphi_P \tag{2-4-7}$$

当对称三相负载为星形联结时：$U_P = U_L/\sqrt{3}, I_P = I_L$。

当对称三相负载为三角形联结时：$U_P = U_L, I_P = I_L/\sqrt{3}$。

即无论负载如何连接，总有 $3U_P I_P = \sqrt{3}U_L I_L$，所以式（2-4-7）可表示为

$$P = \sqrt{3}U_L I_L \cos\varphi_P \tag{2-4-8}$$

2. 无功功率

与三相有功功率类似，三相无功功率为

$$Q = Q_A + Q_B + Q_C = U_A I_A \sin\varphi_A + U_B I_B \sin\varphi_B + U_C I_C \sin\varphi_C \tag{2-4-9}$$

在对称三相电路中，三相无功功率为

$$Q = Q_A + Q_B + Q_C = 3U_P I_P \sin\varphi_P = \sqrt{3} U_L I_L \sin\varphi_P \qquad (2\text{-}4\text{-}10)$$

3. 视在功率

三相视在功率定义为

$$S = \sqrt{P^2 + Q^2} \qquad (2\text{-}4\text{-}11)$$

若负载对称，则

$$S = 3U_P I_P = \sqrt{3} U_L I_L \qquad (2\text{-}4\text{-}12)$$

4. 三相负载的功率因数

三相负载的功率因数定义为

$$\lambda = \frac{P}{S} \qquad (2\text{-}4\text{-}13)$$

若负载对称，则 $\lambda = \cos\varphi_P$，即为一相负载的功率因数。

5. 对称三相负载的瞬时功率

在对称三相电路中，以 A 相为参考相量，设负载阻抗角为 φ，根据瞬时功率求法及三角函数的积化和差公式得出各相的瞬时功率为

$$p_A = u_{AN} i_{AN} = \sqrt{2} U_P \cos\omega t \sqrt{2} I_P \cos(\omega t - \varphi)$$
$$= U_P I_P \cos\varphi + U_P I_P \cos(2\omega t - \varphi)$$
$$p_B = u_{BN} i_{BN} = \sqrt{2} U_P \cos(\omega t - 120°) \sqrt{2} I_P \sin(\omega t - \varphi - 120°)$$
$$= U_P I_P \cos\varphi + U_P I_P \cos(2\omega t - \varphi - 240°) = U_P I_P \cos\varphi + U_P I_P \cos(2\omega t - \varphi + 120°)$$
$$p_C = u_{CN} i_{CN} = \sqrt{2} U_P \cos(\omega t + 120°) \sqrt{2} I_P \cos(\omega t - \varphi + 120°)$$
$$= U_P I_P \cos\varphi + U_P I_P \cos(2\omega t - \varphi + 240°) = U_P I_P \cos\varphi + U_P I_P \cos(2\omega t - \varphi - 120°)$$

因为 $\cos(2\omega t - \varphi) + \cos(2\omega t - \varphi - 120°) + \cos(2\omega t - \varphi + 120°) = 0$，所以对称三相电路的三相瞬时功率为

$$p = p_A + p_B + p_C = 3U_P I_P \cos\varphi = 常数$$

即对称三相电路的瞬时功率为一个常量，其值等于平均功率，这一特性习惯称为瞬时功率的平衡性。这一性质在三相设备使用中具有非常重要的作用，例如三相异步电动机就是一个对称三相负载，它除了在效率、功率因数等方面大大优于单相电动机外，根据瞬时功率不变的性质使得三相异步电动机运行平稳。

【例 2-4-1】 有一对称三相负载，每相阻抗 $Z=80+j60\Omega$，电源线电压为 $U_L=380$V。求当三相负载分别联结成星形和三角形时电路的有功功率和无功功率。

解：（1）负载为星形联结时

$$U_P = \frac{U_L}{\sqrt{3}} = \frac{380}{\sqrt{3}}\text{V} = 220\text{V}$$

$$I_P = I_L = \frac{U_P}{|Z|} = \frac{220}{\sqrt{80^2 + 60^2}}\text{A} = 2.2\text{A}$$

$$\cos\varphi_P = \frac{80}{\sqrt{80^2 + 60^2}} = 0.8, \quad \sin\varphi_P = 0.6$$

$$P = 3U_P I_P \cos\varphi_P = 3 \times 220 \times 2.2 \times 0.8\text{W} \approx 1.16\text{kW}$$

$$Q = 3U_P I_P \sin\varphi_P = 3 \times 220 \times 2.2 \times 0.6\text{var} \approx 0.87\text{kvar}$$

（2）负载为三角形联结时

$$U_P = U_L = 380\text{V}$$

$$I_P = \frac{380}{\sqrt{80^2 + 60^2}}\text{A} = 3.8\text{A}$$

$$P = 3U_P I_P \cos\varphi_P = 3 \times 380 \times 3.8 \times 0.8\text{W} \approx 3.47\text{kW}$$

$$Q = 3U_P I_P \sin\varphi_P = 3 \times 380 \times 3.8 \times 0.6\text{var} \approx 2.6\text{kvar}$$

由以上计算可知，同一对称三相负载三角形联结时总有功功率是星形联结时总有功功率的 3 倍，所以三相异步电动机起动时常采用星-三角减压起动，以降低起动电流和起动功率，避免起动时损坏三相异步电动机。

[知识拓展] 家庭用电线路安装与设计简介

1. 家庭用电线路安装简介

（1）电能表的正确接线　电能表的接线比较复杂，在接线前要查看附在电能表内的说明书，根据说明书上的规定和接线图把进线和出线接在电能表的接线端子上。接线时遵循"电压线圈并联在被测电路上，电流线圈串联在被测电路中"的原则。各种电能表的接线端子均按由左至右的顺序编号。国产单相有功电能表统一规定为 1、3 接进线，2、4 接出线，如图 2-4-17 所示。

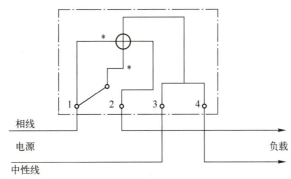

图 2-4-17　单相有功电能表直接接入电路

（2）规划配电箱　根据家庭使用设备类型及数量确定配电箱大小，规划安装配电箱。配电箱的安装布局要整齐、对称、整洁、美观，导线横平竖直，弯曲成直角。配电箱内断路器要标明控制设备名称，如厨房照明控制、插座控制、空调控制等。

（3）插座的安装　双孔插座水平安装时，中性线接左孔，相线接右孔（即"左零右火"）；双孔插座竖直排列时，中性线接下孔，相线接上孔（即"下零上火"）。三孔插座下边两孔接电源线，仍为"左零右火"，上面孔接保护接地线，它的作用是一旦电气设备漏电到金属外壳时，可通过保护接地线将电流导入大地，消除触电危险。三相四孔圆孔插座下边三个孔分别接三相电源相线，上面孔接保护接地线。

电源插座之间距离宜控制在 2.5m 左右，一般插座暗设于墙内，距地面 0.3m。安装高度在 1.8m 以下的插座应采用带安全门的防护型产品。卫生间的插座应采用防溅式，不能设在淋浴器的侧墙上，安装高度为 1.5～1.6m。排气扇插座距地面 1.8～2.2m；厨房插座距地面为 1.5～1.6m；抽油烟机电源插座距地面 1.6～1.8m。插座的安装高度应结合当地的实际、人们的生活习惯、装修特点来确定。例如在客厅有插座的墙外侧放置长度大于 2m 的电视柜，柜高 0.5～0.55m，这时电源插座距地面 0.3m 就不合适，应改为 0.55～0.6m。电饭煲、微波炉、洗衣机用单相三孔带开关的插座比较方便。客厅内空调插座为单相三孔带开关（有保护门）的产品，卧室中的空调插座安装高度距地面 1.8～2.0m，采用带开关的单相三孔插座。

单相三孔插座如何接线才安全？三孔插座上有专用的保护接地插孔，在采用接地保护时，有人常常在插座底内将此孔接线头与引入插座内的中性线直接相连，这是极为危险的，因为一旦电源的中性线断开，或者电源的相线、中性线接反，其外壳等金属部分也将带上与电源相同的电压，这会导致用户触电，所以插座接线时专用接地插孔应与专用的保护接地线相连，采用接地保护时，接中性线应从电源端专门引来，而不应就近利用引入插座的中性线。

（4）开关的安装　开关按应用结构分单联和双联两种。如果用开关来控制灯的亮灭，开关应串联在通往灯头的相线上。在日常生活、工作和生产中，如果需要在两个地方控制一盏灯的亮灭，必须使用双联开关，双联开关控制一盏灯的电路图如图 2-4-18 所示。

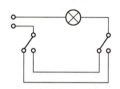

图 2-4-18　双联开关控制一盏灯的电路图

2. 家庭用电线路设计简介

（1）家庭用电负荷的计算　一般两居室住宅用电负荷为 4000W，进户铜导线截面积不应小于 10mm^2，这满足了大多数住户的要求。考虑用户实际需求，每户的用电量可以根据家用电器说明书上标注的最大功率计算出家庭总用电功率。例如：65W（电视机）+93W（电冰箱）+150W（洗衣机）+ 160W（白炽灯 4 只）+300W（电熨斗）+ 1800W（空调）=2568W，假设这些设备同时工作即可算出家庭进线电流的最大值 $I=P/U$=2568W/220V≈11.7A。

（2）电能表选择　选购电能表前首先要了解电能表型号和各项技术数据。电能表的铭牌上标有一些字母和数字，如"DD862，220V，50Hz，5（20）A，1950r/（kW·h）……"，其中 DD862 是电能表的型号，DD 表示单相电能表，数字 862 为设计序号。一般家庭选用 DD 系列的电能表，设计序号可以不同；220V 和 50Hz 是电能表的额定电压和额定频率，它必须与电源的规格相符合，也就是说如果电源电压是 220V，就必须选用额定电压为 220V 的电能表，不能采用额定电压为 110V 的电能表；5（20）A 是电能表的标定电流值和最大电流值，5 表示额定电流为 5A，20 表示允许使用的最大电流为 20A，通过计算可知这个电能表允许室内用电器的最大总功率 $P=UI$=220V×20A=4400W。

选择电能表时一定要按照家庭总用电功率进行配置，如果电能表最大允许功率小于同时使用的家用电器最大使用功率总和，必须更换电能表。

（3）导线选择　住宅内常用的电线截面积有 1.5mm^2、2.5mm^2、4mm^2、6mm^2、10mm^2、16mm^2、25mm^2、35mm^2、50mm^2 等。由于大多用户室内电路改造使用暗线一旦施工完毕，很难再次更换，如果使用铝线将导致导线的安全隐患持续多年，所以现在住宅电工线路一定要选用铜导线。铜芯线电流密度在一般环境下可取 4～5A/mm^2，所以进户线考虑未来发展一般选用

10mm² 铜线，其他回路铜线线径可以根据各回路功率算出额定电流后选择，一般照明回路的主线选用 2.5mm² 铜线，大功率空调回路设置独立断路器，根据空调功率选择合适铜线。

[练习与思考]

一、填空题

1．用一个交流电源供电的电路称为_____，而由_____、_____、_____的三个正弦交流电源同时供电的电路，称为_____。

2．三相负载有两种连接方式：_____和_____。

3．在对称三相电路中，三相总有功功率用公式表示为_____，三相总无功功率用公式表示为_____，三相总视在功率用公式表示为_____。

4．对称三相电路的三相瞬时功率用公式表示为_____。三相电路瞬时功率特性为_____。

二、判断题（正确的打√，错误的打×）

1．两根相线之间的电压称相电压。（   ）

2．三相负载的相电流是指电源相线上的电流。（   ）

3．三相电源只有星形联结方式，没有三角形联结方式。（   ）

4．电源的线电压与三相负载的连接方式无关，线电流与三相负载的连接方式有关。（   ）

5．当三相负载越接近对称时，中性线电流就越小。（   ）

6．三相负载作星形联结时，负载每相线电流必定等于其对应的相电流。（   ）

7．一台三相交流异步电动机，每个绕组的额定电压是 220V，若三相电源的线电压是 380V，则这台电动机的绕组应为星形联结。（   ）

8．对称三相电路中的三相负载对称时，三相四线制可改为三相三线制。（   ）

9．三相不对称负载作星形联结时，为了使各相电压保持对称，必须采用三相四线制供电。（   ）

10．把应作星形联结的电动机作三角形联结时，电动机将会烧毁。（   ）

11．对称三相电路的三相瞬时功率大小为零。（   ）

12．三相负载对称时，一相负载的功率因数和三相负载的功率因数相等。（   ）

13．三相功率计算公式 $P=\sqrt{3}U_L I_L \cos\varphi$，只有在三相负载对称时才能使用。（   ）

14．感性负载两端并联电容可提高电路的功率因数。（   ）

15．正弦交流电的视在功率等于有功功率和无功功率之和。（   ）

三、单选题

1．关于对称三相电路，下列说法正确的是（   ）。
  A．三相电源对称的三相电路
  B．三相负载对称的三相电路
  C．三相电源和三相负载均对称的三相电路

2. 如图 2-4-19 所示三相四线制电源中，用电压表测量电源线的电压以确定中性线，测量结果为 U_{12}=380V，U_{23}=220V，则（   ）。

    A．1 号为中性线　　　　　　　　　　B．2 号为中性线
    C．3 号为中性线　　　　　　　　　　D．4 号为中性线

3. 如图 2-4-20 所示对称三相电路中，电压表读数为 220V，当负载 Z_C 发生短路时，电压表读数为（   ）。

    A．0V　　　　B．190V　　　　C．220V　　　　D．380V

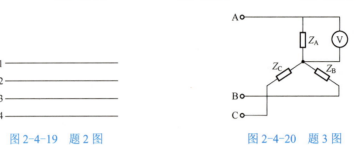

图 2-4-19　题 2 图　　　　　　　　图 2-4-20　题 3 图

4. 单相照明电路采用三相四线制连接，中性线必须（   ）。

    A．安装熔断器　　B．取消或断开　　C．安装开关　　D．安装牢靠，防止断开

5. 若三相四线制电路中负载不对称，则各相相电压（   ）。

    A．不对称　　　　B．仍对称　　　　C．不一定对称　　D．无法判断

6. 当不对称三相负载作星形联结后，接入三相四线制对称交流电源中，下列结论正确的是（   ）。

    A．线电压必等于负载相电压的 3 倍　　B．线电压不一定等于负载相电压的 $\sqrt{3}$ 倍
    C．线电流必等于负载的相电流　　　　D．线电流不一定等于负载的相电流

7. 一个对称三相负载，每相阻抗 $Z=30+j40\Omega$，电源线电压为 U_L=380V，则当三相负载星形联结时每相电流的大小为（   ）。

    A．2.2A　　　　B．4.4A　　　　C．7.6A　　　　D．3.8A

8. 一个对称三相负载，每相阻抗 $Z=30+j40\Omega$，电源线电压为 U_L=380V。当三相负载三角形联结时每相电流的大小为（   ）。

    A．2.2A　　　　B．4.4A　　　　C．7.6A　　　　D．3.8A

9. 某三相三线制对称感性负载星形联结，电源线电压为 380V，若 A 相电源断路，则负载端各相相电压为（   ）。

    A．$U_A=U_B=U_C=220V$　　　　　　B．$U_A=0$，$U_B=U_C=220V$
    C．$U_A=0$，$U_B=U_C=190V$　　　　D．$U_A=330V$，$U_B=U_C=190V$

10. 某电源的容量为 40kV·A，最多可带 40W 的荧光灯 400 盏，那么荧光灯的 $\cos\varphi$ 为（   ）。

    A．0.3　　　　B．0.4　　　　C．0.6　　　　D．0.8

11. "220V/40W"的白炽灯和"220V/40W"的荧光灯（$\cos\varphi$=0.5）并联接到 220V 交流电源上，通过白炽灯与荧光灯的电流之比为（   ）。

    A．1∶1　　　　B．1∶2　　　　C．1∶3　　　　D．1∶4

12. 交流电路中负载消耗的有功功率 $P=UI\cos\varphi$，因此并联电容器后，负载消耗的有功功

率（　　）。
　　A．不变　　　　B．减小　　　　C．增大　　　　D．无法判断

13．提高电路的功率因数是为了（　　）。
　　A．减少无用的无功功率　　　　B．节省电能
　　C．提高设备容量　　　　　　　D．提高设备的利用率和减少功率损耗

四、问答题

1．与单相电路相比，三相交流电在发电、输电和用电方面的优越性有哪些？

2．三相负载和三相电源均为星形联结的三相四线制电路中，若三相负载对称，为什么可以将中性线省去？

3．有一台三相交流发电机，绕组接成星形，每相电压为 220V。接好后在电源出线端测量发现，3 个相电压为 220 V，但线电压 $U_{AB}=U_{BC}=220$ V，$U_{AC}=380$ V，试分析错误原因。

4．有一个相电压为 220V 的三相交流发电机和一个对称三相负载，若负载的额定相电压为 380V，请问：此时三相电源和三相负载应如何连接？

5．一台三相交流异步电动机，起动时三相绕组接成星形，正常运转后接成三角形，为什么？

五、分析计算题

1．一个Y连接的对称三相负载，每相阻抗 $Z=120Ω+j160Ω$，电源线电压为 $U_L=380V$。求：（1）各负载的相电压和相电流；（2）三相电路的 P、Q 和 S 的值。

2．有"220V/100W"的灯 30 盏，应如何接入线电压为 380V 的三相四线制电路？按 3 个灯为一组分别接入三相电源，共 10 组，负载对称时的线电流多大？

3．有一台发电机其额定电压为 220V，输出的总容量为 4400kV·A。
（1）该发电机向额定工作电压为 220V、有功功率为 4.4kW、功率因数为 0.5 的用电器供电，能供多少个这样的用电器正常工作？
（2）当功率因数提高到 0.8 时，发电机能供多少个这样的用电器正常工作？

4．某水电站以 220kV 的高压向功率因数为 0.6 的工厂输送 24 万 kW 的电力，如果输电线路总电阻为 10Ω，试计算当负载的功率因数提高到 0.9 时，输电线路上一年节省的电能。

5．标有"220V/40W"的白炽灯和标有"220V/40W"的荧光灯（功率因数为 0.4）经一段导线分别接在 220V 的电源上，接白炽灯时，白炽灯消耗的实际功率为 36W。求：（1）导线的电阻；（2）接白炽灯时导线损失的功率；（3）接荧光灯时导线损失的功率。

项目 3　一阶动态电路的测试分析

教学导航

本项目通过闪光灯电路和汽车电子点火电路的分析,介绍动态电路的描述方法主要包括换路定则、初始值和新稳态值的确定,然后通过一阶 RC 和 RL 电路分析,介绍时间常数的概念,重点介绍 RC 和 RL 电路零输入响应、零状态响应和全响应以及三要素分析方法。

任务 1　闪光灯电路分析

[任务导入]

电容是一种应用非常广泛的电子元件,可以与电源、电阻、电感等元件组成各种电路,闪光灯电路就是其中一种常见的电路。闪光灯是通过电容元件储存高压电,脉冲触发使闪光管放电,完成瞬间闪光的。为了完成闪光效果,必须在正常参数范围内选取相关元件,还应考虑如果选取不适当的元件将会产生什么后果。这些元件所涉及的电压值、电流值如何测量以及它们之间有怎样的联系?电容元件是如何充放电的?闪光灯的闪光时间是怎么定义的?完成任务 1 的学习后这些问题将得到很好的解答。

[学习目标]

1)理解稳态、暂态、换路定则的概念。
2)掌握一阶 RC 电路的零输入响应。
3)掌握一阶 RC 电路的零状态响应。
4)掌握一阶 RC 电路的全响应。
5)掌握示波器的测量方法。

[工作任务]

一个简化的闪光灯电路由直流电压源、限流大电阻 R 和一个与闪光灯并联的电容 C 组成,其中闪光灯可以等效为小电阻 r。如图 3-1-1 所示电路中,电源电压 $U_S = 80V$,电阻 $R_1 = 100Ω$,电容 $C = 2mF$,闪光灯的电阻 $R_2 = 10Ω$,闪光灯的截止电压为 20V。开关 S 处于位置 1 时,电容处于充电状态。当开关 S 瞬间切换到位置 2 时,电容两端的电压是如何变化的?闪光灯闪光多长时间?流过闪光灯的平均电流是多少?

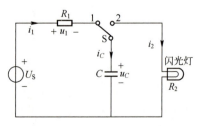
图 3-1-1　闪光灯电路

[任务仿真]

首先，教师使用 Multisim 软件按照图 3-1-1 连接闪光灯电路。连接好电路后教师使用示波器测量开关 S 切换到位置 1 和位置 2 时各支路电流、电容两端的电压，测量时要求学生注意使用示波器测量电压、电流的连接方法及其波形变化规律。

3-1-1
任务仿真

 [任务实施]

在一阶 RC 电路中，电容电压的连续性非常重要，所以首先要理解电路中电容充放电的工作原理，并能用常用仪表测量电容电压。

1. 认识元件、连接电路

1）电容元件。电容元件是在电工技术基础中除了电阻元件 R、电感元件 L 以外的一个基本储能元件。电容元件的伏安关系为

$$i_C = C\frac{du_C}{dt}$$

从上式可知，电容元件中的电流取决于电压对时间的变化率，而不是电压本身。也就是说，电压变化越快，流过电容的电流越大，反之则越小。因此，<u>当电压为直流时，流过电容的电流为零，即在直流电路中电容元件相当于断路</u>；当电压为正弦波时，流过电容的电流也是正弦波，但在相位上超前电压 $\pi/2$。

电容电压的连续性：若电容电流 $i(t)$ 在闭区间 $[t_a, t_b]$ 内有界，则电容电压 $u_C(t)$ 在开区间 (t_a, t_b) 内连续。特别是，对任意时刻 t，且 $t_a < t < t_b$，有

$$u_C(t_+) = u_C(t_-) \quad （\underline{电容电压不能跃变}）$$

2）连接电路。按照图 3-1-1 所示的电路图连接电路。

2. 电容充电

1）电路分析。当开关 S 处于位置 1 时，电容处于充电过程（零状态响应），如图 3-1-2 所示。根据零状态响应的结论，可求解电容电压、电流。

$$u_C(0_+) = u_C(0_-) = 0$$

$$u_C(\infty) = U_S = 80\text{V}$$

$$\tau = R_1 C = 100 \times 2 \times 10^{-3}\text{s} = 0.2\text{s}$$

$$u_C(t) = U_S(1 - e^{-\frac{t}{\tau}}) = 80(1 - e^{-5t})\text{V}$$

$$i_C(t) = C\frac{du_C(t)}{dt} = 2 \times 10^{-3} \times 80 \times 5 \times e^{-5t}\text{A} = 0.8e^{-5t}\text{A}$$

2）使用示波器测量电容两端电压和流过电容的电流，画出示波器显示的波形图。根据波形图计算充电时间常数（电容两端电压从 0V 上升到 $0.632U_S$ 时所经历的时间）。观察所测量的波形图是否与电路分析得出的结论一致。

3. 电容放电

1）电路分析。当开关 S 瞬间切换到位置 2 时，电容处于放电过程（零输入响应），如

图 3-1-3 所示。

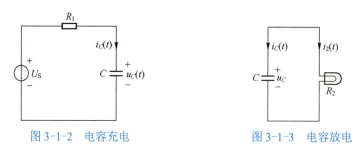

图 3-1-2　电容充电　　　　　图 3-1-3　电容放电

根据零输入响应的结论，可求解电容电压、电流。

$$u_C(0_+) = u_C(0_-) = U_S = 80\text{V}$$

$$u_C(\infty) = 0$$

$$\tau = R_2C = 10 \times 2 \times 10^{-3}\text{s} = 0.02\text{s}$$

$$u_C(t) = U_S e^{-\frac{t}{\tau}} = 80e^{-50t}\text{V}$$

$$i_2(t) = -C\frac{du_C(t)}{dt} = -2 \times 10^{-3} \times 80 \times (-50) \times e^{-50t}\text{A} = 8e^{-50t}\text{A}$$

2）使用示波器测量电容两端电压和流过电容的电流，画出示波器显示的波形图。根据波形图计算放电时间常数（电容两端电压从 U_S 降至 $0.368U_S$ 时所经历的时间）。观察所测量的波形图是否与电路分析得出的结论一致。

3）能否计算出闪光灯的闪光时间，以及流过闪光灯的平均电流？

[总结与提升]

分析 RC 电路时，需要判断换路前后动态电路的响应，即电容是处于充电过程还是放电过程。当电容处于充电过程时，理想状态下电容电压可以充至电源电压，并将电容电压从 0V 上升到 $0.632U_S$ 时所经历的时间称为充电时间常数。当电容处于放电过程时，理想状态下电容电压可以降至零，并将电容电压从 U_S 降至 $0.368U_S$ 时所经历的时间称为放电时间常数。在直流电路中，电容电压不能突变，电容相当于断路。

计算电路中流过其他元件的电流时，要注意与流过电容电流的方向是否一致。当方向一致时，电流的方向取 "+"；当方向不一致时，电流的方向取 "-"。

[知识链接]

3.1　动态电路的描述与一阶 RC 电路的分析

> 只有"稳中有进"，在前进中维持"动态"稳定，才是现代社会长治久安的根本保证。

3.1.1　动态电路的描述

前面介绍了电容元件和电感元件，这两种元件的电压与电流的关系涉及微分或积分，所以称其为动态元件。在一般情况下，当电路中仅含有一个动态元件时，动态元件以外的线性电路可用戴维南定理或诺顿定理等效为电压源和电阻的串联，或电流源与电阻的并联，对于这样的电路，所建立的电路方程是一阶线性常微分方程，相应的电路称为一阶电路。含有动态元件的电路称为动态电路。

1. 暂态过程

在前面分析的直流电路和交流正弦电路中，电路的电源是恒定或按周期性变化的，电路中产生的电压和电流也是恒定或按周期性变化的，电路的这种工作状态称为稳定状态，简称稳态。例如，如图 3-1-4a 所示的 RC 电路，当开关 S 断开（即 RC 电路未接电源）时，电容的电压 $u_C = 0$，这时候电路的工作状态处于一种稳态；当开关 S 闭合（即 RC 电路与电源接通）后，电容的电压 $u_C = U_S$，这时候电路的工作状态已转变为另一种稳态，如图 3-1-4b 所示。

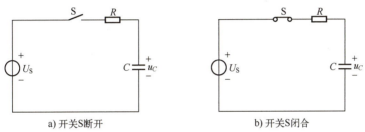

图 3-1-4 RC 电路

可见，电源的接通或断开，电压、电流的改变，电路元件参数的改变等，都会使电路改变原来的稳态，转变到另一种稳态，转变往往需要一个过程，在工程上称其为暂态过程（或过渡过程）。之所以需要暂态过程，是因为电容元件上电压不能突变，流过电感线圈上的电流也不能突变。而电阻元件上的电压和电流都是可以突变的，瞬间就可以由一种稳态转变到另一种稳态，不需要暂态过程。究其原因为：在电阻、电容、电感这三种元件上，电压和电流的关系分别为 $u_R(t) = Ri_R(t)$，$i_C(t) = C du_C(t)/dt$，$u_L(t) = L di_L(t)/dt$。由此可知，如果 $u_C(t)$ 能发生突变，则 $du_C(t)/dt$ 将为无穷大，同理，如果 $i_L(t)$ 能发生突变，则 $di_L(t)/dt$ 将为无穷大，这都是不可能存在的。

2. 换路定则

所谓换路，是指电源的接通或断开，电压、电流的改变，电路元件参数的改变等，所有能够引起暂态过程的电路变化。一般情况下，$t=0$ 为换路时刻，$t = 0_-$ 为换路前的最终时刻，$t = 0_+$ 为换路后的最初时刻，0_- 到 0_+ 为换路经历的时间。图 3-1-4a 所示电路就是 $t = 0_-$ 时的工作状态，图 3-1-4b 所示电路就是 $t = 0_+$ 时的工作状态。在图 3-1-4b 中，当开关 S 闭合后，电源通过电阻向电容提供能量，电容存储能量，u_C 将升高。对于线性电容元件，在任意 t 时刻，其上的电荷和电压的关系为

$$q_C(t) = q_C(t_0) + \int_{t_0}^{t} i_C(\xi) d\xi$$

$$u_C(t) = u_C(t_0) + \frac{1}{C}\int_{t_0}^{t} i_C(\xi) d\xi$$

式中，t_0 为换路前时刻，t 为换路后时刻。由于电容的电流是有效值，所以上式中的积分项为

零，即换路时刻前后，电容上的电荷和电压不发生突变，实质为电容的能量不能突变，而是要经历一个能量存储的过程。令上式中的$t_0=0_-$，$t=0_+$，可得

$$q_C(0_+) = q_C(0_-)$$

$$u_C(0_+) = u_C(0_-)$$

可知，图 3-1-4b 所示的电路换路后，电容电压u_C从 0V 逐渐升高到U_S，其电压变化波形如图 3-1-5 所示。当$u_C=U_S$时，电容的能量存储完毕，电路达到了新的稳态。

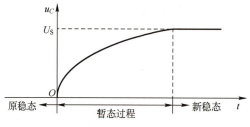

图 3-1-5　电容电压的变化曲线

同理，对于线性电感元件，在任意t时刻，其上的磁链和电流的关系为

$$\psi_L(t) = \psi_L(t_0) + \int_{t_0}^{t} u_L(\xi)d\xi$$

$$i_L(t) = i_L(t_0) + \frac{1}{L}\int_{t_0}^{t} u_L(\xi)d\xi$$

式中，t_0为换路前时刻，t为换路后时刻。由于电感的电压是有效值，所以上式中的积分项为零，即换路时刻前后，电感上的磁链和电流不发生突变，实质为电感的能量不能突变。令上式中的$t_0=0_-$，$t=0_+$，可得

$$\psi_L(0_+) = \psi_L(0_-)$$

$$i_L(0_+) = i_L(0_-)$$

由以上分析可知，在换路瞬间（$t=0_+$），由于电容的电流和电感的电压均为有限值，所以电容电压u_C和电感电流i_L都保持换路前（$t=0_-$）的数值不能突变，这一数值称为初始值，这一定则称为换路定则，有

$$u_C(0_+) = u_C(0_-)$$
$$i_L(0_+) = i_L(0_-)$$
　　　　　　　　　　　　　(3-1-1)

注意：

1）换路定则只确定u_C（q_C）、i_L（ψ_L）不能突变。

2）电容电流和电感电压可以突变，电阻上的电压和电流也可以突变，它们在$t=0_+$时的数值均遵循基尔霍夫定律，与$t=0_-$时的数值无关。

3. 初始值和新稳态值的确定

所谓初始值，是指换路后最初时刻的电压值和电流值，即$t=0_+$时的电压值和电流值。由式（3-1-1）可知，电容电压的初始值$u_C(0_+)$和电感电流的初始值$i_L(0_+)$均由原稳态电路$t=0_-$时的$u_C(0_-)$和$i_L(0_-)$来确定。而电路中其他电压、电流的初始值均由$t=0_+$时的等效电路确定。确定初始值的具体步骤如下：

1）确定 $u_C(0_+)$ 和 $i_L(0_+)$。$u_C(0_+)$ 和 $i_L(0_+)$ 是根据换路定则确定的。在原稳态电路中，电容电压不再变化，即 $i_C(t)=C\mathrm{d}u_C(t)/\mathrm{d}t=0$，即含有电容元件的支路没有电流，相当于断路。同理，在原稳态电路中，电感电流不再变化，即 $u_L(t)=L\mathrm{d}i_L(t)/\mathrm{d}t=0$，即电感元件上没有电压，相当于短路。

2）确定其他电压值 $u(0_+)$ 和电流值 $i(0_+)$。$u(0_+)$ 和 $i(0_+)$ 是根据换路瞬间的等效电路确定的。画出 $t=0_+$ 时的等效电路，对于电容元件：当 $u_C(0_+)=0$ 时，电容相当于短路，当 $u_C(0_+)\neq 0$ 时，电容相当于一个理想电压源。对于电感元件：当 $i_L(0_+)=0$ 时，电感相当于断路，当 $i_L(0_+)\neq 0$ 时，电感相当于一个理想电流源。

换路后，电容电压 $u_C(t)$ 和电感电流 $i_L(t)$ 从初始值开始变化，经历暂态过程，理论上讲需要无穷大时间才能达到新的稳态值 $u_C(\infty)$ 和 $i_L(\infty)$。在新稳态电路中，电容电压和电感电流同样不再变化，即 $i_C(\infty)=0$ 和 $u_L(\infty)=0$，此时电容相当于断路，电感相当于短路。电路中其他电压值和电流值均由稳定后的等效电路确定。

【**例 3-1-1**】 如图 3-1-6a 所示电路，已知 $U_S=10\mathrm{V}$，$R_1=R_2=5\Omega$，换路前电感和电容均未储能。当 $t=0$ 时，开关瞬间闭合，试求：

（1）换路时各支路电流初始值，电感上电压初始值；

（2）当电路达到稳定后各支路电流稳态值、电容电压稳态值。

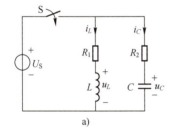
a)
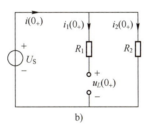
b)
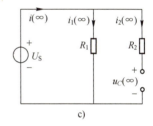
c)

图 3-1-6　例 3-1-1 图

解：（1）根据确定初始值的步骤，由换路定则可知

$$u_C(0_+)=u_C(0_-)=0$$
$$i_L(0_+)=i_L(0_-)=0$$

可见换路时，电容相当于短路，电感相当于断路。因此，换路时的等效电路如图 3-1-6b 所示。

各支路电流初始值分别为

$$i(0_+)=i_2(0_+)=\frac{U_S}{R_2}=\frac{10}{5}\mathrm{A}=2\mathrm{A}$$

$$i_1(0_+)=i_L(0_+)=0$$

电感电压初始值为

$$u_L(0_+)=U_S=10\mathrm{V}$$

由此可见，i_1 受 i_L 制约不能突变，而 i、i_2、u_L 分别由 0 突变到 2A、2A 和 10V。

（2）当电路达到稳定后，$i_C(\infty)=0$ 和 $u_L(\infty)=0$，即电容相当于断路，电感相当于短路，稳定后的等效电路如图 3-1-6c 所示。

各支路电流初始值分别为

$$i(\infty) = i_1(\infty) = \frac{U_S}{R_1} = \frac{10}{5}\text{A} = 2\text{A}$$

$$i_2(\infty) = i_C(\infty) = 0$$

电容电压稳态值为

$$u_C(\infty) = U_S = 10\text{V}$$

3.1.2 一阶 RC 电路的分析

电容 C 与电阻 R 串联接在直流电路中，激励是恒定的。它的输出电流和电压称为响应，下面研究它的 3 种响应情况。

1．零输入响应

RC 电路在<u>没有输入激励</u>的情况下，仅由电路的初始状态（初始时刻的储能）所引起的响应称为<u>零输入响应</u>。

电路如图 3-1-7a 所示，换路前电容两端已被充电为电压 $u_C(0_-) = U_S$，在 $t = 0$ 时，将开关 S 从位置 1 瞬间换接到位置 2，电压源被断开，从而使电路进入电容 C 对电阻 R 放电的暂态过程。

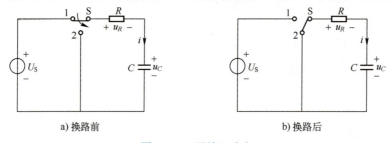

a) 换路前   b) 换路后

图 3-1-7 零输入响应

换路后的电路如图 3-1-7b 所示，根据换路定则有

$$u_C(0_+) = u_C(0_-) = U_S$$

根据 KVL 有

$$u_C + u_R = 0, \quad \text{即} \quad u_C + Ri(t) = 0$$

将 $i(t) = C\mathrm{d}u_C/\mathrm{d}t$ 代入上式得

$$RC\frac{\mathrm{d}u_C}{\mathrm{d}t} + u_C = 0$$

这是一阶线性常系数齐次微分方程，它的解为

$$u_C = U_S \mathrm{e}^{-\frac{t}{RC}} \quad (t \geqslant 0) \tag{3-1-2}$$

可见，此解为零输入响应，它表明电容在放电时电压 u_C 随时间 t 变化的规律。

电阻电压和放电电流随时间变化的规律为

$$u_R = -u_C = -U_S \mathrm{e}^{-\frac{t}{RC}} = -U_S \mathrm{e}^{-\frac{t}{\tau}} \quad (t \geqslant 0) \tag{3-1-3}$$

$$i = \frac{u_R}{R} = -\frac{U_S}{R}\mathrm{e}^{-\frac{t}{\tau}} \quad (t \geqslant 0) \tag{3-1-4}$$

3-1-4
RC 电路零输入响应

式中，负号说明电阻电压 u_R 和放电电流 i 的实际方向与参考方向相反。$\tau = RC$ 为<u>时间常数</u>，是一个仅取决于电路参数的常数，而与电路的初始状态无关。

这是因为 R 和 C 的乘积具有时间的量纲，当 R 的单位为 Ω，C 的单位为 F 时，时间常数 τ 的单位为 s。电路参数 R 和 C 越大，则 τ 越大。从物理概念可以理解为：在初始电压 U_S 一定的情况下，电阻 R 越大，放电电流越小，即电荷释放过程进行缓慢，电容所储存的电场能要经过较长时间才能被电阻消耗掉，所以放电时间长；而在相同的 U_S 之下，C 越大时，电容所储存的电荷越多，电场能必然越大，放电的时间也一定越长。

由式（3-1-2）～式（3-1-4）可知，u_C、u_R、i 按同一指数规律衰减，都要经过很长的时间才能衰减为零，但衰减的快慢可以用时间常数 τ 的大小来衡量。由 u_C、u_R、i 的表达式可见，τ 越大，电压和电流衰减得越慢，暂态过程越长；反之，τ 越小，电压和电流衰减得越快，暂态过程越短。因此，时间常数 τ 是表示暂态过程中电压和电流变化快慢的物理量。

如图 3-1-8 所示，放电过程中，电容电压和放电电流衰减至初始值的 36.8% 所需的时间等于时间常数 τ。时间越长，放电进行得越慢；反之，放电进行得越快。从理论上说，$t \to \infty$ 时电容电压才衰减为零。实际上，$t = 5\tau$ 时，电容电压已衰减至初始值的 0.7%，可以说明电路已经达到新的稳态。

u_C、u_R、i 随时间 t 变化的曲线如图 3-1-9 所示。由曲线可知，u_C 从初始值 U_S 开始随时间按指数规律衰减，开始时下降较快，随后变慢，最后趋近为零值。而 u_R 和 i 则由零突变到最大值 U_S 和 U_S/R，之后也按指数规律逐渐衰减至零。这是因为电容上电压和所充电荷不能突变，只能由初始值逐渐减少到新的稳态值 $[u_C(\infty) = 0，q_C(\infty) = 0]$。在放电过程中，正电荷由正极板经电阻 R 到负极板与负电荷中和，形成电流。开始时电压高、电荷多，电流由零突变到 U_S/R，然后衰减至零。电阻电压 u_R 则始终受 KVL 的约束，在开始时突变到 U_S，然后与 u_C 保持同样的变化规律。这一过程的实质就是电容将最初储存的电场能转换为热能而消耗的过程。

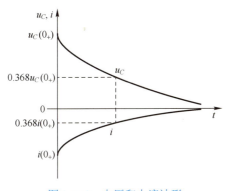

图 3-1-8　电压和电流波形

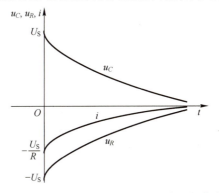

图 3-1-9　u_C、u_R、i 随时间 t 变化的曲线

如图 3-1-7a 所示，当开关位于位置 1 时，电容被电源充电，充电后其储存的电场能为

$$W = \frac{1}{2}CU_S^2$$

将开关由位置 1 换接至位置 2，直至新的稳态过程中，电容放电，电阻 R 所消耗的能量为

$$W_R = \int_0^\infty Ri^2 \mathrm{d}t = \int_0^\infty R\left(-\frac{U_S}{R}\mathrm{e}^{-\frac{t}{\tau}}\right)^2 \mathrm{d}t = \frac{1}{2}CU_S^2$$

由此可见，这一暂态过程中电容的电场能全部转化为电阻所消耗的热能。

【例 3-1-2】 如图 3-1-10 所示电路，已知 $U_S = 10\text{V}$，$R = 5\text{k}\Omega$，$C = 3\mu\text{F}$，换路前电容两端已被充满电，$t = 0$ 瞬间将开关 S 从位置 1 换接至位置 2，试求：

(1) 换路后 $u_C(t)$ 的表达式；

(2) 换路后 15ms 时电容两端电压。

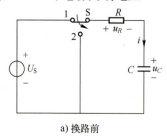
a) 换路前

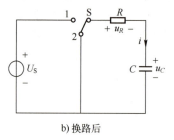
b) 换路后

图 3-1-10 例 3-1-2 图

解：（1）换路前电容两端已被充满电，电容电压为

$$u_C(0_-) = U_S = 10\text{V}$$

根据换路定则，电容电压的初始值为

$$u_C(0_+) = u_C(0_-) = 10\text{V}$$

电路的时间常数为

$$\tau = RC = 5 \times 10^3 \times 3 \times 10^{-6}\text{s} = 0.015\text{s}$$

由式（3-1-2）可知，换路后 $u_C(t)$ 的表达式为

$$u_C(t) = U_S e^{-\frac{t}{\tau}} = 10 e^{-\frac{t}{0.015}}\text{V}$$

(2) 当 $t = 15\text{ms}$ 即 $t = \tau$ 时，电容电压值为

$$u_C = 10 e^{-\frac{t}{0.015}}\text{V} = 10 e^{-1}\text{V} \approx 3.68\text{V}$$

3-1-5 RC 电路零状态响应

2. 零状态响应

如果换路前电路中的动态元件均未储能，即电路的初始状态为零，换路瞬间电路接通直流激励，则换路后由外施激励在电路中引起的响应称为**零状态响应**。

如图 3-1-11a 所示，开关 S 置于位置 2 已使得电路达到稳态，即电容已充分放电，电容电压 $u_C(0_-) = 0$。在 $t = 0$ 时，将开关 S 从位置 2 瞬间换接至位置 1，电压源被接通，电容 C 存储能量，即电容进入充电过程，电容的电压 u_C 逐渐上升，最后达到 U_S，充电结束，电路达到新的稳态。

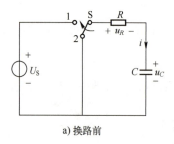
a) 换路前

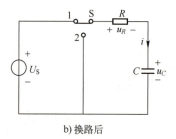
b) 换路后

图 3-1-11 零状态响应

换路后的电路如图 3-1-11b 所示，根据换路定则有
$$u_C(0_+) = u_C(0_-) = 0$$

根据 KVL 有
$$u_C + u_R = U_S，即\ u_C + Ri = U_S$$

将 $i(t) = C\mathrm{d}u_C/\mathrm{d}t$ 代入上式得
$$RC\frac{\mathrm{d}u_C}{\mathrm{d}t} + u_C = U_S \tag{3-1-5}$$

这是一阶线性常系数非齐次微分方程，它的解为
$$u_C = U_S - U_S \mathrm{e}^{-\frac{t}{\tau}} = U_S(1 - \mathrm{e}^{-\frac{t}{\tau}}) \quad (t \geq 0) \tag{3-1-6}$$

可见，此解为零状态响应，它表明电容在充电时电压 u_C 随时间 t 变化的规律。从式（3-1-6）可知，此解可分为两部分，即
$$u_C = u_C' + u_C''$$

其中，$u_C' = U_S$ 是式（3-1-5）的特解，该特解与外加电压有关。当外加电压为常数时，u_C' 也是常数，其值是电路达到稳态时 $t \to \infty$ 的 u_C 值，则有 $u_C' = u_C(\infty) = U_S$，u_C' 称为<u>稳态分量</u>。$u_C'' = -U_S \mathrm{e}^{-\frac{t}{\tau}}$ 是式（3-1-5）的通解，当 $t \to \infty$ 时 $u_C'' = 0$，即电容电压在达到稳态后衰减为零，其只存在于暂态过程，故 u_C'' 称为<u>暂态分量</u>。

<u>电阻电压和充电电流随时间变化的规律为</u>
$$u_R = U_S - u_C = U_S \mathrm{e}^{-\frac{t}{\tau}} \quad (t \geq 0) \tag{3-1-7}$$
$$i = \frac{u_R}{R} = \frac{U_S}{R}\mathrm{e}^{-\frac{t}{\tau}} \quad (t \geq 0) \tag{3-1-8}$$

从式（3-1-7）和式（3-1-8）可知：<u>电阻电压和充电电流均只含暂态分量，它们的稳态分量都等于零</u>。

u_C、u_R、i 随时间 t 变化的曲线如图 3-1-12 所示。由曲线可知，电容电压 u_C 由零开始按指数规律逐渐增大，开始时上升较快，随后变慢，最后达到稳态值，说明电容元件在电路中的作用由开始时的短路元件逐渐变成一个断路元件。原因是电容原来未充电，即 $u_C(0_+) = u_C(0_-) = 0$，此时电容相当于短路。电源电压全部加在电阻上，使 u_R 由零突变为 U_S，充电电流也由零突变为最大值 U_S/R，此时电容充电速度最快，u_C 上升也最快；随着极板上电荷的不断增加，充电电流 $i = (U_S - u_C)/R$ 不断减小，充电速度变慢，u_C 上升变慢，当 $u_C = U_S$ 时，电流 i 衰减为零，此时电容相当于断路，充电过程结束，电路进入新的稳态。

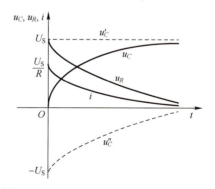

图 3-1-12 u_C、u_R、i 随时间 t 变化的曲线

和放电时相同，充电时间常数为 $\tau = RC$，τ 值越大，u_C 上升或 i 衰减得越慢，充电时间越长。由式（3-1-6）可知，当 $t = \tau$ 时，$u_C(\tau) = U_S(1 - \mathrm{e}^{-1}) \approx 0.632U_S$；当 $t = 5\tau$ 时，$u_C(5\tau) \approx 0.99U_S$，此时 u_C 已接近稳态值 U_S，可以近似认为充电结束，电路进入新的稳态。所

以，时间常数 τ 表明了电容充电过程的长短。

充电时，电容从电源吸取电能变换成的电场能为

$$W_C = \int_0^\infty u_C i \mathrm{d}t = \int_0^Q u_C \mathrm{d}Q = \int_0^{U_S} C u_C \mathrm{d}u_C = \frac{1}{2} C U_S^2$$

充电时，电阻所消耗的能量为

$$W_R = \int_0^\infty R i^2 \mathrm{d}t = \int_0^\infty \frac{U_S^2}{R} \mathrm{e}^{-\frac{2t}{\tau}} \mathrm{d}t = \frac{1}{2} C U_S^2$$

由此可见，在零初始条件的 RC 电路充电过程中，电源将一半能量供给电容充电，储存在电场中，而另一半消耗在电阻上，即充电效率总是 50%。

【例 3-1-3】 如图 3-1-13 所示电路，已知 $U_S = 220\mathrm{V}$，$R = 100\Omega$，$C = 0.5\mu\mathrm{F}$，当 $t = 0$ 时，$u_C(0_-) = 0\mathrm{V}$，求：

（1）S 闭合后电流 $i(0_+)$ 的初始值和时间常数 τ；

（2）当 S 接通 150μs 时，电路中的电流 i 和电压 u_C。

解：（1）根据换路定则，电容电压的初始值为

$$u_C(0_+) = u_C(0_-)\mathrm{V} = 0\mathrm{V}$$

即此时电容相当于短路，所以电流的初始值为

$$i(0_+) = \frac{U_S}{R} = \frac{220}{100}\mathrm{A} = 2.2\mathrm{A}$$

电路的时间常数为

$$\tau = RC = 100 \times 0.5 \times 10^{-6}\mathrm{s} = 50\mu\mathrm{s}$$

（2）当 S 接通 150μs 时，由式（3-1-6）和式（3-1-8）可知电压 u_C 和电流 i 分别为

$$u_C = U_S(1 - \mathrm{e}^{-\frac{t}{\tau}}) = 220(1 - \mathrm{e}^{-3})\mathrm{V} \approx 209\mathrm{V}$$

$$i = \frac{U_S}{R}\mathrm{e}^{-\frac{t}{\tau}} = \frac{220}{100}\mathrm{e}^{-3}\mathrm{A} \approx 0.11\mathrm{A}$$

3-1-6
RC 电路全响应

3. 全响应

前面分析了 RC 电路的零输入响应和零状态响应，初始状态不为零的一阶 RC 电路同时又有电源激励下的响应，称为**全响应**。也就是说，电路中动态元件的初始储能不为零，全响应是由外加电源和初始储能共同作用而产生的。对于线性电路，全响应可以看成零输入响应和零状态响应的叠加。

如图 3-1-14 所示电路，设开关 S 闭合前电容已充电至 U_0，即 $u_C(0_-) = U_0$。S 闭合后，电路进入全响应暂态过程。

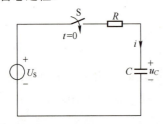
图 3-1-13 例 3-1-3 图

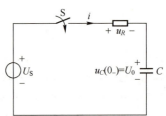
图 3-1-14 全响应

由前面分析可知，对于直流激励的一阶 RC 电路，零输入响应的一般表达式为 $u_C(t) = u_C(0_+)e^{-\frac{t}{\tau}}$，零状态响应的一般表达式为 $u_C(t) = u_C(\infty)(1-e^{-\frac{t}{\tau}})$，于是由 $u_C(t) = u_C(0_+)e^{-\frac{t}{\tau}} + u_C(\infty)(1-e^{-\frac{t}{\tau}})$ 得到全响应的一般表达式为

$$u_C(t) = u_C(\infty) + [u_C(0_+) - u_C(\infty)]e^{-\frac{t}{\tau}} \quad (3\text{-}1\text{-}9)$$

由于 $u_C(0_+) = u_C(0_-) = U_0$，$u_C(\infty) = U_S$，所以

$$u_C(t) = \underbrace{U_0 e^{-\frac{t}{\tau}}}_{\text{零输入响应}} + \underbrace{U_S(1-e^{-\frac{t}{\tau}})}_{\text{零状态响应}} \quad (3\text{-}1\text{-}10)$$

可见，式（3-1-10）第一项是由初始值单独激励下的零输入响应，而第二项是外加电源单独激励时的零状态响应，这正是线性电路叠加定理的体现。所以，全响应又可表示为

全响应=零输入响应+零状态响应

经整理得

$$u_C(t) = \underbrace{U_S}_{\text{稳态解}} + \underbrace{(U_0 - U_S)e^{-\frac{t}{\tau}}}_{\text{暂态解}} \quad (t \geqslant 0_+) \quad (3\text{-}1\text{-}11)$$

可见，式（3-1-11）的第一项是电路的稳态解，第二项是电路的暂态解，因此一阶 RC 电路的全响应又可以看成是稳态解和暂态解的叠加，即

全响应=稳态解+暂态解

【例 3-1-4】 如图 3-1-15 所示电路，已知 $U_S = 12V$，$R_1 = 10k\Omega$，$R_2 = 5k\Omega$，$C = 1\mu F$。开关 S 断开前电路已处于稳态，现将开关 S 在 $t=0$ 时打开，求电路中电容电压 $u_C(t)$ 和电流 $i(t)$ 的表达式。

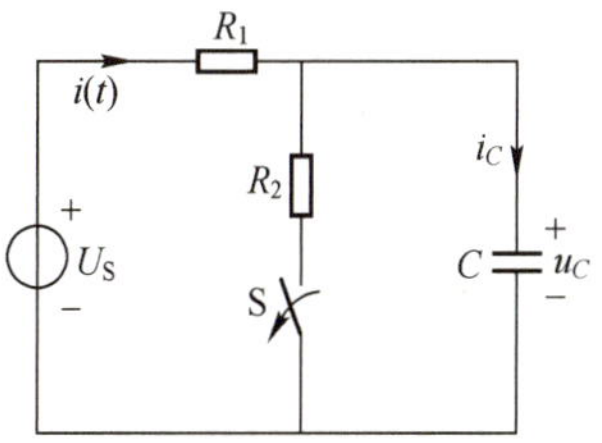

解：S 断开前电容电压为

$$u_C(0_-) = \frac{R_2}{R_1 + R_2}U_S = \frac{5}{15} \times 12V = 4V$$

根据换路定则，电容电压的初始值为

$$U_0 = u_C(0_+) = u_C(0_-) = 4V$$

电路的时间常数为

$$\tau = R_1 C = 10 \times 10^3 \times 1 \times 10^{-6}\text{s} = 10\text{ms}$$

图 3-1-15 例 3-1-4 图

由式（3-1-11）得全响应时的电容电压 $u_C(t)$ 的表达式为

$$u_C(t) = U_S + (U_0 - U_S)e^{-\frac{t}{\tau}} = [12 + (4-12)e^{-100t}]V = (12 - 8e^{-100t})V$$

所以，电流 $i(t)$ 的表达式为

$$i(t) = i_C(t) = C\frac{du_C(t)}{dt} = C[-8 \times (-100)e^{-100t}] = 1 \times 10^{-6} \times 8 \times 100e^{-100t}A = 8 \times 10^{-4}e^{-100t}A$$

[知识拓展] 储能技术发展方向

提高储能装置的经济性和容量水平是未来储能技术创新、实现商业化应用的关键。目前储能设备成本仍然很高，除电动汽车电池外，电力储能尚未实现商业化应用。提高功率密度与能

量密度、储能和可再生能源联合运行技术是储能技术创新的重点。

储能技术一般分为热储能和电储能，未来应用于全球能源互联网的主要是电储能。电储能技术主要分为物理储能（如抽水蓄能、压缩空气储能、飞轮储能）、电化学储能（如铅酸电池、钠硫电池、液流电池、锂离子电池、金属空气电池、氢储能）和电磁储能（如超导电磁储能、超级电容器储能）三大类。储能技术进步的关键在于材料技术上的突破。随着储能新材料的不断创新发展，在储能元件延长使用寿命、提高能量密度、缩短充电时间和降低成本等方面有望取得重要突破。

[练习与思考]

一、填空题

1. 一阶电路是指用_____阶微分方程描述的电路。
2. 在换路瞬间，无储能的电容相当于_____，有储能的电容相当于_____；无储能的电感相当于_____，有储能的电感相当于_____。
3. 一阶 RC 电路的时间常数 $\tau=$ _____，τ 越大，暂态过程所经历的时间越_____。
4. 在线性电路中，全响应可以看成是_____和_____的叠加。

二、判断题（正确的打√，错误的打×）

1. 在换路瞬间，电容电压不能突变，电感电流也不能突变。（   ）
2. 在任何情况下，电路中的电容相当于开路。（   ）
3. 动态电路中的时间常数反映了暂态过程进行的快慢。（   ）
4. 一阶 RC 电路的零状态响应是电容放电的过程。（   ）
5. 一阶 RC 电路的全响应等于其稳态分量和暂态分量之和。（   ）

三、计算题

1. 如图 3-1-16 所示电路，已知 $U_S=12V$，$R_0=4\Omega$，$R_1=R_2=8\Omega$，$u_C(0_-)=0$，$i_L(0_-)=0$。$t=0$ 时开关闭合，试求：

（1）换路时各支路电流初始值，电感上电压初始值；

（2）当电路达到稳定后各支路电流稳态值，电容两端电压稳态值。

2. 如图 3-1-17 所示电路，已知 $C=2\mu F$，$R=10k\Omega$，$u_C(0_-)=U_0=100V$。在 $t=0$ 时开关闭合，求 S 闭合 20ms 时，电容电压 u_C 和放电电流 i。

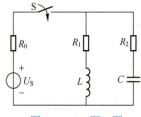

图 3-1-16 题 1 图

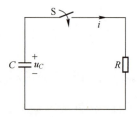

图 3-1-17 题 2 图

3．如图 3-1-18 所示电路，已知 $U_S = 200V$，$R = 100Ω$，$C = 2μF$，当 $t = 0$ 时，$u_C(0_-) = 0$。试求：

（1）S 闭合后电流的初始值 $i(0_+)$ 和时间常数 τ；

（2）S 闭合后的电压 $u_C(t)$ 和电流 $i(t)$；

（3）S 闭合多长时间后，电容电压能够达到 120V。

4．如图 3-1-19 所示电路，换路前电容元件已充有电荷 $Q_0 = 850μC$，已知 $U_S = 150V$，$R = 1000kΩ$，$C = 10μF$，求开关闭合后的电压 $u_C(t)$ 和电流 $i(t)$。

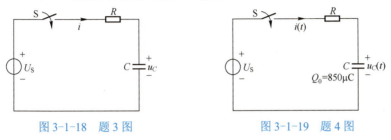

图 3-1-18　题 3 图　　　　　图 3-1-19　题 4 图

任务 2　汽车电子点火电路分析

[任务导入]

近几年来，为了减少环境污染，提高点火质量，出现了多种新型的电子点火电路。如图 3-2-1a 所示，点火线圈为一个电感元件，火花塞是一对间隔一定的空气隙电极，当开关闭合时，瞬变电流在点火线圈上产生高压（一般为 20～40kV），这一高压在火花塞处产生火花而点燃气缸中的汽油混合物，从而发动汽车。为了成功完成点火，点火线圈和火花塞的选取也是工作的一部分。电路中涉及的电压值（电流值）要在正常范围之内，超出正常值表明元件出现异常需要给予重点关注。这些电压值（电流值）如何测量？它们之间有怎样的联系？电感元件是如何起到点火效果的？完成任务 2 的学习后这些问题将得到很好的解答。

[学习目标]

1）掌握一阶 RL 电路的零输入响应。

2）掌握一阶 RL 电路的零状态响应。

3）掌握一阶 RL 电路的全响应。

4）理解一阶电路的三要素法。

5）掌握示波器的测量方法。

[工作任务]

图 3-2-1b 所示为汽车电子点火电路的模型，点火电源电压为 12V，点火线圈 $L = 4mH$，其内阻 $R = 6Ω$，火花塞相当于一个电阻 $R_L = 20kΩ$。开关 S 在 $t = 0$ 时闭合，通过示波器观察流过电路中点火线圈的电流变化；经过 1ms 后开关断开，观察流过点火线圈的电流会发生怎样的变化并分析原因；同时，分析火花塞两端电压的变化规律，观察瞬间产生的高压是否超出正常电

压范围。

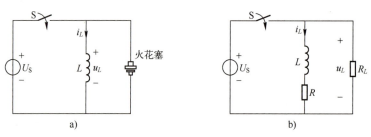

图 3-2-1 汽车电子点火电路

[任务仿真]

教师使用 Multisim 软件按照图 3-2-1 连接汽车电子点火电路。连接好电路后教师使用示波器测量开关 S 闭合时和断开后电感电流、火花塞两端电压的变化规律，测量时要求学生注意使用示波器测量电压、电流的连接方法及其波形变化规律。

[任务实施]

在一阶 RL 电路中，电感电流的连续性非常重要，所以首先要理解电路中电感充放电的工作原理，并能用常用仪表测量电感电流。

1. 认识元件、连接电路

1）电感元件。电感元件是在电工技术基础中除了电阻元件 R、电容元件 C 以外的一个基本储能元件。电感元件的伏安关系为

$$u_L = L \frac{di_L}{dt}$$

从上式可知，电感元件中的电压取决于电流对时间的变化率，而不是电流本身。也就是说，电流变化越快，电感两端的电压越大，反之则越小。因此，<u>当电流为直流时，电感两端的电压为零，即在直流电路中电感元件相当于短路</u>；当电流为正弦波时，电感两端的电压也是正弦波，但在相位上超前电流 $\pi/2$。

电感电流的连续性：若电感电压 $u(t)$ 在闭区间 $[t_a, t_b]$ 内有界，则电感电流 $i_L(t)$ 在开区间 (t_a, t_b) 内连续。特别是，对任意时刻 t，且 $t_a < t < t_b$，有

$$i_L(t_+) = i_L(t_-) \quad \text{(电感电流不能跃变)}$$

2）连接电路。按照图 3-2-1 所示的电路图连接电路。

2. 电感充电

1）电路分析。当开关 S 闭合时，电感处于充电过程（零状态响应），如图 3-2-2 所示。

根据零状态响应的结论，可求解电感电流、电压。

$$i_L(0_+) = i_L(0_-) = 0$$

$$i_L(\infty) = \frac{U_S}{R} = \frac{12}{6} A = 2A$$

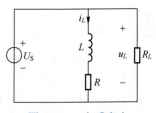

图 3-2-2 电感充电

$$\tau = \frac{L}{R} = \frac{4 \times 10^{-3}}{6} \text{s} = \frac{2}{3} \text{ms}$$

$$i_L(t) = \frac{U_S}{R}(1 - e^{-\frac{t}{\tau}}) = 2(1 - e^{-\frac{3}{2}t}) \text{A}$$

当 $t_0 = 1\text{ms}$ 时，$i_L(t_{0-}) = 2(1 - e^{-\frac{3}{2}})\text{A} \approx 1.6\text{A}$。

2）画出示波器捕获电感充电的波形图。使用示波器捕获电感电流的波形图，以及充电时间常数在示波器上的测量方法（电感电流从 0A 上升到 $0.632 i_L(\infty)$ 时所经历的时间）。观察所捕获的波形图是否与电路分析得出的结论一致。

3．电感放电

1）电路分析。经过 $t_0 = 1\text{ms}$ 后开关 S 断开，电感处于放电过程（零输入响应），如图 3-2-3 所示。

根据零输入响应的结论，可求解电感电压、电流。

$$i_L(t_{0+}) = i_L(t_{0-}) \approx 1.6\text{A}$$

$$u_L(t_{0+}) = -R_L i_L(t_{0+}) = -32\text{kV}$$

$$u_L(\infty) = 0$$

$$\tau = \frac{L}{R + R_L} = \frac{4 \times 10^{-3}}{6 + 20 \times 10^3} \text{s} \approx 2 \times 10^{-7} \text{s}$$

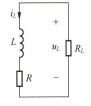

图 3-2-3　电感放电

$$i_L(t) = i_L(t_{0+}) e^{-\frac{t-t_0}{\tau}} = 1.6 e^{-5 \times 10^6 (t-t_0)} \text{A}$$

$$u_L(t) = -32 e^{-5 \times 10^6 (t-t_0)} \text{kV} \quad (t \geq t_0)$$

2）画出示波器捕获电感放电的波形图。使用示波器捕获火花塞上电压的波形图，观察所捕获的波形图是否与电路分析得出的结论一致，观察瞬间产生的高压是否超出正常电压范围。

[总结与提升]

分析 RL 电路时，需要判断换路前后动态电路的响应，即电感是处于充电过程还是放电过程。当电感处于充电过程时，理想状态下电感电流可以充至最大值 $I_{\max}$，并将电感电流从 0A 上升到 $0.632 I_{\max}$ 时所经历的时间称为充电时间常数。当电感处于放电过程时，理想状态下电感电流可以降至零，并将电感电流从 I_0 降至 $0.368 I_0$ 时所经历的时间称为放电时间常数。在直流电路中，电感电流不能突变，电感相当于短路。

计算电路中流过其他元件的电流时，要注意与流过电感电流的方向是否一致。当方向一致时，电流的方向取"+"；当方向不一致时，电流的方向取"−"。

[知识链接]

3.2　一阶 RL 电路的分析与三要素法

大学时代是学习知识、陶冶情操、增长本领的黄金时期。

3.2.1 一阶 RL 电路的分析

和 RC 电路相同，RL 串联直流动态电路也有 3 种响应情况。

1. 零输入响应

如图 3-2-4a 所示电路，换路前电感中有电流，其中电流的初始值为 $i_L(0_-) = I_0 = U_S/R$，在 $t = 0$ 时，将开关 S 从位置 1 瞬间换接至位置 2，电压源被断开，使电路进入电感 L 对电阻 R 放电的暂态过程。

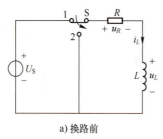 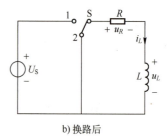

a) 换路前   b) 换路后

图 3-2-4 零输入响应

换路后的电路如图 3-2-4b 所示，根据换路定则有

$$i_L(0_+) = i_L(0_-) = I_0 = \frac{U_S}{R}$$

3-2-2
RL 电路零输入响应

根据 KVL 有

$$u_L + u_R = 0, \quad 即 \quad u_L + Ri_L = 0$$

将 $u_L = L\mathrm{d}i_L/\mathrm{d}t$ 代入上式得

$$L\frac{\mathrm{d}i_L}{\mathrm{d}t} + Ri_L = 0$$

它的解为

$$i_L = I_0 \mathrm{e}^{-\frac{R}{L}t} = \frac{U_S}{R}\mathrm{e}^{-\frac{t}{\tau}} \quad (t \geq 0) \tag{3-2-1}$$

式中，$\tau = L/R$ 也具有时间的量纲，是<u>电路的时间常数</u>。可见，此解为零输入响应，它表明电感在放电时电流 i_L 随时间 t 变化的规律。

电感电压和电阻电压随时间变化的规律为

$$u_L = L\frac{\mathrm{d}i_L}{\mathrm{d}t} = -RI_0 \mathrm{e}^{-\frac{t}{\tau}} = -U_S \mathrm{e}^{-\frac{t}{\tau}} \quad (t \geq 0) \tag{3-2-2}$$

$$u_R = Ri_L = RI_0 \mathrm{e}^{-\frac{t}{\tau}} = U_S \mathrm{e}^{-\frac{t}{\tau}} \quad (t \geq 0) \tag{3-2-3}$$

i_L、u_L、u_R 随时间 t 变化的曲线如图 3-2-5 所示。

由图 3-2-5 可见，电感电流与电容电压的衰减规律相同，都是按指数规律由初始值逐渐衰减而趋于零。而电感电压在换路瞬间会发生突变，由零突变到 U_S，然后再按指数规律逐渐衰减到零。衰减的快慢可以用时间常数 τ 的大小来衡量，τ 越大，电压和电流衰减得越慢，暂态过程越长；反之，τ 越小，电压和电流衰减得越快，

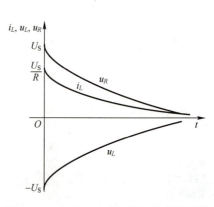

图 3-2-5 i_L、u_L、u_R 随时间 t 变化的曲线
（零输入响应）

暂态过程越短。因此，时间常数 τ 是表示暂态过程中电压和电流变化快慢的物理量。

如图 3-2-4a 所示，当开关位于位置 1 时，电感初始储存的磁场能为

$$W = \frac{1}{2}LI_0^2$$

将开关由位置 1 换接至位置 2，直至新的稳态过程中，电感放电，电阻 R 所消耗的能量为

$$W_R = \int_0^\infty Ri_L^2 dt = \int_0^\infty RI_0^2 e^{-\frac{2t}{\tau}} dt = \frac{1}{2}LI_0^2$$

由此可见，这一暂态过程中电感的磁场能全部转化为电阻所消耗的热能。

【例 3-2-1】 如图 3-2-6 所示电路，继电器线圈的电阻 $R = 250\Omega$，吸合时其电感值 $L = 25H$。已知电源电压 $U_S = 24V$，$R_1 = 230\Omega$。若继电器的释放电流为 4mA，求开关 S 闭合多长时间继电器能够释放？

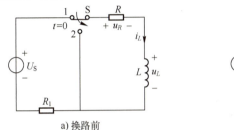 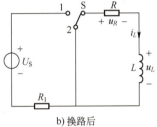

a) 换路前　　　　　　　　　　b) 换路后

图 3-2-6　例 3-2-1 图

解：换路前继电器的电流为

$$i_L(0_-) = I_0 = \frac{U_S}{R + R_1} = \frac{24}{250 + 230}A = 0.05A$$

根据换路定则，电感电流的初始值为

$$i_L(0_+) = i_L(0_-) = 0.05A$$

电路的时间常数为

$$\tau = \frac{L}{R} = \frac{25}{250}s = 0.1s$$

由式（3-2-1）可知，换路后 $i_L(t)$ 的表达式为

$$i_L(t) = I_0 e^{-\frac{t}{\tau}} = 0.05e^{-10t} A$$

当继电器的释放电流为 4mA 时，即

$$0.05e^{-10t} = 4 \times 10^{-3}$$

$$t = 0.25s$$

所以，开关 S 闭合 0.25s 后，继电器开始释放。

2．零状态响应

如图 3-2-7 所示电路，在换路前电感未储能，即 $i_L(0_-) = 0$。在 $t = 0$ 时，将开关 S 闭合，电压源被接通，使电路进入 U_S 通过电阻 R 向电感 L 充电的暂态过程，即电路处于零状态。

换路后，根据换路定则有

$$i_L(0_+) = i_L(0_-) = 0$$

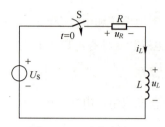

图 3-2-7　零状态响应

3-2-3
RL 电路零状态响应

根据 KVL 有

$$u_L + u_R = U_S，即\ u_L + Ri_L = U_S$$

将 $u_L = L di_L / dt$ 代入上式得

$$L\frac{di_L}{dt} + Ri_L = U_S，即\ \frac{L}{R}\frac{di_L}{dt} + i_L = \frac{U_S}{R} \tag{3-2-4}$$

它的解为

$$i_L = \frac{U_S}{R} - \frac{U_S}{R} e^{-\frac{t}{\tau}} = \frac{U_S}{R}(1 - e^{-\frac{t}{\tau}}) \quad (t \geq 0) \tag{3-2-5}$$

式中，$\tau = L/R$ 是<u>电路的时间常数</u>。可见，此解为零状态响应，它表明电感在充电时电流 i_L 随时间 t 变化的规律。

由于 U_S/R 为 $t \to \infty$ 时通过电感的电流 $i_L(\infty)$，因此式（3-2-5）可写为

$$i_L = \frac{U_S}{R}(1 - e^{-\frac{t}{\tau}}) = i_L(\infty)(1 - e^{-\frac{t}{\tau}})$$

电感两端电压和电阻两端电压随时间变化的规律为

$$u_L = L\frac{di_L}{dt} = U_S e^{-\frac{t}{\tau}} \quad (t \geq 0) \tag{3-2-6}$$

$$u_R = Ri_L = U_S(1 - e^{-\frac{t}{\tau}}) \quad (t \geq 0) \tag{3-2-7}$$

u_L、u_R、i_L 随时间 t 变化的曲线如图 3-2-8 所示。电感电流 i_L 不能突变，其按指数规律由初始值逐渐增加到稳态值 U_S/R。而电感电压 u_L 在换路瞬间发生突变，由零突变到 U_S，随后按指数规律逐渐衰减到零。电阻电压 u_R 由零按指数规律逐渐上升到稳态值 U_S。电感充电过程的曲线变化的快慢取决于 $\tau = L/R$ 的大小。

【例 3-2-2】　如图 3-2-9 所示电路，已知 $U_S = 18V$，$R = 500\Omega$，$L = 5H$，试求开关 S 闭合后：

（1）稳态电流 $i_L(\infty)$ 及 i_L、u_L 的变化规律；
（2）电流增至 $i_L(\infty)$ 的 63.2%所需的时间。

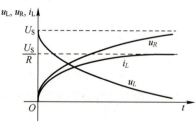

图 3-2-8　u_L、u_R、i_L 随时间 t 变化的曲线（零状态响应）

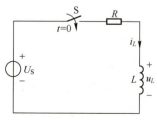

图 3-2-9　例 3-2-2 图

解：（1）根据换路定则，电感电流的初始值为

$$i_L(0_+) = i_L(0_-) = 0\text{A}$$

开关 S 闭合后，电路达到稳态时，电感相当于短路，此时电流为

$$i_L(\infty) = \frac{U_S}{R} = \frac{18}{500}\text{A} = 0.036\text{A}$$

电路的时间常数为

$$\tau = \frac{L}{R} = \frac{5}{500}\text{s} = 0.01\text{s}$$

由式（3-2-5）和式（3-2-6）可知，i_L 和 u_L 分别为

$$i_L = i_L(\infty)(1 - e^{-\frac{t}{\tau}}) = 0.036(1 - e^{-100t})\text{A}$$

$$u_L = U_S e^{-\frac{t}{\tau}} = 18e^{-100t}\text{V}$$

（2）当 $i_L = 0.632 i_L(\infty)$ 时，有

$$0.036(1 - e^{-100t}) = 0.632 \times 0.036$$

$$t = \tau = 0.01\text{s} = 10\text{ms}$$

即开关 S 闭合 10ms 后，电流增至稳态值的 63.2%。

3．全响应

如图 3-2-10 所示电路，设开关 S 闭合前流过电感 L 的电流为 I_0，即 $i_L(0_-) = I_0$。开关 S 闭合后，电路进入全响应暂态过程。

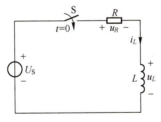

图 3-2-10 全响应

3-2-4
RL 电路全响应

根据 RC 电路的全响应分析，得出此电路中电流的一般表达式为

$$i_L = I_0 e^{-\frac{t}{\tau}} + \frac{U_S}{R}(1 - e^{-\frac{t}{\tau}}) \tag{3-2-8}$$

【例 3-2-3】 如图 3-2-11 所示电路，已知 $U_S = 100\text{V}$，$R_1 = 150\Omega$，$R_2 = 50\Omega$，$L = 2\text{H}$。在开关 S 闭合前电路已处于稳态，现将开关 S 在 $t = 0$ 时闭合，求电路中电感电流 $i_L(t)$ 和电压 $u_L(t)$ 的表达式。

解： 在开关 S 闭合前电路已处于稳态，故有

$$i_L(0_-) = \frac{U_S}{R_1 + R_2} = \frac{100}{150 + 50}\text{A} = 0.5\text{A}$$

根据换路定则，电感电流的初始值为

$$I_0 = i_L(0_+) = i_L(0_-) = 0.5\text{A}$$

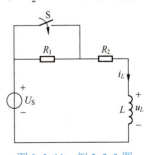

图 3-2-11 例 3-2-3 图

开关 S 闭合后，R_1 被短路，电路的时间常数为

$$\tau = \frac{L}{R_2} = \frac{2}{50}\text{s} = 0.04\text{s}$$

由式（3-2-8）得全响应时的电感电流 $i_L(t)$ 的表达式为

$$i_L(t) = I_0 e^{-\frac{t}{\tau}} + \frac{U_S}{R_2}(1 - e^{-\frac{t}{\tau}}) = \left[0.5 e^{-\frac{t}{0.04}} + \frac{100}{50}(1 - e^{-\frac{t}{0.04}})\right]\text{A} = (2 - 1.5 e^{-25t})\text{A}$$

所以，电压 $u_L(t)$ 的表达式为

$$u_L(t) = L\frac{di_L(t)}{dt} = L[-1.5 \times (-25)e^{-25t}] = 2 \times 1.5 \times 25 e^{-25t}\text{V} = 75 e^{-25t}\text{V}$$

3.2.2　一阶电路的三要素法

3-2-5
三要素法视频

由前面的分析可知，在分析一阶电路的暂态过程中，无论一阶电路的初始状态如何，初始值是多少，电路是充电过程还是放电过程，任何电压和电流随时间的变化规律均可以用式（3-2-9）表示：

$$f(t) = f(\infty) + [f(0_+) - f(\infty)]e^{-\frac{t}{\tau}} \qquad (3\text{-}2\text{-}9)$$

式中，$f(0_+)$ 和 $f(\infty)$ 分别是暂态过程中电路变量的初始值和稳态值，τ 是暂态过程的时间常数。由此可见，只要求出这三个量就可以根据式（3-2-9）得到暂态过程中任何变量的变化规律，故这三个量称为三要素，这种方法称为三要素法。

三要素法简单易算，尤其是一些较为复杂的一阶电路。三要素法的一般步骤如下：

1）画出换路前（$t = 0_-$）的等效电路，求出电容电压 $u_C(0_-)$ 或电感电流 $i_L(0_-)$。

2）求初始值 $f(0_+)$。根据换路定则 $u_C(0_+) = u_C(0_-)$，$i_L(0_+) = i_L(0_-)$，画出换路瞬间（$t = 0_+$）的等效电路（<u>换路瞬间的电容相当于理想电压源，电感相当于理想电流源</u>），求出响应电压或电流的初始值 $u(0_+)$ 或 $i(0_+)$，即 $f(0_+)$。

3）求稳态值 $f(\infty)$。画出 $t = \infty$ 时的新稳态等效电路（<u>稳态时电容相当于断路，电感相当于短路</u>），求出响应电压或电流的稳态值 $u(\infty)$ 或 $i(\infty)$，即 $f(\infty)$。

4）求时间常数 τ。$\tau = RC$ 或 $\tau = L/R$，其中 R 是换路后断开动态元件 C 或 L，从动态元件两端看过去，用戴维南定理或诺顿定理等效电路求得的等效电阻。

5）将求得的三要素代入式（3-2-9）即可得到电压或电流的暂态过程表达式。

【例 3-2-4】　如图 3-2-12 所示电路，已知 $U_S = 180\text{V}$，$R_1 = 30\Omega$，$R_2 = 60\Omega$，$C = 0.1\text{F}$，电容电压为 $U_0 = 60\text{V}$。开关 S 在 $t = 0$ 时闭合，求电路中电容电压 $u_C(t)$ 和电流 $i_C(t)$。

解：（1）初始值　根据已知条件可知，有

$$u_C(0_-) = U_0 = 60\text{V}$$

根据换路定则，电容电压的初始值为

$$u_C(0_+) = u_C(0_-) = U_0 = 60\text{V}$$

在 $t = 0_+$ 时开关闭合的瞬间，电容相当于一个 60V 的电压源，此时的等效电路如图 3-2-13 所示，根据 KVL 可求得电流的初始值为

$$U_S = i(0_+)R_1 + 60$$

$$i(0_+) = 4\text{A}$$

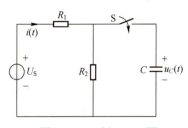

图 3-2-12 例 3-2-4 图

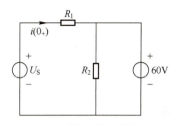

图 3-2-13 换路瞬间的等效电路

（2）稳态值 $t = \infty$ 时，电容相当于断路，电路的等效电路如图 3-2-14 所示。响应电压 $u_C(\infty)$ 和电流 $i(\infty)$ 为

$$u_C(\infty) = \frac{U_S}{R_1 + R_2} R_2 = \frac{180}{30 + 60} \times 60\text{V} = 120\text{V}$$

$$i(\infty) = \frac{U_S}{R_1 + R_2} = \frac{180}{30 + 60}\text{A} = 2\text{A}$$

（3）时间常数 R 是换路后的电路中从电容两端看过去的等效电阻，其中电压源做短路处理，如图 3-2-15 所示。

$$R = R_1 // R_2 = 20\Omega$$

$$\tau = RC = 20 \times 0.1\text{s} = 2\text{s}$$

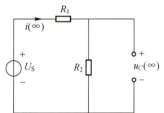

图 3-2-14 $t=\infty$ 时的等效电路

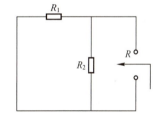

图 3-2-15 等效电阻

由式（3-2-9）得电容电压 $u_C(t)$ 和电流 $i_C(t)$ 的表达式分别为

$$u_C(t) = u_C(\infty) + [u_C(0_+) - u_C(\infty)]e^{-\frac{t}{\tau}} = [120 + (60-120)e^{-\frac{t}{2}}]\text{V} = (120 - 60e^{-\frac{t}{2}})\text{V}$$

$$i(t) = i(\infty) + [i(0_+) - i(\infty)]e^{-\frac{t}{\tau}} = [2 + (4-2)e^{-\frac{t}{2}}]\text{A} = (2 + 2e^{-\frac{t}{2}})\text{A}$$

[知识拓展]电源技术发展方向

电源技术重点创新领域包括风电、太阳能发电、海洋能发电、分布式发电等清洁能源发电技术。风电技术向着大型化、低风速、适应极端气候条件、深海发电以及风功率精确预测、电网友好型风电场发展。太阳能发电技术主要研发高转化效率光伏材料，制造和安装趋向薄片化、简易化；发展太阳能追踪技术，提高太阳能利用率；光伏电站并网控制技术向着更可控、更智能方向发展，提高光热发电容量、降低发电成本。海洋能发电尚处于试验示范阶段，未来应重点研究海洋能的经济开发利用。分布式电源作为全球能源互联网的重要组成部分，向系统更友好、更可控方向发展。

[练习与思考]

一、填空题

1. 一阶 RL 电路的时间常数 $\tau=$ _____，时间常数 τ 的数值越大，暂态过程所经历的时间越_____。
2. 在稳态电路中，电容相当于_____，电感相当于_____。
3. 一阶电路的三要素包括：_____、_____ 和 _____。
4. 已知某电路电容电压的全响应为 $u_C(t)=(10-4e^{-10t})$V，则其稳态值 $u_C(\infty)=$ _____V，初始值 $u_C(0_+)=$ _____V，时间常数 $\tau=$ _____s。

二、判断题（正确的打√，错误的打×）

1. 在任何情况下，电路中的电感相当于短路。（   ）
2. 一阶 RL 电路的零输入响应是电感充电的过程。（   ）
3. 一阶 RL 电路的零状态响应是电感放电的过程。（   ）
4. 在一阶电路中，电感的充电时长要比放电时长短。（   ）

三、计算题

1. 如图 3-2-16 所示电路，已知 $U_S=100$V，$R=10\Omega$，$L=0.5$H。当 $t=0$ 时，开关 S 闭合，试求：
   (1) S 闭合后电流的初始值 $i(0_+)$ 和时间常数 τ；
   (2) 当 S 接通 0.1s 时电感中的电流值。

2. 如图 3-2-17 所示电路，已知 $U_S=6$V，$L=1$H，$R_1=1\Omega$，$R_2=2\Omega$。在 $t=0$ 时，打开开关 S，求电感电流 $i_L(t)$ 和电压 $u_L(t)$。

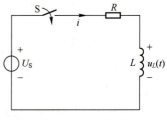

图 3-2-16 题 1 图

3. 如图 3-2-18 所示电路，已知 $U_S=180$V，$R_1=R_3=10\Omega$，$R_2=40\Omega$，$L=0.1$H。试求当 $t=0$ 时，开关 S 闭合后电感中的电流 $i_L(t)$。

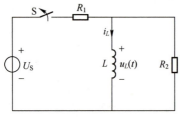

图 3-2-17 题 2 图

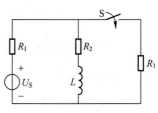

图 3-2-18 题 3 图

项目 4　磁路测试和分析

教学导航

本项目介绍磁路测试和分析。电路是电工技术研究的主要对象，但是在很多电工设备中不仅有电路问题，还有磁路问题，所以只有掌握了电路和磁路的基本原理，才能对电工设备做出全面的分析。

磁路和电路都必须形成回路，电路是带电微粒运动回路，一般是电子运动的回路，而磁路是磁感线的回路；电路必须有供电子移动的导线（绝缘体导电能力弱），而磁路必须有供磁感线传导的铁磁性材料（非铁磁性材料导磁性能弱）；电路必须有电源，而磁路必须有产生磁场的电流或永久磁铁。

丹麦科学家奥斯特发现电流磁效应（电生磁），而英国科学家法拉第发现了电磁感应现象（磁生电），说明电和磁是有关系的，是互相关联的。荷兰科学家洛伦兹发现运动电荷在磁场中受到力的作用，而法国科学家安培发现通电导线在磁场中受到力的作用。根据电流磁效应人们发明了电磁铁、电磁继电器、磁悬浮列车、航母舰载机电磁弹射装置等；根据电磁感应人们发明了发电机、电磁炉、无接触式充电电池、变压器等；根据通电导线在磁场中受到力的作用人们发明了电动机等。由此可知，磁路知识对整个电工技术的发展起到极大的推动作用。

任务 1　磁性材料与磁路应用

[任务导入]

有报纸曾报道过一则消息：上海的信鸽从内蒙古放飞后，历经 20 余天，返回上海市的巢，信鸽为什么会有这种惊人的远距离辨认方向的本领？除了天然磁石外，人们还可以怎样获得磁场？磁场的强弱如何定义？常用的铁磁性材料有哪些？为什么绕在铁心上的线圈磁场增大后，电感也会变大？和电路相比较，磁路有哪些基本定律？磁生电的条件是什么？电磁力的大小跟什么有关？完成任务 1 的学习后这些问题将得到很好的解答。

[学习目标]

1) 了解磁路的基本物理量。
2) 了解常用的铁磁性材料及其特性。
3) 掌握磁路基本定律。
4) 掌握基本电磁定律。

[工作任务]

识别常见硅钢片形状并测量其尺寸，探究电流磁效应及电磁力大小跟什么因素有关，探究电磁感应条件。

[任务实施]

1. 硅钢片认知

教师介绍几种电动机与变压器中常用的硅钢片形状，让学生测量硅钢片单片厚度并填入表 4-1-1 中。

表 4-1-1 常用硅钢片形状及用途

硅钢片形状					
名称	EI 型	C 型	UI 型	口型	O 型
主要用途	EI 型硅钢片主要用于工频（低频）变压器（50Hz 或 60Hz）、电源变压器、音频变压器	C 型硅钢片主要用于制作体积小、重量轻、效率高的变压器	UI 型硅钢片主要用于制作结构紧凑、绝缘度高、重量轻、高度低、插片方便的低频变压器	口型硅钢片常在功率为 500~1000W 的变压器中使用，它绝缘性能好，易于散热	O 型硅钢片主要用于电动机定子槽
硅钢片厚度					

2. 探究电流磁效应

让学生自制两个简易电磁铁，使用铁钉作为铁心，按照图 4-1-1 连接电路。

1）首先使滑动变阻器位于最大电阻值处，闭合开关 S，观察甲、乙两个电磁铁吸引大头针的数量，然后把滑动变阻器分别调到大约 3/4、1/2、1/4 电阻值位置处，再次观察甲、乙两个电磁铁吸引大头针的数量，将结果记录到表 4-1-2 中，并分析实验结果，得出结论。

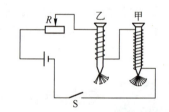

图 4-1-1 电流磁效应实验电路图

表 4-1-2 电流磁效应记录表 1

滑动变阻器电阻值	R_{max}	$3R_{max}/4$	$R_{max}/2$	$R_{max}/4$
甲电磁铁吸引大头针数量				
乙电磁铁吸引大头针数量				
结论				

2）把直流电池换成有效值相同的交流电再次重复步骤 1），将结果记录到表 4-1-3 中，并分析实验结果，得出结论。

表 4-1-3 电流磁效应记录表 2

滑动变阻器电阻值	R_{max}	$3R_{max}/4$	$R_{max}/2$	$R_{max}/4$
甲电磁铁吸引大头针数量				
乙电磁铁吸引大头针数量				
结论				

3）把大头针换成如图 4-1-2 所示的小磁针，将小磁针分别放在甲、乙两块电磁铁上、下、

左、右不同的位置，观察小磁针 N 极的指向。

3. 探究电磁力大小

1）如图 4-1-3 所示，把用两根橡皮筋悬挂的细金属棒水平处于自制电磁铁磁场中，用 1.5V 电池串联一个 1000Ω 的电阻后让电流从 A 流向 B，观察金属棒的运动情况，改变电流方向后再次观察金属棒的运动情况。

图 4-1-2　小磁针

图 4-1-3　电磁力实验

2）重复步骤 1），把 1000Ω 电阻换成 200Ω 电阻后让电流从 A 流向 B，观察金属棒的运动情况，改变电流方向后再次观察金属棒的运动情况。

4. 探究电磁感应现象

如图 4-1-4 所示，把用两根橡皮筋悬挂的细金属棒水平处于蹄形磁铁磁场中，闭合开关，使甲装置中的细金属棒左右运动，观察乙装置中细金属棒的运动情况；再使甲装置中的细金属棒上下运动，观察乙装置中细金属棒的运动情况；改变甲装置中细金属棒的运动速度，观察乙装置中细金属棒的运动情况。

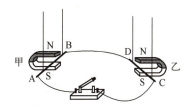

图 4-1-4　电磁感应实验电路

[总结与提升]

铁磁性材料的导磁性能比较好，线圈中插入铁磁材料后铁磁性材料会被磁化，磁场强度增加。人们利用电流的磁效应制成不同的电磁铁，有直流的，也有交流的，直流电磁铁只有电阻，因为频率为零，所以电抗为零，交流电磁铁的阻抗是它本身直流电阻和交流电抗的叠加。同功率的交直流电磁铁比较时，直流电磁铁发热较大、匝数多、导线细、直流电阻大，交流电磁铁匝数少、导线粗、直流电阻小。

磁场越强，导线通过的电流越大，导线受到的电磁力越大；闭合电路的部分导体在磁场中切割磁感线就会产生感应电流，如果部分导体切割磁感线但电路不闭合，则只有感应电动势产生。

[知识链接]

4.1　磁路

> 好读书，读好书，真正使读书学习成为工作、生活的重要组成部分，使一切有益的知识和文化入脑、入心。

4.1.1 磁场的几个基本物理量

1. 磁场

人们最早发现的磁体是天然磁石,现在使用的磁体多为铁、钴、镍等金属或用某些氧化物制成的人造磁体。天然磁石和人造磁体都叫永磁体,它们都能吸引铁质物体,人们把这种性质叫作磁性,磁铁的各部分磁性强弱不同,磁性最强的区域叫作磁极。自然界中的磁体总存在两个磁极,磁体上两个磁极为 N 极与 S 极,磁极间的相互作用为:同名磁极相互排斥、异名磁极相互吸引。

4-1-1
磁路基本物理量

自然界中的磁铁存在两个磁极,同样自然界中也存在两种电荷,丹麦物理学家奥斯特相信电与磁之间存在某种关系,通过大量实验,奥斯特发现通电导体对磁体有力的作用,后来安培等人又做了大量实验,发现不仅通电导体对磁体有力的作用,磁体对通电导线也有力的作用,任意两根通电导线之间也有力的作用,这些相互作用是通过磁场发生的。因此磁场是存在于磁体、运动电荷周围的一种物质。磁场的基本特性是:对处于其中的磁体、电流、运动电荷有力的作用。

2. 磁感应强度与电磁力

巨大的电磁铁能吸起成吨的钢铁,实验室中的小磁铁却只能吸起几枚铁钉。磁体磁性的强弱用磁感应强度来表示,磁感应强度又叫磁通密度,它是表示磁场内某点磁场强弱的物理量,其大小用通过垂直于磁场方向单位面积的磁感线数目表示,符号为 B。为了具体描述磁场的大小,定义在磁场中垂直于磁场方向的通电导线受到的电磁力(也叫磁场力)F 与电流 I 和导线长度 l 的乘积 Il 的比值,叫作通电导线所在处的磁感应强度,即

$$B = \frac{F}{Il} \qquad (4\text{-}1\text{-}1)$$

磁感应强度 B 在国际单位制(SI)中的单位是特斯拉,简称特,符号为 T,工程上常沿用高斯(Gs)为单位,其换算关系为 $1T=10^4 Gs$。磁场最基本的性质是对其中的电流或磁极有力的作用,电流垂直于磁场时电磁力最大,电流与磁场方向平行时,电磁力为零。

 注意:

1)磁感应强度是表示磁场强弱的物理量,既有大小又有方向,是矢量。

2)磁感应强度的值可由式(4-1-1)计算得到,B 的大小由磁场本身决定,磁场中某一点确定了,则该处磁感应强度的大小也就确定了,且与该处是否放通电导线无关。应用式(4-1-1)时应注意通电导线电流 I 与 B 垂直,若 I 与 B 不垂直,假设两者间夹角为 θ,则式(4-1-1)变为

$$B = \frac{F}{Il\sin\theta} \qquad (4\text{-}1\text{-}2)$$

3)某点磁感应强度方向是假设该点放置一个小磁针,小磁针静止时 N 极的指向,不是该点导线受力方向,也不是正电荷受力方向,更不是电流方向。

4)磁感应强度处处大小相等、方向相同的磁场称为匀强磁场。

5)空间某点如果同时存在两个以上电流或磁体激发的磁场,则该点的磁感应强度是各电流或磁体在该点激发的磁场的磁感应强度的矢量和,满足矢量运算法则。

通电导线受到的电磁力方向通过左手定则确定。左手定则的判断方法为：磁感线穿过左手掌心，四指指向电流方向，则大拇指所指的方向即为电磁力方向，如图 4-1-5 所示。

【例 4-1-1】 一段通电直导线长 1cm，导线中电流为 5A，把它放入磁场中某点时所受磁场力大小为 0.1N，讨论该点的磁感应强度大小。

解： 当通电直导线电流 I 垂直于磁感应强度 B 时，由式（4-1-1）可知，B=0.1/(5×0.01)T=2T。当通电直导线电流 I 与 B 不垂直时，设 B 与 I 的夹角为 θ，则由式（4-1-2）可知，$B\sin\theta$=2T，因而 B=(2/$\sin\theta$)T≥2T。

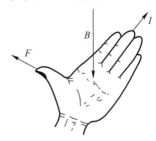

图 4-1-5 电磁力左手定则

3. 磁感线

为了描述磁场的强弱与方向，人们想象在磁场中画出的一组有方向的曲线，叫**磁感线**，也叫磁力线。其特点如下：

1）磁感线的疏密表示磁场的强弱。
2）每一点切线方向表示该点磁场的方向，即磁感应强度的方向。
3）磁感线是闭合的曲线，在磁体外部由 N 极指向 S 极，在磁体内部由 S 极指向 N 极，磁感线互不相切也不相交。
4）匀强磁场的磁感线平行且距离相等，没有画出磁感线的地方不一定没有磁场。

4. 通电导线的磁场

不仅永久磁体有磁场，凡是电流均会在其周围产生磁场，即"电生磁"。常见永久磁体的磁场如图 4-1-6a、b 所示。电流的磁场满足安培定则。

直线电流的安培定则： 右手握住导线，让伸直的拇指所指方向与电流的方向一致，弯曲的四指所指的方向就是磁感线的环绕方向，如图 4-1-6c 所示。**环形电流的安培定则：** 让右手弯曲的四指与环形电流的方向一致，伸直的拇指所指方向就是环形导线轴线上磁感线的方向，如图 4-1-6d 所示。**通电螺线管的安培定则：** 右手握住螺线管，让弯曲的四指所指的方向跟电流的方向一致，伸直的拇指所指方向就是螺线管内部磁感线的方向，如图 4-1-6e 所示。

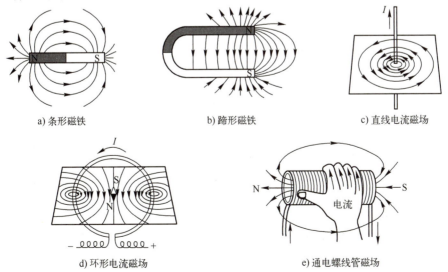

a) 条形磁铁　　b) 蹄形磁铁　　c) 直线电流磁场

d) 环形电流磁场　　e) 通电螺线管磁场

图 4-1-6 永久磁体与通电导线的磁场

5．磁通量

在磁场中，穿过任意面积的磁感线总量称为该截面的磁通量，简称磁通，符号为 Φ，用公式表示为

$$\Phi = \int_s B \mathrm{d}S \tag{4-1-3}$$

匀强磁场中，磁通量等于<u>磁感应强度 B 与垂直于磁场方向的面积 S</u> 的乘积，式（4-1-3）可简化为

$$\Phi = BS \tag{4-1-4}$$

磁通量是一个标量，它的单位在 SI 中为韦伯，简称韦，符号为 Wb，有时沿用麦克斯韦（Mx）为单位，其换算关系为 $1\mathrm{Wb}=10^8\mathrm{Mx}$。当 B 与 S 垂直时，式（4-1-4）才成立，当 B 与 S 不垂直时，θ 是 B 与 S 的夹角，则 $\Phi=BS\sin\theta$，$S\sin\theta$ 为与磁场垂直的投影平面面积。在匀强磁场中，磁感应强度可以表示为单位面积上的磁通量：$B=\Phi/S$。

【**例 4-1-2**】 如图 4-1-7 所示，匀强磁场的磁感应强度 $B=2.0\mathrm{T}$，指向 x 轴的正方向，且 ab=40cm，bc=30cm，ae=50cm，求通过面积 S_1（abcd）、S_2（befc）和 S_3（aefd）的磁通量 Φ_1、Φ_2、Φ_3。

解： 根据 $\Phi=BS\sin\theta$，可知各面积的磁通量分别为

$$\Phi_1=BS_1=2.0\times40\times30\times10^{-4}\mathrm{Wb}=0.24\mathrm{Wb}$$

$$\Phi_2=0\mathrm{Wb}$$

$$\Phi_3=\Phi_1=BS_1=2.0\times40\times30\times10^{-4}\mathrm{Wb}=0.24\mathrm{Wb}$$

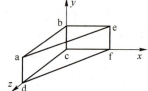

图 4-1-7　例 4-1-2 图

6．磁场强度与磁导率

电流磁场的强弱与产生它的电流有关，例如对结构一定的长螺线管来说，电流增大时，磁场中各点的磁感应强度 B 必然增加。另外，磁场的强弱还与磁场中的磁介质有关，例如铁心线圈比空心线圈的磁场强，这是由于磁介质具有一定的磁性，产生了附加磁感应强度 B'，若导线电流在真空中（无磁介质）某点产生的磁感应强度为 B_0，则磁场中有磁介质时，该点的磁感应强度为 $B=B'+B_0$。

实际电工设备中的磁路常是由多种磁性材料构成的，在分析计算各种磁性材料中磁感应强度与电流的关系时，还要考虑磁介质的影响，为了区别电流与磁介质对磁场的影响以及工程计算上的方便，引入一个仅与导线中电流和导线结构有关而与磁介质无关的物理量，即磁场强度。当磁介质各向同性时，磁场中每一点的磁场强度与磁感应强度方向相同，且有

$$H=\frac{B}{\mu} \tag{4-1-5}$$

式中，H 为磁场强度，单位为安培每米（A/m）；μ 为磁介质的磁导率，单位是亨利每米（H/m）。

磁场强度也是一个反映磁场强弱的物理量，<u>是磁场中与介质磁导率无关的量，无论磁场处在什么介质情况下，磁场强度 H 都相同</u>，而磁感应强度 B 随介质的不同差异很大。磁场强度是一个矢量，其方向与该点磁感应强度方向一致。

磁导率是表示一种磁介质导磁性能强弱的物理量，在电流大小及导体的几何形状一定的情况下，磁导率越大，对磁感应强度的影响就越大。用磁导率可以方便、准确地衡量物质的导磁能力，并以此把物质分为磁性材料和非磁性材料。由式（4-1-5）可得真空中的磁感应强度为

$B_0=\mu_0 H$,其中 μ_0 为真空中的磁导率,由实验测得真空中的磁导率为一常数,即 $\mu_0=4\pi\times10^{-7}$H/m。不同介质的磁导率不同,为了比较各种物质的导磁性能,将任意物质的磁导率与真空中的磁导率的比值称为该物质的相对磁导率,用 μ_r 表示,即

$$\mu_r = \mu/\mu_0 \tag{4-1-6}$$

相对磁导率没有单位,它随磁介质的种类不同而不同,其数值反映了磁介质磁化后对原磁场的影响程度,它是描述磁介质本身特性的物理量。表 4-1-4 为实验测定的几种常见材料的相对磁导率。

表 4-1-4 几种常见材料的相对磁导率

材料	相对磁导率	材料	相对磁导率
钴	174	已经退火的铁	7000
未经退火的铸铁	240	变压器钢片	7500
已经退火的铸铁	620	在真空中融化的电解铁	12950
镍	1120	镍铁合金	60000
软钢	2180	"C"型坡莫合金	115000

不同材料的相对磁导率相差很大,按相对磁导率的数值不同,可将磁介质分为 3 类:

1) $\mu_r>1$,且与 1 相差不大的磁介质称为顺磁性物质,如铝、镁等,在这类物质中产生的磁场比真空中稍强。

2) $\mu_r<1$,且与 1 相差不大的磁介质称为逆磁性物质(或抗磁质),如铜、银等,在这类物质中产生的磁场比真空中弱。

3) $\mu_r \gg 1$ 的磁介质称为铁磁性物质,如铁、钴、镍及其合金,在这类物质中产生的磁场比真空中产生的磁场强千倍甚至万倍以上,通常把铁磁性物质称为强磁性物质,其在电工技术方面得到了广泛的应用。

4.1.2 常用铁磁材料及其特性

在电动机和变压器中,要求在一定的励磁电流下产生较强的磁场,以减小其体积和重量,所以电动机和变压器铁心都采用磁导率较高的铁磁材料制成。

4-1-2 常见铁磁材料及其特性

1. 铁磁材料的磁化

铁磁材料可看作由无数小的磁畴组成,铁磁材料在不受外磁场作用时,这些磁畴的排列杂乱无章,其磁效应相互抵消,对外不显示磁性。当铁磁材料受到外磁场作用时,磁畴在外磁场作用下,轴线趋于一致,内部形成一附加磁场,叠加在外磁场上,使合成磁场大为增强。铁磁材料在外磁场作用下呈现很强磁性的现象,叫作铁磁材料的磁化,如图 4-1-8 所示。

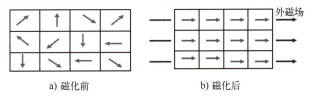

a) 磁化前   b) 磁化后

图 4-1-8 铁磁材料的磁化

正是由于铁磁材料具有磁化特性，才使其磁导率较非铁磁材料大得多。所以，磁化是铁磁材料的重要特性之一。

2. 磁化曲线和磁滞回线

材料的磁化特性可用磁化曲线来表示。磁化曲线是表示磁场强度 H 与磁感应强度 B 之间关系的特性曲线。对于空气等非铁磁材料，磁感应强度 B 与磁场强度 H 之间呈线性关系，即磁化曲线为一条直线，如图 4-1-9 中①所示。铁磁材料的磁感应强度 B 与磁场强度 H 之间呈非线性关系，磁化曲线为一条曲线，如图 4-1-9 中②所示。

（1）起始磁化曲线　对尚未磁化的完全去磁的铁磁材料进行磁化，磁场强度 H 从 0 开始逐渐增大，磁感应强度 B 也从 0 开始逐渐增加，得到的曲线 $B=f(H)$ 称为起始磁化曲线。图 4-1-9 曲线②为铁磁材料的起始磁化曲线，大致可分为 4 段。

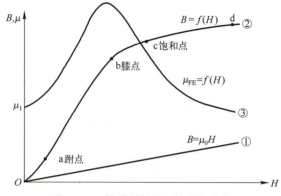

图 4-1-9　铁磁材料的起始磁化曲线

第 1 段：图 4-1-9 中 Oa 段，这一段 H 从 0 开始增加，值较小，即外磁场较弱，磁感应强度 B 增大缓慢，此阶段材料磁导率较小。

第 2 段：图 4-1-9 中 ab 段，这一段中随着外磁场的增强，材料内部大量磁畴开始转向，趋向于与外磁场方向一致，所以磁感应强度 B 很快增大，B 与 H 近似为线性关系，磁导率迅速增大且达到最大值。

第 3 段：图 4-1-9 中 bc 段，随着外磁场继续增强，大部分磁畴已趋向外磁场方向，可转向的磁畴越来越少，磁感应强度 B 增大变缓，磁导率随 H 的增大也开始变缓。这种随着磁场强度 H 的增加，磁感应强度 B 增加很小的现象称为磁饱和现象，通常称为饱和。

第 4 段：图 4-1-9 中 cd 段，在这一段中，虽然外磁场继续增强，但磁感应强度改变很小，其磁化曲线基本上与非铁磁材料的特性曲线 $B=\mu_0 H$ 平行。

由以上分析可知，铁磁材料的起始磁化曲线与非铁磁材料不同，由于其具有饱和性，是非线性的，在不同的磁感应强度下有不同的磁导率，即 $\mu_{FE}=B/H$ 随 H 大小变化而变化，如图 4-1-9 中曲线③所示。铁磁材料的饱和性，是其重要特性之一。在电动机和变压器设计中，为了产生较强的磁场，希望铁磁材料有较高的磁导率，而励磁磁势又不能太大，所以设计时通常把磁感应强度选在图 4-1-9 中 b 点附近，该点为磁化曲线的拐弯处，称为膝点。

（2）磁滞回线　若铁磁材料处于交变的磁场中，将进行周期性磁化，此时 B 和 H 之间的关系变为如图 4-1-10 所示的磁滞回线。

当磁场强度 H 从 0 增加到最大值 H_m 时，铁磁材料饱和，磁感应强度也为最大值 B_m；然后减小 H，B 不是沿着起始磁化曲线下降，而是沿曲线 ab 下降；当 H 减小到 0 时，$B=B_r$，不为

0。在去掉外磁场后，铁磁材料内还保留磁感应强度，把这时的磁感应强度 B_r 叫作剩余磁感应强度，简称剩磁。这种磁感应强度 B 的变化落后于磁场强度 H 变化的现象，叫作<u>磁滞现象</u>。要想使剩磁为 0，必须对材料反向磁化，即加上相应的反向磁场。当反向磁场降为 $-H_c$ 时，磁感应强度 B 降为 0，此时对应的磁场强度 H_c 称为矫顽力。剩磁 B_r 和矫顽力 H_c 是铁磁材料的两个重要参数。

磁滞现象是铁磁材料的又一个重要特性。由于存在磁滞现象，当对称交变的磁场强度在 $+H_m$ 和 $-H_m$ 之间变化，对铁磁材料反复磁化时，得到如图 4-1-10 所示的近似对称于原点的 B-H 闭合曲线 abcdefa，称为磁滞回线。

（3）基本磁化曲线　对同一铁磁材料，选择磁场强度不同的对称交变磁场进行反复磁化，可得到一系列磁滞回线，如图 4-1-11 所示。将各磁滞回线在第 1、3 象限的顶点连接起来，所得到的曲线称为基本磁化曲线。

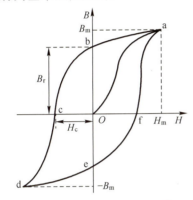

图 4-1-10　铁磁材料的磁滞回线

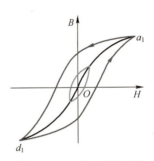

图 4-1-11　基本磁化曲线

图 4-1-12 给出了铸铁、铸钢、硅钢片的磁化曲线，通过磁化曲线可以查出 H 对应的 B 值，并计算出相应的磁导率。

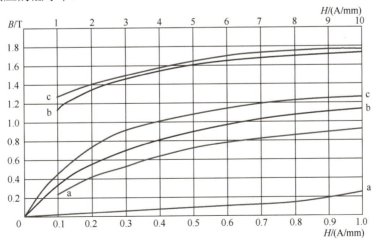

图 4-1-12　铸铁、铸钢、硅钢片的磁化曲线

a—铸铁　b—铸钢　c—硅钢片

【**例 4-1-3**】　某线圈用硅钢片做铁心，试求：(1) 当线圈中通以电流，铁心中磁场强度 H=700A/m 时材料的磁导率；(2) 若电流增大，铁心中的磁场强度 H=2000A/m 时，材料的磁导

率为多少？

解：（1）由图 4-1-12 可知，当 $H=700\text{A/m}=0.7\text{A/mm}$ 时，$B=1.2\text{T}$，这时的磁导率为

$$\mu = \frac{B}{H} = \frac{1.2}{700} \text{H/m} \approx 1.7 \times 10^{-3} \text{H/m}$$

（2）由图 4-1-12 可知，当 $H=2000\text{A/m}=2\text{A/mm}$ 时，$B=1.4\text{T}$，这时的磁导率为

$$\mu = \frac{B}{H} = \frac{1.4}{2000} \text{H/m} = 7 \times 10^{-4} \text{H/m}$$

该例题说明，磁场强度不同，铁磁物质所对应的磁导率也不同。

3．铁磁材料的分类

不同类型铁磁材料的磁滞回线如图 4-1-13 所示。

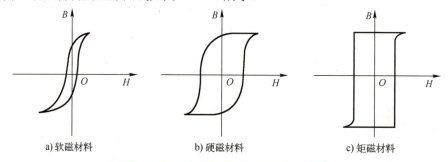

图 4-1-13　不同类型铁磁材料的磁滞回线

按照磁滞回线形状的不同，铁磁材料可分为三大类：软磁材料、硬磁（永磁）材料和矩磁材料。磁滞回线窄，剩磁和矫顽力都小的材料称为软磁材料，常用的软磁材料有纯铁、铸铁、铸钢、电工钢、硅钢等，这类材料的磁滞现象不明显，没有外磁场时磁性基本消失，磁导率高，常用于电动机和变压器铁心制造。磁滞回线宽，剩磁和矫顽力都大的材料称为硬磁材料，常用的硬磁材料有铁氧体、铝镍钴、稀土等，这类材料在被磁化后，剩磁较大且不容易消失，适合制作永磁体，因此又称为永磁材料，有的电动机采用永磁体来产生磁场，这类电动机称为永磁电动机。具有较小的矫顽力和较大的剩磁，磁滞回线接近矩形，稳定性良好的磁性材料称为矩磁材料，主要在计算机和控制系统中用作记忆元件、开关元件和逻辑元件，常用的矩磁材料有镁锰铁氧体等。

4．铁磁材料的铁损耗

带铁心的交流线圈中，除了线圈电阻上的功率损耗（铜损耗）外，由于其铁心处于反复磁化下，也将产生功率损耗，以发热的方式表现出来，称为铁损耗，简称铁耗。铁损耗有磁滞损耗和涡流损耗两部分。

（1）**磁滞损耗**　铁磁材料在交变磁场作用下，正反方向反复磁化，材料内部磁畴在不断运动过程中相互摩擦，消耗能量，引起材料发热，消耗功率，这种损耗称为磁滞损耗，计算式为

$$P_\text{h} = C_\text{h} V f B_\text{m}^n \tag{4-1-7}$$

式中，P_h 为磁滞损耗，单位为 W；C_h 为材料的磁滞损耗系数，与材料有关；V 为铁磁材料的体积，单位为 m^3；f 为产生磁通的交流电频率，单位为 Hz；B_m 为磁感应强度的最大值，单位为 T；n 由实验确定，对一般电工钢片取 $n=1.6 \sim 2.3$。

通过量纲分析可知，B-H 回路的面积正比于铁磁材料每个循环损耗的磁滞损耗，因此磁滞

损耗也可以表示为

$$P_h = VfS \qquad (4\text{-}1\text{-}8)$$

式中，S 为材料磁滞回线所包围的面积，由于硅钢片磁滞回线面积较小，所以电动机和变压器铁心常用硅钢片叠加而成，可以减小磁滞损耗。

（2）涡流损耗　由于铁磁材料也是导电体，在交变的磁场作用下，变化的磁通在铁心中感应电势并产生电流，这些电流在铁心内部环绕磁通呈旋涡状流动，称为涡流。涡流也会产生损耗，这种损耗称为涡流损耗。涡流损耗的大小与磁感应强度、磁场变化频率、垂直于磁场方向上材料的厚度及材料电阻率有关。

工程计算时，对于硅钢片叠加而成的铁心，常用如下经验公式计算：

$$P_e = C_e \Delta^2 V f^2 B_m^2 \qquad (4\text{-}1\text{-}9)$$

式中，P_e 为涡流损耗，单位为 W；C_e 是与材料的电阻率、几何尺寸有关的系数，由实验测定；Δ 为硅钢片的厚度，单位为 m；V 为铁心的体积，单位为 m³。

涡流损耗降低了电器设备的效率，涡流还会削弱铁心内部的交变磁场，为了减小涡流及其损耗，交流电工设备中的铁心不采用整块铁磁材料，而是用片间绝缘的薄钢片沿着磁场方向叠成。此外，通常所用的薄硅钢片（0.35~0.5mm）中含有少量的硅（0.8%~4.8%），使电阻率显著增大，也可以减小涡流损耗。涡流也有其可利用的一面，例如，可利用涡流的热效应对金属进行热处理，还可以利用涡流与磁场相互作用产生电磁力的原理制成感应系仪表等。铁磁材料中，磁滞损耗和涡流损耗总是同时存在，计算铁损耗时必须同时考虑这两种损耗。

 注意：　直流电路中，铁磁材料没有磁滞损耗和涡流损耗，铁心可以使用整块铁磁材料制成。

4.1.3　磁路基本定律

1. 磁路的概念

如图 4-1-14 所示，当线圈中通过电流时，铁心被磁化，使得其中的磁场大大增强，通电线圈产生的磁通主要集中在由铁心构成的闭合路径中，这种磁通集中通过的路径称为磁路，用于产生磁场的电流称为励磁电流，通过励磁电流的线圈称为励磁线圈，有时也称为励磁绕组。若励磁电流为直流，磁路中的磁通恒定，不随时间变化而变化，这种磁路称为直流磁路；若励磁电流为交流，磁路中的磁通是交变的，随时间变化而变化，这种磁路称为交流磁路。

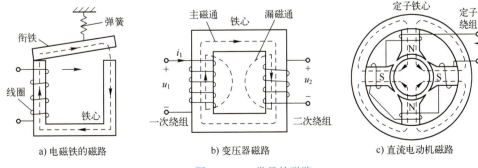

图 4-1-14　常见的磁路

2. 安培环路定理

安培环路定理又称为全电流定律,即:在磁路中,沿任一闭合路径,磁场强度矢量的线积分,等于该闭合回路所包围电流的代数和,用公式表示为

$$\oint_L Hl = \sum Ni \tag{4-1-10}$$

式中,N 为闭合路径所交链的线圈匝数。

当电流的方向与闭合路径的环形方向符合右手螺旋定则时,电流 i 取正号,否则取负号。若沿着闭合回路,<u>磁场强度 H 的方向总在切线方向,且大小处处相等</u>,则有

$$Hl = Ni \tag{4-1-11}$$

3. 磁路欧姆定律

由于磁场强度等于磁感应强度除以磁导率,即 $H=B/\mu$,<u>在匀强磁场中有磁感应强度 $B=\Phi/S$</u>,所以有

$$F = Ni = Hl = \frac{B}{\mu}l = \frac{\Phi}{\mu S}l = \Phi \frac{l}{\mu S} = \Phi R_m = \frac{\Phi}{\Lambda} \tag{4-1-12}$$

式中,$F=Ni$ 为作用在铁心磁路上的安匝数,称为磁路的磁动势,简称磁势,单位为 A,它是造成磁路中有磁通的根源;Hl 为该匀强磁场中在闭合路径长度为 l 上的磁位差,也叫磁压,用符号 U_m 表示,单位为 A;$R_m = l/(\mu S)$ 为磁路的磁阻,单位为 H^{-1};$\Lambda = 1/R_m$ 为磁路的磁导,单位为 H。

式(4-1-12)也可用于某段磁路中,沿磁路的中心线(即平均长度线)各点的磁场强度 H 的大小相同,且 H 的方向处处与中心线一致的情况。

作用在磁路上的总磁动势 F 等于磁路内磁通 Φ 与磁路磁阻 R_m 的乘积,它与电路中的欧姆定律在形式上十分相似,称为磁路的欧姆定律。其中,磁动势 F 与电路中电动势 E 对应,磁通 Φ 与电路中的电流对应,则磁阻 R_m 与电路中的电阻对应。磁阻与磁路的平均长度 l 成正比,与磁路的截面面积 S 及构成磁路材料的磁导率成反比。值得注意的是,铁磁材料的磁导率 μ 不是常数,所以由铁磁材料构成的磁路的磁阻也不是常数,而是随着磁路中磁感应强度的大小而变化,即铁磁材料的磁路具有非线性。

【例 4-1-4】 已知某材料的长度为 0.05m,截面面积为 $0.012m^2$,磁导率为 $3500\mu H/m$,那么该材料的磁阻为多少?

解:$R_m = \dfrac{l}{\mu S} = \dfrac{0.05}{3500 \times 10^{-6} \times 0.012} H^{-1} \approx 1190 H^{-1}$。

【例 4-1-5】 匀强磁场的磁感应强度为 0.5T,介质是空气,与磁场方向平行的线段长为 10cm,求这一线段上的磁压。

解:磁场强度为

$$H = \frac{B}{\mu} = \frac{B}{\mu_0} = \frac{0.5}{4\pi \times 10^{-7}} A/m \approx 3.98 \times 10^5 A/m$$

磁压 $U_m = Hl = 3.98 \times 10^5 \times 10 \times 10^{-2} A = 3.98 \times 10^4 A$。

【例 4-1-6】 图 4-1-15 所示为一铸钢磁路,横截面均匀,$S=6cm^2$,磁路的平均长度为 40cm,$N=1000$ 匝。若在此磁路中开有长度为 0.2cm 的空气隙,当气隙中的磁感应强度 $B=1T$

时，试求空气隙及铁心的磁阻。

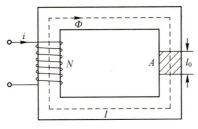

图 4-1-15 例 4-1-6 图

解：因空气隙较小，截面面积可近似取 6cm^2，空气隙的磁阻为

$$R_{m0} = \frac{l_0}{\mu_0 S_0} = \frac{0.2 \times 10^{-2}}{4\pi \times 10^{-7} \times 6 \times 10^{-4}} \text{H}^{-1} \approx 2.65 \times 10^6 \text{H}^{-1}$$

由图 4-1-12 铸钢的磁化曲线数据查得：当 $B=1\text{T}$ 时，$H=0.65\text{A/mm}=650\text{A/m}$，铁心的平均长度近似取 40cm，因此铁心磁阻为

$$R_m = \frac{l}{\mu S} = \frac{Hl}{BS} = \frac{650 \times 40 \times 10^{-2}}{1 \times 6 \times 10^{-4}} \text{H}^{-1} \approx 4.3 \times 10^5 \text{H}^{-1}$$

由以上计算可知：空气隙的气隙长度虽然很小，但空气隙的磁导率很小，导致空气隙磁阻很大，因此在磁路中若有空气隙存在，会使磁阻大大增加，导致空气隙的磁阻占整个磁路磁阻的大部分。

4．磁路基尔霍夫第一定律

如果铁心不是一个简单的闭合回路，而是带有并联分支的分支磁路，就形成了磁路的节点。当忽略漏磁通时，在磁路中任何一个节点处，磁通的代数和恒等于 0，即 $\sum \Phi = 0$，这就是磁路基尔霍夫第一定律，也叫基尔霍夫磁通定律。该定律表明，在磁路中，一条支路上处处有相同的磁通 Φ，若在各分支磁路的连接处做一个闭合面，则穿过该闭合面的磁通 Φ 的代数和等于零。若将穿出闭合面的磁通 Φ 取负号，则穿入闭合面的磁通 Φ 应取正号。

如图 4-1-16 所示磁路中，3 条分支磁路中的磁通 Φ_1、Φ_2、Φ_3 分别通过截面 S_1、S_2、S_3，对于在其支路连接处所做的闭合面 S，有 $\Phi_1+\Phi_2-\Phi_3=0$。可见，磁路中的基尔霍夫磁通定律与电路中的 KCL 形式相似。

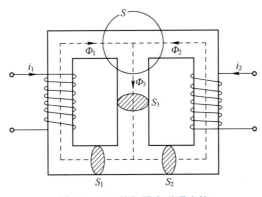

图 4-1-16 基尔霍夫磁通定律

5. 磁路基尔霍夫第二定律

在磁场中的任何一个闭合回路中，磁压降的代数和等于磁动势的代数和，这就是磁路的基尔霍夫第二定律，也叫基尔霍夫磁压定律，用公式表示为 $\sum U_m = \sum F_m$。磁场的方向与回路环行方向一致时，Hl 符号为正，否则为负；电流的方向与回路环行方向符合右手螺旋定则时，Ni 符号为正，否则为负。

具体应用时，可按照磁路的分段原则，将具有相同材料和截面且 H 相同的一段作为同一段磁路，如图 4-1-17 所示，将磁路分为 5 段，路径长度分别为 l_1、l_2、l_{31}、l_{32}、l_4，其中 l_{31} 和 l_{32} 具有相同的截面面积、磁导率和磁通，l_4 是气隙段。假设回路路径为顺时针，则对由 l_1、l_2 组成的闭合路径及由 l_1、l_{31}、l_4、l_{32} 组成的闭合路径，有

$$H_2 l_2 - H_1 l_1 = N_2 I_2 - N_1 I_1$$

$$H_1 l_1 + H_3 l_{31} + H_4 l_4 + H_3 l_{32} = N_1 I_1$$

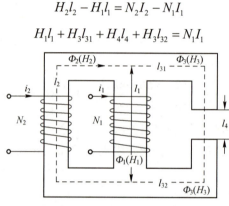

图 4-1-17　基尔霍夫磁压定律

6. 磁路与电路的比较

磁路与电路对照如表 4-1-5 所示。

表 4-1-5　磁路与电路对照

磁路		电路	
磁动势 $F=IN$	A	电动势 E	V
磁通 Φ	Wb	电流 I	A
磁感应强度 B	T	电流密度 J	A/m²
磁阻 $R_m = \dfrac{l}{\mu S}$	H^{-1}	电阻 $R = \rho \dfrac{l}{S}$	Ω
磁路欧姆定律	$\Phi = \dfrac{NI}{R_m}$	电路欧姆定律	$I = \dfrac{E}{R}$

磁路和电路在性质上不同，主要表现在：

1）导体的电阻率在一定温度下为常数，通常情况下认为电阻为常数，分析线性电路时可应用叠加定理。铁磁材料的磁导率不是常数，与磁路饱和程度有关，所以磁路的磁阻不是常数，也与磁路饱和程度有关，磁路计算中，只有当磁路不饱和时才可以使用叠加定理。

2）铁心磁路的这种非线性特性，对电动机的参数和性能有重要影响，磁阻或磁导率是定性分析这种影响时常用的概念。

3）电路中，可以有电动势而无电流，而且当电流流动时可认为电流只在导体中流过，导体外没有电流。磁路中，只要有磁动势，就一定有磁通，而磁通不是全部在铁心中通过，除了铁

心中的主磁通外，还有一部分漏磁通在铁心外的非铁磁材料中。

4）电路中，只要有电流，电阻上就有损耗。磁路中，有磁通却不一定有损耗，在磁通恒定的直流磁路中没有损耗，而在磁通交变的交流磁路中有铁耗，即磁滞损耗和涡流损耗。

4.1.4 电磁感应定律

1. 电磁感应定律

当穿过某一闭合导体回路的磁通发生变化（无论是何种原因的变化）时，导体回路中就会产生电流，这种现象称为电磁感应现象，产生的电流称为感应电流。如果穿过线圈的磁通发生变化，线圈的匝数为 N 匝，则线圈中感应电动势的大小与线圈匝数成正比，与单位时间内磁通的变化率成正比，可用式（4-1-13）表示：

$$e = -\frac{d\Psi}{dt} = -N\frac{d\Phi}{dt} \qquad (4-1-13)$$

式中，$\Psi=N\Phi$ 为穿过整个线圈的磁链，单位为 Wb。

感应电动势的方向取决于感应电动势在线圈中产生的电流方向，该电流所产生的磁场总是阻碍原来产生感应电动势的磁场的变化。

2. 变压器电动势

若线圈与磁场相对静止，线圈中的感应电动势是由于与线圈相交链的磁通随时间变化而产生的，这种感应电动势称为变压器电动势。变压器电动势公式同式（4-1-13）。

3. 运动电动势

如果磁场恒定（如直流励磁），线圈与恒定磁场在正交方向发生相对运动，线圈不动，磁场沿线圈垂直方向运动，或磁场不动，线圈沿磁场垂直方向运动，引起和线圈相交链的磁通发生变化，也会产生感应电动势，这样的电动势称为运动电动势。运动电动势可表示为

$$e = Blv \qquad (4-1-14)$$

式中，l 为线圈边在磁场中的有效长度，单位为 m；v 为线圈导体沿磁场垂直方向的运动速度，单位为 m/s。

运动电动势的方向由右手定则确定，具体判断方法为：伸开右手，使拇指与其余四指垂直，并且都与手掌在同一个平面内；让磁感线从掌心进入，拇指指向导线运动方向，这时四指所指方向就是感应电流或感应电动势的方向，如图 4-1-18 所示。

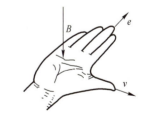

图 4-1-18 运动电动势右手定则

4. 自感电动势和互感电动势

（1）自感电动势　当线圈中有电流通过时，会产生与线圈自身交链的磁通 Φ_L。如果线圈中的电流随时间变化，根据电磁感应定律，变化的磁通 Φ_L 将在线圈中产生感应电动势，这种由于线圈自身电流变化而引起的感应电动势，叫作自感电动势，用符号 e_L 表示，可得

$$e_L = -N\frac{d\Phi_L}{dt} = -\frac{d\Psi_L}{dt} \qquad (4-1-15)$$

Ψ_L 称为线圈的自感磁链，如果线圈为空心线圈，由于空心线圈组成的磁路无饱和现象，磁

导率为常数,则线圈的自感磁链与产生它的励磁电流 i 成正比,有

$$\Psi_L = Li \tag{4-1-16}$$

式中,L 为比例常数,称为线圈的自感系数,简称自感,单位为亨,符号为 H,于是自感电动势可表示为

$$e_L = -N\frac{d\Phi_L}{dt} = -\frac{d\Psi_L}{dt} = -L\frac{di}{dt} \tag{4-1-17}$$

由式(4-1-17)可知,自感电动势与线圈内电流的变化率成正比。

荧光灯中的镇流器就是利用自感电动势原理工作的,但在实际中也要防止其不利的一面,如断开电动机、变压器电路时,会因自感现象而产生高电压。

(2)互感电动势 如图 4-1-19 所示,在线圈 1 中的电流变化产生的电动势为自感电动势,其在线圈 2 中感应的电动势称为互感电动势,用 e_{M12} 表示,大小为

$$e_{M12} = -\frac{d\Psi_{12}}{dt} = -N_2\frac{d\Phi_{12}}{dt} \tag{4-1-18}$$

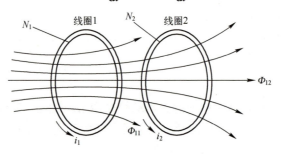

图 4-1-19 互感磁通与互感电动势

如果线圈 1 为空心线圈,则 i_1 越大,由 i_1 产生并穿过线圈 2 的互感磁链也越大,所以线圈 2 中的互感磁链与产生它的电流成正比,即

$$\Psi_{12} = M_{12}i_1 \tag{4-1-19}$$

M_{12} 为比例系数,称为线圈 1 对线圈 2 的互感系数,简称互感,单位也为 H。式(4-1-18)也可以用互感表示为

$$e_{M12} = -M_{12}\frac{di_1}{dt} \tag{4-1-20}$$

同理,有

$$e_{M21} = -\frac{d\Psi_{21}}{dt} = -N_1\frac{d\Phi_{21}}{dt} = -M_{21}\frac{di_2}{dt} \tag{4-1-21}$$

如果线圈 2 为空心线圈,则 i_2 越大,由 i_2 产生并穿过线圈 1 的互感磁链也越大,所以线圈 1 中的互感磁链与产生它的电流成正比,即

$$\Psi_{21} = M_{21}i_2 \tag{4-1-22}$$

式(4-1-19)与式(4-1-22)结合磁路欧姆定律可得

$$M_{12} = \frac{\Psi_{12}}{i_1} = \frac{N_2\Phi_{12}}{i_1} = \frac{N_2\dfrac{N_1i_1}{R_{M12}}}{i_1} = N_1N_2\Lambda_{M12} \tag{4-1-23}$$

$$M_{21} = \frac{\Psi_{21}}{i_2} = \frac{N_1 \Phi_{21}}{i_2} = \frac{N_1 \frac{N_2 i_2}{R_{M21}}}{i_2} = N_1 N_2 \Lambda_{M21} \qquad (4\text{-}1\text{-}24)$$

Λ_{M12} 与 Λ_{M12} 是互感磁通所经过路径的磁导，所以互感与两个线圈的匝数乘积成正比，与磁路的磁导成正比。因为 $\Lambda_{M12}=\Lambda_{M12}$，所以 $M_{12}=M_{21}=M$。

> **注意：**
>
> 互感是两个线圈的固有参数，其大小不仅与线圈的匝数、几何尺寸以及磁介质有关，还与两个线圈的相对位置有关，如果两个线圈靠得比较近，或是绕在一起，则互感磁通几乎等于自感磁通，这种情况称为紧耦合；如果两个线圈相隔很远，或者它们的轴线相互垂直，互感磁通只是自感磁通中的一部分，这种情况称为松耦合。
>
> 为了确定互感电压与互感磁通的关系，不仅要知道电流的参考方向，还要知道线圈各自的绕向以及两个线圈的相对位置，在电路中，通常使用同名端来表示两个线圈的绕向和相对位置。所谓同名端，指的是当两个线圈的电流都从同名端流入（或流出）时，它们产生的磁通是互相加强的，因而同名端上电压的实际极性总是相同的，故又名同极性端。

[知识拓展] 电磁储能与干簧式继电器简介

1. 电磁储能简介

（1）超导磁储能　超导磁储能是利用超导磁体制成的线圈，由电网供电励磁而产生的磁场储存能量。一般情况下，超导线圈是一个直流装置，电网中的电流经整流装置将交流变直流后给超导线圈充电励磁，超导线圈放电时须经逆变装置向电网或负荷供电。变流装置是实现能量在超导线圈和电网及负荷间交换时不可缺少的环节。

超导磁储能的特点：没有旋转机械部件和动密封问题，设备寿命较长；储能密度高，可以做成较大功率的系统；响应速度快，可达毫秒级，主要受到与电网连接的电力电子装置响应速度的限制，因而使电网的电压和频率的调节快速而容易；损耗小，能量转换效率高达 95%。

（2）超级电容储能　电容器储能的原理可用两块导电极板之间夹有绝缘材料层的平板型电容结构来说明，当在两电极之间施加电压时，极板上会有电荷逐渐储存起来。

由于以前的电容器电容量太小，电容器储能只能在弱电方面或高压脉冲技术方面得到应用。随着超级电容器的出现，电容器储能开始向能源领域进军。所谓超级电容器就是有超大电容量的电容器，它可以制成体积小的法拉级电容器，比一般电容器的电容量大了几个数量级，单个超级电容器的电介质耐压很低，所以在实际应用中通常需要将多个电容器串联使用。

2. 干簧式继电器简介

图 4-1-20 所示为干簧式继电器外形、图形符号及工作原理。当绕在干簧管上的线圈通电后形成磁场使簧片磁化或永久磁体靠近干簧管时，簧片的触点会感应出极性相反的 N 极和 S 极，由于磁极极性相反而相互吸引从而起到开关的作用。

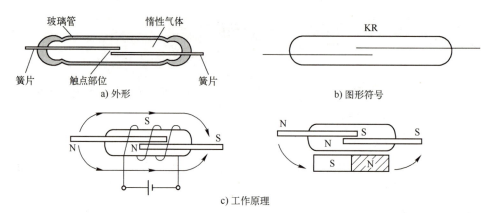

图 4-1-20　干簧式继电器外形、图形符号及工作原理

[练习与思考]

一、填空题

1. 为了描述磁场的强弱与方向，人们想象在磁场中画出的一组有方向的曲线，叫_____。

2. 磁感应强度是描述空间某点磁场强弱与方向的物理量。它是一个_____，其方向是假设该点放置一个小磁针，与小磁针_____方向一致，与产生该磁场的电流之间的方向关系符合_____。

3. 匀强磁场中，磁通等于_____。

4. 磁场中某点的磁场强度 H 的大小等于该点的_____。

5. 已知某材料的长度为 0.05m，横截面面积为 0.01m^2，磁导率为 2500μH/m，那么该材料的磁阻为_____。

6. 通电线圈产生的磁通主要集中在由铁心构成的闭合路径内，这种磁通集中通过的路径称为_____，用于产生磁场的电流称为_____。

二、判断题（正确的打√，错误的打×）

1. 磁体有两个磁极，一个是 N 极，一个是 S 极；若把磁体断成两段，则磁体一段是 N 极，一段是 S 极。（　　）

2. 地球是一个大磁体，地磁的 S 极在地球的北极附近。（　　）

3. 磁感应强度是表示磁场强弱的物理量，既有大小，又有方向，是矢量。（　　）

4. 磁感线是有方向的闭合曲线，在磁体内部它始于 N 极，终于 S 极。（　　）

5. 通电螺线管类似于条形磁铁，两端相当于磁铁的 N 极和 S 极，管外磁感线由 N 极指向 S 极。（　　）

6. 如果通过某截面的磁通为零，且截面与磁感应强度垂直，则该截面的磁感应强度也为零。（　　）

7. 磁感应强度的大小与介质的磁导率有关，μ 越大，磁场越弱。（　　）

8. 磁感应强度简称磁场强度。（　　）

9．磁导率是一个用来表示介质导磁性能的物理量，不同的物质具有不同的磁导率。（　　）

10．两条相距较近且相互平行的通电直导体，电流同向时相互吸引，电流异向时相互排斥。（　　）

11．两条相距较近且相互平行的通电直导体，通过反向的电流时，电流在它们两者之间形成的磁场旋转方向相反。（　　）

12．磁感线疏密表示磁场的强弱。（　　）

13．不仅永久磁体有磁场，凡是电流均会在其周围产生磁场。（　　）

14．磁通是一个矢量，它的单位在 SI 中为韦伯。（　　）

15．磁场强度也是反映磁场强弱的物理量，磁场处在不同介质情况下，磁场强度 H 是不同的。（　　）

16．铁磁性材料的磁导率小于非铁磁性材料的磁导率。（　　）

17．电路有直流和交流之分，磁路也分为直流磁路和交流磁路。（　　）

18．磁路中与电路中的电流作用相同的物理量是磁感应强度（也叫磁通密度）。（　　）

19．由磁阻公式 $R_m = l/(\mu S)$ 可知，若硅钢片的接缝增大，则其磁阻增大。（　　）

20．穿过线圈的磁通变化率越大，其感应电动势就越大。（　　）

21．感应电流方向与感应电动势方向是关联方向。（　　）

22．通电矩形线圈平面与磁感线垂直时，所受的电磁转矩最大。（　　）

三、单选题

1．磁感应强度 B 的单位是（　　）。
   A．韦[伯]（Wb）　　　　　　B．特[斯拉]（T）
   C．伏秒（V·s）　　　　　　D．安培（A）

2．由 $H = B/\mu$、$\Phi = BS$、$\Phi = NI/R_m$ 及磁性物质的磁导率不是常数可知（　　）。
   A．B 与 H 成正比　　　　　B．Φ 与 B 成正比
   C．Φ 与 I 成正比　　　　　D．以上都不对

3．B-H 回路的面积正比于铁磁材料每个循环的磁滞损耗，为了减小磁滞损耗，应选用（　　）的磁性材料来制造铁心。
   A．磁滞回线面积狭小　　　　B．磁滞回线面积较大
   C．矩形磁滞回线　　　　　　D．磁滞回线面积中等

4．在直流空心线圈中置入铁心后，直流等效电阻不变，线圈电感增加，如在同一直流电压作用下，电流 I（　　）。
   A．增大　　　　　　　　　　B．减小
   C．不变　　　　　　　　　　D．无法判断

5．在交流空心线圈中置入铁心后，直流等效电阻不变，线圈电感增加，阻抗增大，如在同一交流电压作用下，电流 i（　　）。
   A．增大　　　　　　　　　　B．减小
   C．不变　　　　　　　　　　D．无法判断

6．一个直流铁心线圈，假设工作在磁化曲线的直线段，铁心闭合，磁路截面均匀，直流励磁电压恒定，线圈直流电阻不变，线圈没有重新绕制，但线圈内铁心截面面积加倍，磁阻减

小，则磁通将（　　）。

A．增大　　　　　　　　　　B．减小

C．不变　　　　　　　　　　D．无法判断

四、问答题

1. 什么是磁性材料的磁滞性？

2. 什么是涡流？如何减小涡流损耗？涡流可以在哪些场合加以利用？

3. 什么是剩磁？生产中如何去剩磁？

4. 电路与磁路有哪些不同点？

5. 磁路的结构一定，磁路的磁阻是否一定，即磁路的磁阻是否是线性的？

6. 恒定电流通过电路时会在电阻上产生功率损耗，恒定磁通通过磁路时会不会产生功率损耗？

7. 额定电压一定的交流铁心线圈能否施加大小相同的直流电压？

8. 磁滞损耗和涡流损耗是什么原因引起的？它们的大小与哪些因素有关？

9. 磁路的磁阻如何计算？磁阻的单位是什么？

10. 磁路的基本定律有哪几条？当铁心磁路上有几个磁动势同时作用时，磁路没有饱和，是线性磁路，此时磁路计算能否用叠加定理，为什么？

11. 试分析如图 4-1-21 所示继电器控制电路。

12. 如图 4-1-22 所示，试分析当条形磁铁快速从线圈左侧插入、右侧拨出时，电阻 R 中的电流方向如何变化？

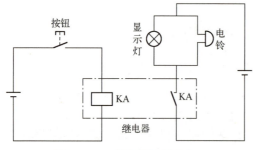

图 4-1-21　继电器控制电路

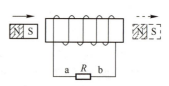

图 4-1-22　磁铁靠近线圈

五、拓展实验

尝试制作如图 4-1-23 所示的水位报警电路，并分析其工作原理。

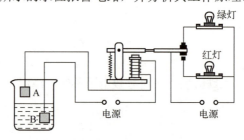

图 4-1-23　水位报警电路

任务 2　单相变压器磁路分析

[任务导入]

直流电磁铁线圈两端加上合适电压便会产生电流，电流大小取决于线圈的直流电阻，产生电流后就会产生磁场，铁心和衔铁都会被磁化，直流电磁铁电感 L 变大，因为加入的是直流电所以感抗为零，忽略损耗的情况下，在直流电磁铁刚开始吸合时，因为气隙较大，磁阻较大，根据磁路欧姆定律可知当电流不变时，磁动势不变，磁阻变大，磁通变小，在面积不变的情况下，磁感应强度变小，由带衔铁的电磁铁吸力公式 $F=\dfrac{10^7}{8\pi}B_0^2 S_0$（$B_0$ 为气隙中磁感应强度，S_0 为气隙截面面积）可知，刚吸合时磁感应强度 B_0 小所以吸力小，随着衔铁的逐渐闭合，磁阻变小，B_0 变大，所以吸力变大，这是直流电磁铁情况，可是对于交流电磁铁，通过实验可以发现，交流电磁铁通电后，在刚刚开始吸合的过程中，流过线圈的电流较大，一旦吸合后电流会变小，这是为什么？如果气隙中有异物卡住，交流电磁铁长时间无法吸合，是否会烧毁线圈？变压器的一次绕组也是一个交流电磁铁，变压器是如何通过磁路把能量传递给二次绕组的，一次绕组的电流是不是只由一次绕组的阻抗和所加交流电压决定，变压器一次和二次电压、电流、阻抗之间的关系是什么？完成任务 2 的学习后这些问题将得到很好的解答。

[学习目标]

1）掌握交流磁路电路分析方法。
2）掌握变压器磁路的分析方法。
3）能够对变压器进行测试分析。
4）了解电压和电流互感器原理。

[工作任务]

测量变压器直流电阻、绝缘电阻；测量计算变压器的空载电流和电压调整率。

[任务实施]

1. 通过观察变压器的外貌来检查其是否有明显异常现象

教师提供一些常见的变压器，让学生检查线圈引线是否断裂、脱焊，绝缘材料是否有烧焦痕迹，铁心紧固螺杆是否有松动，硅钢片有无锈蚀，绕组线圈是否有外露等异常情况。

2. 区分绕组、测量各绕组的直流电阻值

对于小型变压器，在外观不清晰时，可以测量各绕组的直流电阻值，记入表 4-2-1 中，并检查其是否符合设计标准，根据电阻值和线径确定高、低压绕组。检查方法：线径细、匝数多、直流电阻大的是高压绕组；线径粗、匝数少、直流电阻小的是低压绕组。

表 4-2-1　变压器直流电阻阻值

绕组类别	高压绕组	低压绕组
绕组直流电阻/Ω		

3. 绝缘性测试

用绝缘电阻表分别测量铁心与绕组间、各绕组间、静电屏蔽层与绕组间的电阻值,记入表 4-2-2 中,对于 220kV 及以上变压器的绝缘电阻一般不低于 500MΩ,其他变压器一般不低于 10MΩ。

表 4-2-2　变压器绝缘检查

项　　目	一次绕组与二次绕组	一次绕组与铁心	二次绕组与铁心	一次绕组与屏蔽层	二次绕组与屏蔽层
绝缘电阻/Ω					
绝缘性能判断					

4. 空载电流的检测

1)测定变压器的空载电流、占空比。图 4-2-1 所示为变压器空载试验电路图。

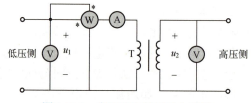

图 4-2-1　变压器空载试验电路图

接通电源,调节调压变压器,使输入一次绕组的电压从零逐步增大到额定值的 1.2 倍,记录变压器一次侧空载电流 I_0,测量二次绕组两端的电压 U_2,记入表 4-2-3 中,并计算电压比 K 的平均值。

表 4-2-3　空载试验数据

U_1/V					
U_2/V					
I_0/mA					
K					

2)测试变压器的外特性。接入若干灯作为负载,逐步增加负载直至一次电流 I_1 到额定值,在表 4-2-4 中记录每次负载变动后的一次电流 I_1、功率 P_1、二次电压 U_2 和电流 I_2。在负载变动过程中必须调节调压变压器,使输入电压 U_1 始终保持在额定电压。

表 4-2-4　外特性试验数据

灯	U_1/V	I_1/mA	P_1/W	U_2/V	I_2/mA	P_2/W(计算值)	η
无							
1							
2							
3							

计算有关数据,绘制变压器外特性曲线 $U_2 = f(I_2)$。

5. 测试电压调整率

电压调整率是衡量变压器负载特性的重要指标,是指当输入电压不变时负载电流从零升到额

定值时输出电压 U_2 的相对变化量。电压调整率越小越好，一般变压器的电压调整率在5%左右。

$$\Delta U = \frac{U_{20} - U_2}{U_{20}} \times 100\%$$

式中，ΔU 为电压调整率；U_{20} 为空载输出电压；U_2 为变压器额定负载时的输出电压。

分别测量变压器空载时的二次电压、额定状态时的二次电压和电流，将数据记入表 4-2-5 中，计算电压调整率，分析变压器负载特性。

表 4-2-5 电压调整率测试

U_{20}	U_2	I_2	ΔU

[总结与提升]

直流电磁铁电路只考虑线圈直流电阻而不考虑线圈阻抗值，所以励磁电流稳定，不会产生感应电动势，从而使得磁场稳定、吸力稳定。交流电磁铁电路不仅要考虑阻抗值，还要考虑感应电压，所以需要根据基尔霍夫定律列出励磁回路的电压平衡方程，进行电路部分的分析，磁路部分因为电压交变，所以电流交变，导致磁通交变，使交流电磁铁的吸力一直在变化，引起振动。

设计变压器时的中心任务是使变压器在很小的空载电流下能建立起铁心里应有的磁感应强度，还要使线圈的直流电阻尽量小，需要特别说明的是，如果变压器的空载电流超过其额定电流的 10%，变压器损耗就会剧增，超过 20%时变压器可能会烧毁。变压器在工作时，二次电流增大，一次电流也会增大，由于两个电流产生的磁通反向，所以变压器铁心内的主磁通基本不变，即变压器无论工作在空载、半载还是满载，其主磁通基本不变。

变压器应用电磁感应定理，把输入的交流电压升高或降低为同频率的交流电压输出，在传输过程中，如果忽略铜损耗 P_{Cu} 和铁损耗 P_{Fe}，可以近似认为变压器从电源输入的有功功率 P_1 和向负载输出的有功功率 P_2 相等，从而建立起变压器功率平衡方程，通过变压器功率平衡方程可得到变压器一、二次侧电压、电流和阻抗关系。

在使用变压器时要选择合适的额定容量，变压器在空载运行时，因为线圈存在阻抗，需要从电网获得较大的无功功率，所以有功功率近似为零。若变压器的容量选择过大，不但增加了初投资，而且变压器长期处于空载或轻载运行，会使空载损耗的比重增加，功率因数降低，这样运行既不经济也不合理。同样，若变压器的容量选择过小，会使变压器长期过载，易损坏设备。

[知识链接]

4.2 变压器

大学生有着大好机遇，关键是要迈稳步子、夯实根基、久久为功。心浮气躁、朝三暮四、学一门丢一门、干一行弃一行，无论为学还是创业，都是最忌讳的。

4.2.1 变压器基本概念

1. 变压器的用途、分类和基本结构

（1）变压器的用途　变压器是根据电磁感应原理制成的一种静止的电气设备。它具有变换电压、变换电流、变换阻抗等作用，被广泛应用于电力系统、测量系统、电子线路和电子设备中。

（2）变压器的分类　变压器按交流电的相数不同一般分为单相变压器和三相变压器，按用途可分为输配电用的电力变压器，局部照明和控制用的控制变压器，用于平滑调压的自耦变压器，电加工用的电焊变压器和电炉变压器，测量用的仪用互感器以及电子线路和电子设备中常用的电源变压器、耦合变压器、输入输出变压器、脉冲变压器等。

（3）变压器的基本结构　变压器的种类很多，结构形状各异，用途也各不相同，但其基本结构和工作原理相同。变压器的主要结构是铁心、绕组、箱体及其他零部件。图 4-2-2 所示为油浸式变压器的结构。

图 4-2-2　油浸式变压器

1）铁心是变压器的主磁路，同时也是绕组的支撑骨架。为了减少铁心内的磁滞和涡流损耗，通常采用含硅量为 5%、厚度为 0.35mm 或 0.5mm、两平面涂绝缘漆或经氧化膜处理的硅钢片叠装而成。

按绕组套入铁心的形式，变压器分为心式和壳式两种，如图 4-2-3 所示。

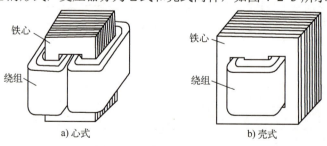

图 4-2-3　变压器铁心形式

2）绕组是变压器的电路部分，一般用高强度漆包铜线（也可用铝线）绕制而成。接高压电网的绕组称为高压绕组，接低压电网的绕组称为低压绕组。

3）箱体及其他零部件包括油箱、储油柜、绝缘导管、分接开关、气体继电器、安全气道、测温器等。

2. 变压器的工作原理

一次侧：接电源的绕组称为一次绕组，匝数为 N_1，其电压、电流、电动势分别用 u_1、i_1、e_1 表示。

二次侧：与负载相接的绕组称为二次绕组，匝数为 N_2，其电压、电流、电动势分别用 u_2、i_2、e_2 表示。

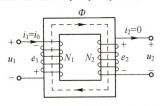

图 4-2-4　变压器的空载运行

（1）变压器的变电压原理（变压器的空载运行见图 4-2-4）　在 u_1 的作用下，一次绕组中有电流 i_1 通过，此时 $i_1=i_0$ 称为空载电流。它在一次侧建立磁动势 i_0N_1，在铁心中产生同时交链着一次、二次绕组的主磁通 Φ，主磁通 Φ 的存在是变压器运行的必要条件。

根据电磁感应原理，主磁通会在一次、二次绕组中分别产生频率相同的感应电动势 e_1 和 e_2。感应电动势 e_1 和 e_2 的有效值分别为

$$E_1=\frac{E_{1m}}{\sqrt{2}}=\frac{N_1\omega\Phi_m}{\sqrt{2}}=\frac{2\pi f}{\sqrt{2}}N_1\Phi_m=4.44fN_1\Phi_m$$

$$E_2=\frac{E_{2m}}{\sqrt{2}}=\frac{N_2\omega\Phi_m}{\sqrt{2}}=\frac{2\pi f}{\sqrt{2}}N_2\Phi_m=4.44fN_2\Phi_m$$

根据楞次定律和 KVL 可得一次、二次绕组侧励磁电路的电压平衡方程为 $\dot{U}_1=Z_1\dot{I}_1-\dot{E}_1$、$\dot{U}_2=-Z_2\dot{I}_2+\dot{E}_2$，式中 Z_1、Z_2 分别为一次、二次绕组线圈阻抗值，由于一次、二次绕组本身阻抗电压降很小，不考虑方向情况下可以近似认为

$$U_1=E_1=4.44fN_1\Phi_m$$
$$U_2=E_2=4.44fN_2\Phi_m$$

由此可以得出变压器空载时，一次绕组磁通是交变的，其最大值只与电源电压、电源频率和一次绕组匝数有关，一次电压与二次电压之间的关系为

$$\frac{U_1}{U_2}\approx\frac{E_1}{E_2}=\frac{N_1}{N_2}=K$$

K 称为变压器的电压比，该式表明变压器一次、二次绕组的电压与绕组的匝数成正比。当 $K>1$ 时为降压变压器，$K<1$ 时为升压变压器。对于已经制成的变压器，K 值一定，故二次绕组电压随一次绕组电压的变化而变化。

注意：

变压器空载时，一次绕组磁通是交变的，其最大值只与电源电压、电源频率和一次绕组匝数有关，交流电磁铁磁通也是如此。交流电磁铁通电后，其磁通交变，但有规律变化，在刚刚开始吸合的过程中，因为气隙较大，电感较小，阻抗较小，输入交流电压不变，从而导致交流电磁铁电流较大，吸合后，电感变大，电流变小。若交流电磁铁气隙中有异物卡住，交流电磁铁长时间无法吸合，电流一直很大，会烧毁线圈。

设交流电磁铁的磁感应强度为 $B_0=B_m\sin\omega t$，由带衔铁的电磁铁吸力公式 $F=\frac{10^7}{8\pi}B_0^2S_0$，可得交流电磁铁瞬时吸力公式为 $f=\frac{10^7}{8\pi}B_0^2S_0=\frac{10^7}{8\pi}S_0B_m^2\sin^2\omega t=F_m\sin^2\omega t=\frac{1}{2}F_m(1-\cos2\omega t)$，由此可知交流电磁铁吸力是交变的，其值恒大于零，变化频率是输入交流电压频率的 2 倍，振动较大，噪声也较大。

【例 4-2-1】 将某单相变压器接到 U_1=220V 的正弦交流电源上,已知二次侧空载电压 U_{20}=20V,二次绕组匝数为 50 匝。求变压器的电压比 K 及一次绕组匝数 N_1。

解:电压比为 $K = U_1 / U_2 = 220 / 20 = 11$,一次绕组匝数为 $N_1 = KN_2 = 11 \times 50 = 550$ 匝。

(2)变压器的变电流原理(变压器的负载运行见图 4-2-5) 接上负载后,二次绕组中有电流 i_2 通过,二次绕组将产生一个磁通,根据楞次定律,该磁通与一次绕组产生的主磁通方向相反,称为主磁通的反磁通,反磁通的存在使得铁心中的总磁通大大减小,铁心磁通的减小使得感应电动势 E_1 和 E_2 减小,由公式 $\dot{U}_1 = Z_1\dot{I}_1 - \dot{E}_1$ 可知,若 U_1 不变,Z_1 不变,E_1 减小,I_1 必然增加,所以一次绕组中的电流由 i_0 变到 i_1,以抵消二次电流的去磁作用。正是负载的去磁作用和一次电流的相应变化以维持主磁通不变的这种特性,使得变压器可以通过电与磁的联系,把输入到一次侧的功率传递到二次侧电路中去。

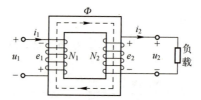

图 4-2-5 变压器的负载运行

当变压器在额定负载下运行时,励磁分量 i_0 很小,约为一次额定电流的 2%~10%,在分析一次、二次电流的数量关系时,可将 i_0 忽略不计,于是根据一次、二次功率近似相等 $P_1=P_2$ 有 $I_1 = \dfrac{N_2}{N_1} I_2$。

说明,变压器负载运行时,其一次绕组和二次绕组电流有效值之比等于它们匝数比的倒数,即电压比的倒数。这就是变压器的电流变换原理。

(3)变压器的变阻抗原理(见图 4-2-6) 变压器一次侧接上电源电压,二次侧接入负载阻抗,从一次侧看过去可用一个阻抗来等效,当二次侧的负载阻抗一定时,通过选取不同匝数比的变压器,在一次侧可得到不同的等效阻抗。在一些电子设备中,利用变压器将负载的阻抗变换到正好等于电源的内阻抗,即"阻抗匹配"。

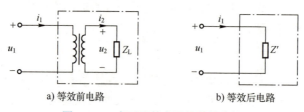

图 4-2-6 变压器的变阻抗等效变换

$$|Z'| = \frac{U_1}{I_1} = \frac{KU_2}{I_2 / K} = K^2 \frac{U_2}{I_2} = K^2 |Z_L|$$

【例 4-2-2】 一个 R_L=10Ω 的负载电阻,接在电压有效值 U=12V、内阻 R_0=250Ω 的交流信号源上。

求:① R_L 直接接到交流信号源上获得的功率;

② 若在负载与信号源之间接入一个变压器进行阻抗变换,为使该负载获得最大功率,需选择多大电压比的变压器?

③ R_L 上获得的最大功率。

解：① R_L 直接接到电源上时，R_L 上获得的功率为 P，则

$$P = \left(\frac{U}{R_0 + R_L}\right)^2 R_L = \left(\frac{12}{250 + 10}\right)^2 \times 10\text{W} \approx 21.3\text{mW}$$

② 阻抗匹配时变压器的电压比为

$$K = \sqrt{\frac{R_0}{R_L}} = \sqrt{\frac{250}{10}} = 5$$

③ R_L 上获得的最大功率 P_{Lmax} 为

$$P_{Lmax} = \left(\frac{U}{R_0 + R'}\right)^2 R' = \left(\frac{12}{250 + 250}\right)^2 \times 250\text{W} = 144\text{mW}$$

很显然，利用变压器使其负载阻抗与电源内阻抗相匹配，可以获得较高的功率输出。

(4) 变压器的效率　变压器的效率定义为输出功率 P_2 与输入功率 P_1 的百分比，即

$$\eta = \frac{P_2}{P_1} \times 100\% = \frac{P_2}{P_2 + p_{Cu} + p_{Fe}} \times 100\%$$

由于变压器中没有转动的部分，故效率较高。通常负载为额定负载的 80% 左右时，变压器的工作效率最高。小型变压器的效率为 60%～90%，大型电力变压器的效率可达 99%。

3. 变压器的额定值

额定值是变压器制造厂家根据国家技术标准，对变压器正常可靠工作所做的使用规定，由于额定值通常标注在铭牌上，故又称为铭牌值。

(1) 额定电压（U_{1N}、U_{2N}）　一次绕组的额定电压 U_{1N}：指变压器在额定运行情况下，根据变压器的绝缘等级和允许温升所规定的一次绕组电压值。

二次绕组的额定电压 U_{2N}：指变压器空载、一次绕组加上额定电压时，二次绕组两端的空载电压。

三相变压器的额定电压指其线电压。

注意：

变压器二次侧向负载输出的电压 U_2 随负载电流的增大而下降，主要原因是一次、二次绕组自身都有一定的阻抗电压降，阻抗电压降随负载电流的增大而增大，使二次侧电压降低。为了保证供电电压在变压器满载时不会过低，一般的电源变压器在设计时都使其空载电压高于额定电压 5%。

(2) 额定电流（I_{1N}、I_{2N}）　额定电流指变压器在额定运行情况下，根据绝缘材料所允许的温升而规定的一次、二次绕组中允许长期通过的最大电流值。

三相变压器的额定电流指其线电流。

(3) 额定频率（f）　我国规定标准工业频率为 50Hz。

(4) 额定容量（S_N）　额定容量是指变压器二次侧输出的视在功率，单位是 V·A 或 kV·A。

单相变压器：

$$S_N = U_{2N} I_{2N}$$

三相变压器：

$$S_N = \sqrt{3}U_{2N}I_{2N}$$

 注意：

变压器出厂时，不可能预先知道在使用过程中要接什么性质的负载，所以在变压器的铭牌上一般会标注额定电压 U_N、额定电流 I_N 和额定容量 S_N，不标注额定功率 P_N。

4.2.2 特殊用途变压器

1. 自耦调压器

自耦调压器是一次侧和二次侧在同一个绕组上的变压器，一次、二次绕组直接串联，如图 4-2-7 所示。使用自耦调压器时还应注意以下两点。

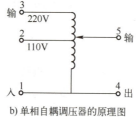

a) 单相自耦调压器的外形图　　b) 单相自耦调压器的原理图　　c) 三相自耦变压器的原理图

图 4-2-7　自耦调压器

1）一次绕组接交流电源，二次绕组接负载，不能接错，否则可能会发生触电事故或烧毁变压器。所以，自耦调压器不允许作为安全变压器使用。接触式自耦调压器如图 4-2-8 所示。

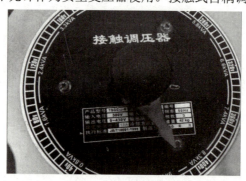

图 4-2-8　接触式自耦调压器

2）接通电源前，应将调压器上的手柄（滑动触头）旋至零位，通电后再逐渐将输出电压调到所需数值。使用完毕后，手柄应退回到零位。

2. 仪用互感器

（1）电压互感器（TV）　电压互感器的一次绕组匝数较多，其端线并联在被测高压线路上；二次绕组匝数较少，其端线可同电压表、电压继电器、功率表或电能表的电压线圈相连。由于上述负载的阻抗都较高，因此电压互感器在使用时相当于二次侧开路的降压变压器。

电压互感器如图 4-2-9 所示，使用规则如下。

1）电压互感器在运行时二次绕组绝对不允许短路。因为二次绕组匝数少，阻抗小，如果发生短路，短路电流将很大，足以烧坏互感器。使用时低压侧要串联熔断器作短路保护。

2）电压互感器的铁心和二次绕组的一端都必须可靠接地，以防止高、低压绕组间的绕组层损坏时，二次绕组和仪表带上的高电压危及人身安全。

（2）电流互感器（TA） 电流互感器的一次绕组匝数少（可少至一匝），导线粗，直接串入被测大电流电路中；而二次绕组匝数多，导线细，与阻抗很小的电流表、电流继电器、功率表或电能表的电流线圈串联。因此，它相当于升压变压器二次侧几乎短路的工作状态。

电流互感器如图 4-2-10 所示，使用规则如下。

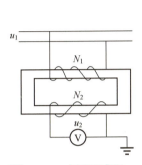

图 4-2-9　电压互感器

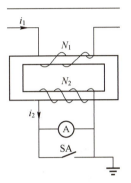

图 4-2-10　电流互感器

1）电流互感器在运行时二次绕组绝对不允许开路，也绝对不允许安装熔断器，二次绕组不接电表时要短路。若要拆下运行中的电流表，必须先把二次绕组短接后才能拆下。

2）电流互感器的铁心和二次绕组的一端都必须可靠接地，以防止高、低压绕组间的绝缘层损坏时危及仪表或人身安全。

[知识拓展] 霍尔元件简介

霍尔元件是一个带集成电路的半导体基片，将基片放在磁场中，并在与磁场垂直的方向通以电流，则在与磁场和电流相垂直的另一横向侧面产生电压，如图 4-2-11 所示。这一现象由美国科学家霍尔发现，所以命名为霍尔效应。

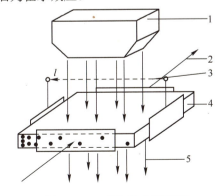

图 4-2-11　霍尔效应原理图

1—永久磁铁　2—外加电压　3—霍尔电压　4—霍尔触发器　5—磁感线

霍尔电压大小为

$$U_H = \frac{R_H}{d} I_H B$$

式中，U_H 为霍尔电压，单位为 V；R_H 为霍尔系数，单位为 cm^3/C；d 为霍尔触发器在垂直于磁场方向上的厚度，单位为 cm；I_H 为垂直磁场方向即通过外加电压后通过霍尔触发器的电流大小，单位为 A；B 为磁感应强度的大小，单位为 T。

[练习与思考]

一、填空题

1. 根据公式 $\Phi = Ni/R_m = Ni\mu S/l$、$B = \Phi/S = Ni\mu/l$ 及线圈电感 L 正比于匝数 N，感抗和 L 成正比可知，当交流电压不变时，线圈匝数 N 增加一倍，磁通 Φ 将_____，磁感应强度 B 将_____。

2. 当外加电压恒定而铁心磁路中的气隙增大时，对于直流磁路，电路方面电压不变，电阻不变，可知电流不变，磁路方面气隙增大，磁阻变大，根据磁路欧姆定律 $\Phi = Ni/R_m$，则磁通_____，电感_____；对于交流磁路则主磁通_____，电感_____，电流_____。

3. 变压器是根据_____原理制成的一种静止的电气设备。它具有_____、_____、_____的作用，被广泛应用于电力系统、测量系统、电子线路和电子设备中。

4. 电压互感器在运行时二次绕组绝对_____，使用时低压侧要_____保护。

5. 电流互感器在运行时二次绕组绝对_____。在电流互感器的二次绕组中，绝对不允许安装熔断器，二次绕组不接电表时要_____。

6. 变压器的负载增加后，则二次电流 I_2_____，一次电流 I_1_____。

二、判断题（正确的打√，错误的打×）

1. 恒压交流铁心磁路，空气隙增大时主磁通不变。（　　）
2. 绕组是变压器的电路部分，一般用高强度漆包铜线（也可用铝线）绕制而成。（　　）
3. 变压器负载运行时，一次绕组和二次绕组电流有效值之比等于它们的匝数比。（　　）
4. 电压互感器的一次绕组匝数较少，二次绕组匝数较多。（　　）
5. 为减少涡流损耗，变压器的铁心不用整块金属，而用许多薄的硅钢片叠合而成。（　　）
6. 两个线圈的绕法相同，当相对位置发生变化时，同名端可能会发生改变。（　　）
7. 互感反映一个线圈在另一个线圈中产生互感电动势能力的大小。（　　）
8. 变压器是利用互感原理而设计的装置。（　　）
9. 变压器一次绕组的电流由电源决定，二次绕组的电流由负载决定。（　　）

三、单选题

1. 变压器铁心采用相互绝缘的薄硅钢片的目的是为了降低（　　）。
   A．铁损耗　　　　B．铜损耗　　　　C．无功损耗　　　　D．杂散损耗

2. 变压器运行时,在电源电压一定的情况下,当负载阻抗增加时,主磁通将(   )。
   A. 增大   B. 减小   C. 不变   D. 不确定
3. 如果将额定电压为 220V/24V 的变压器接入 220V 的直流电源,在电流没有超过一次侧额定电流的情况下,将发生(   )现象。
   A. 输出 24V 交流电   B. 输出 24V 直流电
   C. 没有电压输出   D. 输出 220V 交流电
4. 有一台 220V/36V 的变压器,使用时不慎将二次绕组接入 220V 交流电,短时间内将发生(   )现象。
   A. 一次绕组有 220V 电压输出   B. 一次绕组有超过 220V 电压输出并发热
   C. 一次绕组有 36V 电压输出   D. 一次绕组有超过 220V 电压输出但不发热
5. 两个交流铁心线圈的匝数分别为 N_1 和 N_2（$N_1 > N_2$）,其他参数相同,如果将它们接在同一交流电源上,则两者主磁通的最大值 Φ_{m1} (   ) Φ_{m2}。
   A. 大于   B. 小于   C. 等于   D. 小于或等于
6. 某用户所需有功功率为 100kW,当电路功率因数为 0.5 时需要变压器的容量为(   )。
   A. 45kV·A   B. 50kV·A   C. 110kV·A   D. 220kV·A
7. 如图 4-2-12 所示,当开关 S 闭合时,线圈 L_2 的电压 $U_{34} < 0$,则(   )。
   A. 1 和 4 为同名端   B. 1 和 3 为同名端
   C. 2 和 3 为同名端   D. 2 和 4 为同名端

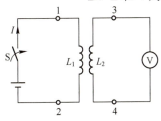

图 4-2-12　题 7 图

8. 变压器一次和二次绕组,不能改变的是(   )。
   A. 电压   B. 电流   C. 阻抗   D. 频率
9. 变压器一次和二次绕组匝数比 $K = 100$,二次绕组的负载阻抗 $Z_L = 10\Omega$,等效到一次绕组的阻抗是(   )。
   A. 10Ω B. $10^5\Omega$ C. $10^4\Omega$ D. $10^3\Omega$

四、问答题

1. 什么是变压器的阻抗变换作用?
2. 什么是变压器的空载电流?其主要作用是什么?
3. 自耦变压器在结构上有什么特点?在使用时应注意什么?
4. 电流互感器使用规则有哪些?

五、分析计算题

1. 有一台单相变压器的额定电压为 2200V/220V,其高压侧绕组为 5000 匝,则低压绕组的匝数为多少?若该变压器的额定容量为 33kV·A,则高压侧和低压侧的额定电流分别为多少?

2．有一台单相变压器，额定容量为 30kV·A，额定电压为 6600V/220V，欲在二次绕组接上 40W、220V 的白炽灯，并要求变压器在额定负载下运行，此种灯可接多少个？

3．有一台单相变压器，额定容量为 10kV·A，二次侧额定电压为 220V，要求变压器在额定负载下运行。求：（1）二次侧能接 220V、40W 的白炽灯多少个?（2）若改接 220V、40W，功率因数为 0.44 的荧光灯（假设镇流器的消耗可以忽略），可接多少个？

4．将 $R_L=8\Omega$ 的负载接在一单相变压器的二次侧，已知 $N_1=300$ 匝，$N_2=100$ 匝，信号源的电动势为 5V，内阻为 100Ω，求信号源输出的功率。

项目 5　安全用电技术

教学导航

本项目介绍电气安全的基本知识、触电概念和触电急救，主要包括触电后的急救方法、触电的概念、触电的方式、触电种类、安全用电的保护措施。

任务 1　预防触电的安全措施训练

[任务导入]

你对触电对人体的危害、发生触电事故的原因、人体触电的形式、防止触电的保护措施、电工安全操作规程、电工岗位责任制了解多少？当有人发生触电事故时，你首先应该做什么？触电事件发生后断电操作的步骤是什么？为什么要这样操作？完成任务 1 的学习后这些问题将得到很好的解答。

[学习目标]

1）了解触电事故发生的原因和对人身安全的危害。
2）熟悉电工安全操作规程和电工岗位责任制。
3）掌握安全用电基本知识和预防触电的安全措施。
4）熟练掌握触电事故的断电操作。

[工作任务]

掌握安全用电基础知识，遵守安全操作规程；掌握设备操作安全技术措施，防止用电事故引起设备损坏或起火、爆炸等危险。

[任务实施]

1）检查教室、宿舍、实验室等场所是否有触电隐患，做好记录并提出整改措施。
2）选择一个触电事故为对象，分析此事故发生的主、客观原因，提出相应的预防措施。
3）调查了解本单位、本部门安全用电的相关制度，分析这些制度的科学依据。
4）自己制定一个安全用电制度，并说明这个制度中各条款的制定依据。
5）模拟练习低压触电事故断电操作。
6）模拟练习高压触电事故断电操作。

[总结与提升]

安全用电包括人身安全和设备安全两部分：人身安全是指防止人身接触带电物体受到电击或电弧灼伤而危及生命安全；设备安全是指防止用电事故引起设备损坏或起火、爆炸等危险。

掌握安全用电技术，遵守安全操作规程，是避免发生触电事故最有效的方法。

[知识链接]

5.1 电工安全基础知识

> 大学生应牢记"空谈误国、实干兴邦"，立足本职、埋头苦干，从自身做起，从点滴做起，用勤劳的双手、一流的业绩成就属于自己的精彩人生。

5.1.1 预防触电的基本知识

在意外情况下，人体与带电体相接触而有电流通过人体，造成人体器官组织损伤乃至死亡，或者有较大的电弧烧到人体称为触电。

5-1-1 触电对人体的危害及触电事故原因

1. 触电对人体的危害

（1）触电事故　触电分为电击和电伤两类：电击是指电流通过人体内部，影响呼吸、心脏和神经系统，造成人体内部组织损伤乃至死亡的触电事故；电伤是指电流通过人体表面或人体与带电体之间产生电弧，造成肢体表面灼伤的触电事故。

在触电事故中，电击和电伤会同时发生，但因大部分触电事故是由电击造成的，所以通常所说的触电事故指电击。

（2）触电的危害　触电对人体的伤害程度与通过人体的电流大小、时间长短、电流途径及电流性质有关。触电的电压越高、电流越大、时间越长，对人体的危害越严重。

当人体触电时，电流会使人体的各种生理机能失常或遭受破坏，如皮肤烧伤、呼吸困难、心脏停搏等，严重时会危及生命。人体所能耐受的电流大小因人而异，对于一般人，当工频交流电流超过 30mA 时，就会有致命危险。

通过人体电流的大小主要取决于施加于人体的电压及人体本身的电阻。人体电阻包括体内电阻和皮肤电阻，体内电阻基本不受外界影响，其值约为 500Ω；皮肤电阻随外界条件不同有较大的变化，干燥的皮肤电阻在 100kΩ 以上，但随着皮肤的湿度加大，电阻逐渐减小，可降至 1kΩ 以下，所以潮湿时触电的危险性更大。

电流流经人体的脑、心脏、肺和中枢神经等重要部位时要比流经一般部位时造成的后果更严重，更容易导致死亡。而频率在 20~300Hz 的交流电对人体的危害要比高频电流、直流电流及静电大。

由于触电对人体的危害极大，因此必须安全用电，并要以预防为主。为了最大限度地减少触电事故的发生，应了解触电的原因与形式，以便针对不同情况提出预防措施。

2. 发生触电事故的原因

不同的场合，引起触电的原因也不同，根据日常用电情况，触电原因有以下 4 种。

1）线路架设不合格。采用一线一地制的违章线路架设，接地中性线被拔出、线路发生短路或接地不良时，均会引起触电；室内导线破旧、绝缘损坏或敷设不合格时，容易造成触电或短路而引起火灾；无线电设备的天线、广播线或通信线与电力线距离过近或同杆架设时，如发生断线或碰线，电力线电压就会传到这些设备上而引起触电；电气工作台布线不合理，使绝缘线被磨坏或被烙铁烫坏而引起触电等。

2）用电设备不合格。用电设备的绝缘损坏造成漏电；外壳无保护接地线或保护接地线接触不良而引起触电；开关和插座的外壳破损或导线绝缘老化，失去保护作用，一旦触及就会引起触电；线路或用电器具接线错误致使外壳带电而引起触电等。

3）电工操作不合要求。电工操作时，带电操作、冒险修理或盲目修理，并且未采取切实的安全措施，均会引起触电；使用不合格的安全工具进行操作，如使用绝缘层损坏的工具、用竹竿代替高压绝缘棒、用普通胶鞋代替绝缘靴等，均会引起触电；停电检修线路时，刀开关上未挂警告牌，其他人员误合开关而造成触电等。

4）使用电器不谨慎。在室内违规乱拉电线、乱接用电设备，使用不慎而造成触电；未切断电源就移动灯具或电器，若电器漏电就会造成触电；更换熔丝时，随意加大规格或用铜丝代替熔丝，使其失去保险作用，容易造成触电或引起火灾；用湿布擦拭或用水冲刷电线和电器，引起绝缘性能降低而造成触电等。

3．人体触电的形式

人体触及带电体引起触电分为 3 种不同情况：单相触电、两相触电和跨步电压触电。

（1）单相触电　单相触电是指人站在地上或其他接地体上，人体的某一部位触及一相带电体而引起的触电，如图 5-1-1 所示。在低压 380V/220V 三相四线制供电系统中，单相触电的电压为 220V。

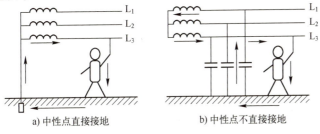

图 5-1-1　单相触电

（2）两相触电　两相触电是指人体两处同时触及两相带电体而引起的触电，如图 5-1-2 所示。两相触电加在人体上的电压为线电压，在低压 380V/220V 三相四线制供电系统中，由于触电电压为 380V，所以两相触电的危险性更大。

（3）跨步电压触电　跨步电压触电是指高压带电体着地时，电流流过周围土壤，产生电压降，人体接近高压着地点时，两脚之间形成跨步电压，当跨步电压大到一定程度时就会引起触电，如图 5-1-3 所示。其大小取决于人体与高压着地点的距离及两脚之间的跨步距离，为了防止跨步电压触电，应距带电体着地点 20m 以外。

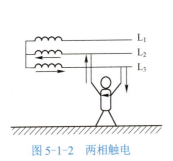

图 5-1-2　两相触电

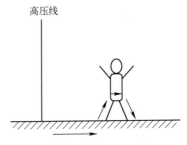

图 5-1-3　跨步电压触电

4．防止触电的保护措施

触电事故会给人体造成很大的危害，为了保护人身安全，避免触电事故的发生，必须采取必要的预防措施，防止触电的安全措施有以下几种。

（1）绝缘、屏护与安全距离等防直接触电措施

绝缘、屏护与安全距离是防止直接接触电击的技术措施。这些措施看起来十分简单，但对于预防当前约50%的触电死亡事故有很大的现实意义。

1）绝缘。绝缘是用绝缘物把带电体封闭和隔离起来。良好的绝缘是保证电气设备和线路正常运行的必要条件，也是防止人体触及带电体的安全保障。电气设备的绝缘应符合其相应的电压等级、环境条件和使用条件。

① 绝缘材料和性能。电工绝缘材料是指体积电阻率为 $10^7\Omega\cdot m$ 以上的材料。电工绝缘材料分为：固体绝缘材料，包括瓷、玻璃、云母、石棉等无机绝缘材料，橡胶、塑料、纤维制品等有机绝缘材料和玻璃漆布等复合绝缘材料；液体绝缘材料，包括矿物油、十二烷基苯、硅油等液体；气体绝缘材料，包括六氟化硫、氮气等气体。

绝缘材料有电性能、热性能、力学性能、化学性能、吸潮性能、抗生物性能等多项性能指标。

② 绝缘检测。绝缘检测包括绝缘试验和外观检查。绝缘试验包括绝缘电阻试验、耐压强度试验、泄漏电流试验和介质损耗试验。现场只进行绝缘电阻试验。

绝缘电阻试验包括绝缘电阻测量和吸收比测量。绝缘电阻和吸收比都用绝缘电阻表测量。吸收比是指从开始测量起，第60s的绝缘电阻与第15s的绝缘电阻的比值。绝缘材料受潮后电阻减小，泄漏电流增大，而且充电过程加快，吸收比接近于1；绝缘材料干燥时，泄漏电流小，充电过程慢，吸收比明显增大到1.3以上。变压器、电动机、电力电容器等高压设备应按规定测定吸收比。

外观检查主要是绝缘机构物理性能的观察和检查，包括是否受潮，表面有无粉尘、纤维或其他污物，有无裂纹或放电痕迹，表面光泽是否减退，有无脆裂、破损，弹性是否消失，运行时有无异味等项目。

2）屏护。屏护是采用遮栏、护罩、护盖、箱闸等将带电体同外界隔离。屏护包括屏蔽和障碍，前者能防止无意识触及带电体，也能防止有意识触及或过分接近带电体；后者只能防止无意识触及或过分接近带电体，而不能防止有意识移开或越过该障碍触及或过分接近带电体。

屏护的安全作用有：防止触电（防止触及或过分接近带电体）、防止短路及短路火灾、防止被机械破坏及便于安全操作。

屏护装置有永久性屏护装置，如配电装置的遮栏、开关的罩盖等，也有临时性屏护装置，如检修工作中使用的临时遮栏等，有固定屏护装置，如母线的护网，也有移动屏护装置，如跟随起重机移动的滑触线护栏。

开关电器的可动部分一般不能包绝缘，而需要屏护，带电部分裸露的电气设备和某些线路也需要加设屏护装置。对于高压设备，由于接近至一定程度时，即会发生触电事故，无论设备是否有绝缘，均应采取屏护或其他防止接近的措施。

固定屏护装置所用材料应有足够的机械强度和良好的耐燃性能。网眼屏护装置的网眼尺寸大小一般是在20mm×20mm至40mm×40mm之间。

3）安全间距。安全距离指的是，为了防止人体触及或接近带电体，防止车辆或其他物体碰

撞或接近带电体等造成危险，在带电体与地面之间，带电体与其他设备和设施之间，带电体与带电体之间保持的一定空间距离。

安全间距的大小主要取决于电压的高低、设备运行状况和安装方式。安全规程中应对安全距离做出明确规定，电气工作人员从事电气设计、安装、调试、巡视、维修和从事带电作业的人员，都必须严格遵循。设备安全方面的安全距离有：架空线路的安全距离、电缆线路的安全距离、室内外配线的安全距离、进户装置的安全距离、变配电设备的安全距离、低压用电装置的安全距离。着眼于人身安全，主要防止人体过分接近带电体方面的安全距离有维修、巡视时的安全距离和带电作业时的安全距离等。

（2）IT 系统、TT 系统、TN 系统防间接触电措施

为了保障人和设备的安全，系统应符合 GB 14050—2008 的要求。

1）IT 系统。电源端的带电部分不接地或有一点通过阻抗接地，而电气设备外露可导电部分直接接地。若电气设备外壳没有接地，当发生单相碰壳故障时，设备外露可导电部分带上了相电压，如果此时人体触摸外壳，就会有相当危险的电流流经人体与电网，并与大地之间的分布电容构成回路，人体将遭到触电的危害；若电气设备外壳接地，当发生单相碰壳故障时，大部分接地电流将被接地装置分流，流经人体的电流很小，从而起到了保护作用。

IT 系统适用于环境条件不良、易发生单相接地故障及易燃、易爆的场所。

2）TT 系统。电源端有一点直接接地，电气设备的外露可导电部分也直接接地。TT 系统能大幅度降低漏电设备外壳对地电压，但一般不能将其降低至安全范围以内。因此，采用 TT 系统时，应装设能在规定的故障持续时间内切断电源的自动化安全装置。TT 系统主要用于低压共用用户，即用于未装备配电变压器，从外面引进低压电源的小型用户。

一般情况下不能采用 TT 系统，只有在采用其他防止间接接触电击的措施确有困难且土壤电阻率较低的情况下，才可考虑采用 TT 系统。采用 TT 系统还必须同时采用快速切除接地故障的自动保护装置或采取其他防止电击的措施，并保证中性线没有电击的危险。

3）TN 系统。电源端有一点直接接地，电气装置的外露可导电部分通过中性线或保护中性线连接到此接地点。当电气设备发生单相碰壳时，故障电流经设备的金属外壳形成相线对保护线的单相短路，这将产生较大的短路电流，令线路上的保护装置立即动作，将故障迅速切除，从而保证人身安全和设备或线路的正常运行。

（3）双重绝缘、安全电压与漏电保护等防触电措施

双重绝缘、安全电压和漏电保护属于既能防止直接接触电击，也能防止间接接触电击的安全措施，统称为兼防直接接触和间接接触电击的措施。

1）双重绝缘。

① 双重绝缘结构。双重绝缘指工作绝缘（基本绝缘）和保护绝缘（附加绝缘）。前者是带电体与不可触及的导体之间的绝缘，是保证设备正常工作和防止电击的基本绝缘；后者是不可触及的导体与可触及的导体之间的绝缘，是当工作绝缘损坏后用于防止电击的绝缘。加强绝缘是具有与上述双重绝缘相同绝缘水平的单一绝缘。

② 双重绝缘设备的使用。应定期测量双重绝缘设备可触及部位与工作时带电部位之间的绝缘电阻是否符合要求；使用前，应检查双重绝缘设备及其电源线是否完好；凡属双重绝缘的设备，不得再进行接地或接零。

2）安全电压。安全电压是在一定条件下、一定时间内不危及生命安全的电压。根据欧姆定

律，可以把加在人身上的电压限制在某一范围之内，使得在这种电压下，通过人体的电流不超过允许的范围。这一电压就叫作安全电压，也叫作安全特低电压。具有安全电压的设备属于Ⅲ类设备。

安全电压限值是在任何情况下，任意两导体之间都不得超过的电压值。我国标准规定工频安全电压有效值的限值为50V。这一限值是根据人体电流30mA和人体电阻1700Ω的条件确定的。

对于电动儿童玩具及类似电器，当接触时间超过1s时，建议干燥环境中工频安全电压有效值的限值取33V、直流安全电压的限值取70V；潮湿环境中工频安全电压有效值的限值取16V、直流安全电压的限值取35V。

3）漏电保护。漏电保护装置主要用于防止间接接触电击和直接接触电击。漏电保护装置也可用于防止漏电火灾，以及用于监测一相接地故障。

漏电保护装置种类很多。按照动作原理，分为电压型和电流型两类；按照有无电子元器件，分为电子式和电磁式两类；按照极数，分为二极、三极和四极漏电保护器等。

电压型漏电保护装置以设备上的故障电压为动作信号，电流型漏电保护装置以漏电电流或触电电流为动作信号。动作信号经处理后带动执行元件动作，促使线路迅速分断。

5. 电工安全操作规程

为了保证人身和设备安全，国家按照安全技术要求颁布了一系列的规定和规程。这些规定和规程主要包括电器装置安装规程、电气装置检修规程和安全操作规程等，统称为安全技术规程。由于各种规程内容较多，专业性较强，不能全部叙述，下面主要介绍电工安全操作规程的内容。

1）工作前必须检查工具、测量仪表和防护用具是否完好。

2）任何电器设备内部未经验明无电时，一律视为有电，不准用手触及。

3）不准在运转中拆卸、修理电气设备。必须在停车、切断电源、取下熔断器、挂上"禁止合闸，有人工作"的警示牌，并验明无电后，才可进行工作。

4）在总配电盘及母线上工作时，在验明无电后，应挂临时接地线。装拆接地线必须由值班电工进行。

5）工作临时中断后或每班开始工作前，必须重新检查电源是否确已断开，并要验明无电。

6）每次维修结束后，必须清点所带的工具、零件等，以防遗留在电气设备中而造成事故。

7）当由专门检修人员修理电气设备时，值班电工必须进行登记，完工后做好交代，经过共同检查后，才可送电。

8）必须在低压电气设备上带电进行工作时，要经过领导批准，并要有专人监护。工作时要戴工作帽、穿长袖衣服、戴工作手套、使用绝缘工具，并站在绝缘物上进行操作，邻相带电部分和接地金属部分应用绝缘板隔开。

9）严禁带负载操作动力配电箱中的刀开关。

10）带电装卸熔断器时，要戴防护眼镜和绝缘手套。必要时要使用绝缘夹钳，站在绝缘垫上操作。严禁使用锉刀、钢尺等进行工作。

11）熔断器的容量要与设备和线路的安装容量相适应。

12）电气设备的金属外壳必须接地（符合GB 14050—2008的要求），接地线必须符合标准，不准断开带电设备的外壳接地线。

13）拆卸电气设备或线路后，要立即用绝缘胶布包扎好可能继续供电的线头。

14）安装灯头时，开关必须接在相线上，灯头座螺纹必须接在中性线上。

15）对临时安装使用的电气设备，必须将金属外壳接地（符合 GB 14050—2008 的要求）。严禁把电动工具的外壳接地线和工作零线拧在一起插入插座，必须使用两线带地或三线带地的插座，或者将外壳接地线单独接到接地干线上。

16）动力配电盘、配电箱、开关、变压器等电气设备附近，不允许堆放各种易燃、易爆、潮湿和影响操作的物件。

17）使用梯子时，梯子与地面的角度以 60°左右为宜。在水泥地面使用梯子时，要有防滑措施。对没有搭钩的梯子，在工作中要有人扶持。使用人字梯时，其拉绳必须牢固。

18）使用喷灯时，油量不要超过容器容积的 3/4，打气要适当，不得使用漏油、漏气的喷灯。不准在易燃、易爆物品附近点燃喷灯。

19）使用Ⅰ类电动工具时，要戴绝缘手套，并站在绝缘垫上工作。最好加设漏电保护器或安全隔离变压器。

20）电气设备发生火灾时，要立即切断电源，并使用 1121 灭火器或二氧化碳灭火器灭火，严禁使用水或泡沫灭火器。

6. 电工岗位责任制

岗位责任制是指规定各种工作岗位的职能及其责任，并予以严格执行的管理制度。它要求明确各种岗位的工作内容、数量和质量、应承担的责任等，以保证各项业务活动有序进行。电工岗位责任制在不同性质的单位内，侧重点有所不同，大体包含以下内容。

1）对所管辖范围内的电路要了如指掌，一旦发生故障能及时排除。

2）工作时要注意安全，尽量断电作业。在检修大型设备时必须断电操作，并有专人协助。

3）认真执行电气设备养护、维修分工责任制的规定，使分工范围内的电气线路、设备、设施始终处于良好养护状况，保证不带故障运行。

4）对检查中发现的问题要及时解决，当天处理，并做好维修记录。

5）负责提出本单位电工材料备货计划，并落实本单位安全用电和节约用电措施实施情况，严格遵守电工操作规程，禁止违章作业。

6）负责所有电气设备的安全运行、保养维修、更换和安装等工作。

5.1.2 触电事故断电操作方法

一旦发生触电事故，抢救者必须保持冷静，千万不能惊慌失措，首先应尽快使触电者脱离电源，脱离电源最有效的措施是断开电源开关、拔掉电源插头或熔断器，如果不能第一时间断开电路，可用干燥的绝缘物拨开或隔开触电者身上的电线，再进行现场急救。

5-1-3
触电事故断电
操作方法

1. 触电事故断电操作要遵循的原则

1）使触电者迅速脱离电源是极其重要的一环，触电时间越长，对触电者的危害就越大，因此使触电者脱离电源的办法应根据具体情况，以快速为原则选择采用。

2）触电者未脱离电源前是带电体，断电操作人员不可直接用手或其他金属及潮湿的物体作为断电工具，必须使用适当的绝缘工具。断电时要单手操作，防止自身触电。

2. 对于低压触电事故采取的断电措施

低压触电一般是在人体直接触及带电体时发生的，这时有电流流过人体，接触部位的皮肤被电流烧穿，形成更为良好的接触，因而接触电阻减小，电流增大。此时，触电者很难自行摆脱电源，这种触电现象通常叫作"粘住"。基于低压触电的特点，低压触电事故常采取如下断电措施。

1）如果触电地点附近有电源开关（断路器或刀开关）或插座，可立即断开开关或拔出插头来切断电源，如图 5-1-4a 所示。

2）如果找不到电源开关（断路器或刀开关）或距离太远，可用有绝缘套的钳子或用带木柄的斧子切断电源线，如图 5-1-4b 所示。

3）当无法切断电源线时，可用干燥的衣服、手套、绳索、木板等绝缘物，拉开触电者，使其脱离电源，如图 5-1-4c 所示。

4）当电线搭在触电者身上或被压在身下时，可用干燥的木棒等绝缘物作为工具挑开电源线，使触电者脱离电源，如图 5-1-4d 所示。

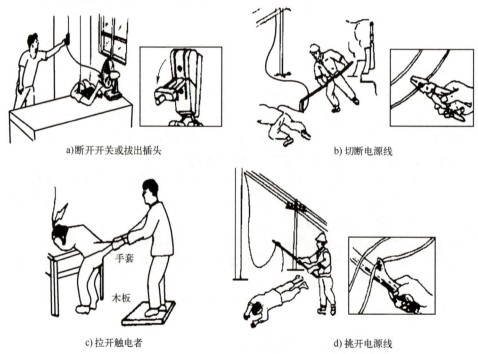

图 5-1-4 对于低压触电事故采取的断电措施

3. 对于高压触电事故采取的断电措施

高压触电往往属于电弧放电，电压越高这种现象越明显。由于电压较高，在带电体周围空间所形成的电场范围较大，电场强度较强。当人体向带电体移动时，尚未触及带电体之前，达到一定的空间间隙时，高压电就开始对人体进行空间放电，形成电弧烧伤人体。在此种情况下，人体自然摆脱电源的可能性较大，这种触电现象通常叫作"弹开"。因此相对来说，高压触电时烧伤者较多，低压触电时死亡者较多。发生高压触电时，电流经弧光流过人体时的伤害更为严重。基于高压触电特点，对于高压触电事故常采取如下断电措施。

1）如果触电事故发生在高压设备上，应立即通知供电部门停电。

2）戴上绝缘手套，穿上绝缘鞋，并用相应电压等级的绝缘工具关上开关。

3）若不能迅速切断电源开关，可采用抛挂截面足够大、长度适当的金属裸线的短路方法，使电源开关跳闸。抛挂前，将短路线一端固定在铁塔或接地引线上，另一端系重物，在抛掷短路线时，应注意防止电弧伤人或断线危及其他人员安全。

[知识拓展] 国家电网组织总体架构与各层功能定位

国家电网是关系国民经济命脉和国家能源安全的特大型国有重点骨干企业。公司以投资建设运营电网为核心业务，承担着保障安全、经济、清洁、可持续电力供应的基本使命。它的组织整体设计如下：

1. 组织总体架构

国家电网有限公司由总部、分部、省公司、直属单位等组成。它是按照"两级法人，三（四）级管理"的总体架构，实施人力资源、财务和物力三大核心资源的集约化管理，优化大规划、大建设、大运行、大检修和大营销五大业务模式，构建集团运作、协同高效、管控有力的运营机制，以达成管理集中高效、资源集约共享、业务集成贯通、组织机构扁平、工作流程顺畅、制度标准统一、综合保障有力的现代电网企业。

2. 各层功能定位

（1）总部　总部作为战略决策、资源配置、管理调控中心，负责全局性重大决策和管控，集约开展人财物等核心资源的优化配置，统筹推进"五大"体系及相关机制建设。总部和分部实施一体化运作。

（2）省公司　各级省公司负责贯彻落实总部决策部署，围绕国家电网有限公司总体战略，加强业务管控，突出主营业务，统筹省内人、财、物资源，组织做好电网发展、建设、运行、检修、营销、安全等各项工作。

（3）地（市）公司　各地（市）公司负责地（市）内规划、计划编制，建设项目组织实施，地（市）县调控业务一体化运作，所辖设备的运维一体化、检修专业化，以及营销服务等，加强地（市）、县公司协同化运作，将县公司管理职能向地（市）公司集中，将地（市）、县公司业务进一步集约融合。

（4）县公司　县公司定位为地（市）公司的分公司，承担县域内电网建设、运行、检修、营销的执行工作，负责电网规划、建设业务的属地协调。全资子公司模式的县公司要逐步调整为分公司模式。乡镇供电所作为县公司的派出机构，负责一个或几个乡镇的营销服务、0.4kV 电网运维检修，以及电网安保、建设协调等属地工作。县公司可设立乡镇供电所管理部，负责乡镇供电所的综合管理。乡镇供电所的运检、营销业务接受县公司运检部、营销部的专业管理。

[练习与思考]

一、填空题

1．人体触电分为_____和_____两类。

2. 对人体安全的电压为_____，当通过人体的电流接近 30mA 时就会有生命危险。据此可以推断，人体是_____（填"导体"或"绝缘体"）。

3. 触电事故中，绝大部分是_____导致人身伤亡。

二、判断题（正确的打√，错误的打×）

1. 电伤伤害是造成触电死亡的主要原因，是最严重的触电事故。（   ）
2. 检查、维修家用电器时，应先将电源断开。（   ）
3. 为了防止触电，可采用绝缘、防护、隔离等技术措施以保障安全。（   ）
4. 如果发生触电事故，应立即切断电源，然后施救。（   ）
5. 发现有人触电时，立即用手把触电者拉开。（   ）
6. 电流从带电体流经人体到大地形成回路，这种触电叫作单相触电。（   ）

三、问答题

1. 试简述安全用电应注意哪些事项？（5条即可）
2. 一只小鸟落在 110kV 的高压输电线上，虽然通电的高压线是裸露的电线，但小鸟两脚站在同一根高压线上仍安然无恙，为什么？
3. 高压触电断电措施分别是什么？

四、电工技能大赛

家用电路中插座的安装有哪些安全要求和规定？

任务 2　触电急救与电气火灾处理

[任务导入]

触电事故的特点是多发性、突发性、季节性、高死亡率并具有行业特征，令人猝不及防。如果延误急救时机，死亡率很高，防范得当可最大限度地减少事故的发生率。即使发生了触电事故，若能及时采取正确的救护措施，死亡率也可大大降低。当周围有触电者时应该如何进行急救？当周围有电气火灾发生时，应该如何进行应急处理？完成任务 2 的学习后这些问题将得到很好的解答。

[学习目标]

1. 了解触电者的现场特征及伤情的诊断处理。
2. 学会人工呼吸和胸外心脏按压的操作手法。
3. 熟练掌握触电急救的现场心肺复苏抢救方法。
4. 了解电气火灾产生的原因。
5. 熟悉电气火灾的预防措施。
6. 掌握电气火灾的消防操作。

项目 5　安全用电技术

[工作任务]

现场模拟心肺复苏法救人，现场模拟消防灭火。

[任务实施]

1) 触电急救：假设某处有一个触电者，首先对触电者进行伤情诊断处理，然后根据触电者情况对其进行心肺复苏训练，最后对其进行观察处理。

2) 电气火灾处理：假设某处发生电气火警，让学生及时报警，然后根据火灾情况正确选择灭火器材，在指导教师和学校保卫部门的指导下进行模拟灭火演习，最后让学生检查教室、宿舍和实验室的电路和电器是否存在火灾隐患，并提出预防措施。

[总结与提升]

触电急救的基本原则是动作迅速、方法正确。当通过人体的电流较小时，仅产生麻感，对人体影响不大。当通过人体的电流增大，但小于摆脱电流时，虽可能受到强烈打击，但尚能自己摆脱电源，伤害可能不严重。当通过人体的电流进一步增大，接近或达到致命电流时，触电者会出现精神麻痹、呼吸中断、心脏跳动停止等症状，外表呈现昏迷不醒的状态，这时应该迅速进行抢救。

据统计，由于电气原因引发的火灾占所有类型火灾的 40%左右，且近年来一直呈上升趋势，故电气火灾的防范不容忽视。

[知识链接]

5.2　触电急救与电气火灾

大学生要不怕困难、攻坚克难，勇于到条件艰苦的基层、国家建设的一线、项目攻关的前沿，经受锻炼，增长才干。

5.2.1　触电急救

1. 伤情诊断处理

5-2-1
触电急救

在触电者脱离电源后，应根据其受电流伤害的程度，采取不同的抢救措施。若触电者只是昏迷，可将其放在空气流通的地方平卧，松开身上的紧身衣服，摩擦全身，使之发热，以利血液循环。若触电者发生痉挛，呼吸微弱或停止，应对其进行人工呼吸。当心跳停止或不规则跳动时，应立即采取胸外心脏按压法进行抢救。若触电者呼吸停止或心脏停止跳动，决不可放弃抢救，应立即对其进行心肺复苏抢救，即交替进行人工呼吸和胸外心脏按压。

2. 现场抢救方法

（1）人工呼吸　人工呼吸的目的是用人工的方法来代替肺的呼吸活动，人工呼吸的方法很多，其中口对口吹气的人工呼吸法最为简便有效，也易学会和传授，具体做法如下。

1）把触电者移到空气流通的地方，最好放在平直的木板上，使其仰卧，头部尽量后仰。先把头侧向一边，掰开嘴，清除口腔中的杂物、假牙等。如果舌根下陷应将其拉出，使呼吸道畅通。同时解开衣领，松开上身的紧身衣服，使胸部可以自由扩张，如图5-2-1a所示。

2）抢救者位于触电者的一侧，用一只手捏紧触电者的鼻孔，另一只手掰开口腔，深呼吸后，口对口紧贴触电者的嘴唇吹气，使其胸部膨胀，如图5-2-1b所示。

3）松开触电者的口鼻，使其胸部自然恢复，让其自动呼气约3s，如图5-2-1c所示。

按照上述步骤反复循环进行，4～5s吹气一次，每分钟约12次。如果触电者张口有困难，可用口对准其鼻孔吹气，其效果与上面方法相近。

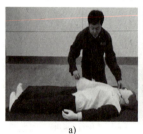 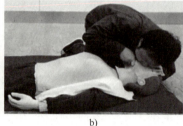 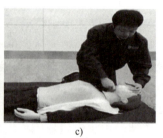

a)　　　　　　　　　　　　b)　　　　　　　　　　　　c)

图5-2-1　口对口人工呼吸法

（2）胸外心脏按压

1）首先将触电者仰卧在硬板或地面上，颈部枕软物使其头部稍后仰，松开衣服和裤带，急救者跪跨在触电者腰部。

2）抢救者将手掌按在触电者胸骨正中线中下1/3处，双手重叠并十指交叉，双臂绷直。

3）掌根用力下压3～4cm，然后突然放松。挤压与放松的动作要有节奏，每分钟100次左右，必须坚持连续进行，不可中断，直到触电者苏醒为止。

（3）抢救中的观察与处理　经过一段时间的抢救后，若触电者面色好转、口唇潮红、瞳孔缩小、心跳和呼吸恢复正常，四肢可以活动，这时可暂停数秒进行观察。如果还不能维持正常的心跳和呼吸，必须在现场继续进行抢救，尽量不要搬动，如果必须搬动，抢救工作决不能中断，直到医务人员到来接替抢救。

总之，触电事故带来的危害很大，要以预防为主，防止事故的发生；宣传安全用电知识、触电现场急救的知识，不仅能防患于未然，一旦发生触电事故，也能进行正确及时的抢救，以挽救生命。

5.2.2　电气火灾

1. 引起电气火灾的主要原因

（1）电路短路　发生短路时，电路中的电流增加为正常时的几倍甚至几十倍，而产生的热量又和电流的二次方成正比，使得温度急剧上升，大大超过允许范围。如果温度达到自燃物的自燃点或可燃物的燃点时，即会引起燃烧，

5-2-2
电气火灾

发生火灾，如图 5-2-2a 所示。容易发生短路的情况有以下几种。

1）电气设备的绝缘层老化变质、机械损伤，在高温、潮湿或腐蚀的作用下使绝缘层破损。

2）因雷击等过电压的作用，使绝缘击穿。

3）安装和检修工作中产生的接线和操作错误。

（2）过载　电气设备过载使导线中的电流超过导线允许通过的最大电流，而保护装置不能发挥作用，引起导线过热，烧坏绝缘层，即会引起火灾，如图 5-2-2b 所示。过载原因有以下几种情况。

1）设计选用的线路或设备不合理，导致在额定负载下出现过热现象。

2）使用不合理，如超载运行、连续使用时间过长，造成过热。

3）设备带故障运行，如三相电动机断相运行、三相变压器不对称运行，均可造成过载。

（3）接触不良　导线连接处接触不良，电流通过接触点时打火，引起火灾，如图 5-2-2c 所示。接触不良的原因如下。

1）接头连接不牢、焊接不良或接头处混有杂物，都会增加接触电阻而导致接头打火。

2）可拆卸的接头连接不紧密或由于振动而松动，会增加接触电阻而导致接头打火。

3）开关、接触器等活动触点，在没有足够压力或接触面粗糙不平时，都会导致打火。

4）对于铜铝接头，由于铜和铝性质不同，接头处易受电解作用而腐蚀，从而导致打火。

（4）用电时间过长　长时间使用发热电器，用后忘关电源，引燃周围物品而造成火灾，如图 5-2-2d 所示。

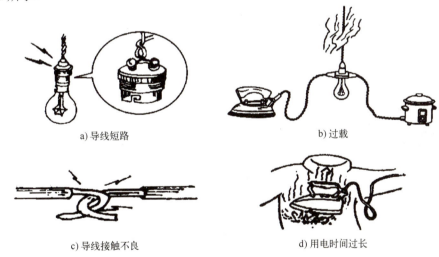

a) 导线短路　　　　b) 过载

c) 导线接触不良　　d) 用电时间过长

图 5-2-2　引起电气火灾的主要原因

2. 电气消防知识

发生电气火警时，应采取以下措施。

1）发现电子装置、电气设备、电线电缆等冒烟起火时，应尽快切断电源。

2）使用沙土或专用灭火器进行灭火。

3）灭火时应避免身体或灭火工具触及导线或电气设备。

4）若不能及时灭火，应立即拨打 119 报警。

消防常用灭火器的用途和使用方法，见表 5-2-1。

表 5-2-1　消防常用灭火器的用途和使用方法

种类	二氧化碳灭火器	干粉灭火器	水基型灭火器	泡沫灭火器
灭火器外形				
用途	适宜扑灭精密仪器、电子设备以及 600V 以下电器的初起火灾	适宜扑灭油类、可燃气体、电气设备等的初起火灾	适宜扑灭固体或非水溶性液体的初起火灾	适宜扑灭油类及一般物质的初起火灾
使用方法	站在上风侧，先拔去保险销，一只手握住喷筒前端，另一只手压下压把开关，将喷嘴对准火源根部喷射	将灭火器上下颠倒几次，站在上风侧，先打开保险销，一只手握住喷管前端对准火源根部，另一只手压下压把开关即可	站在上风侧，先拔去保险销，一只手握住喷管的前端，另一只手压下压把开关，将喷嘴对准火源根部喷射	摇晃均匀，站在上风侧，先打开保险销，一只手握住喷管前端对准火源根部，另一只手压下压把开关即可

3. 电气火灾的预防措施

1）选择合适的导线和电器。当电气设备增多、电功率过大时，及时更换原有电路中不合要求的导线及相关设备。

2）选择合适的保护装置。合适的保护装置能预防电路发生过载或用电设备发生过热等情况。

3）选择绝缘性能好的导线。对于热能电器，应选用石棉织物护套线绝缘。

4）避免接头打火和短路。电路中的连接处应牢固，接触良好，防止短路。

[知识拓展] 两个替代与全球能源观

世界能源发展面临何种形势？未来又将何去何从？全球能源互联网战略构想为我们提供了一个答案——实施"两个替代"、树立全球能源观是世界能源发展的大趋势，也是新一轮能源革命的重要特征。下面将介绍什么是"两个替代"，为什么要实施"两个替代"，如何树立全球能源观。

"两个替代"包括清洁替代和电能替代。

1. 清洁替代

清洁替代，是在能源开发上以清洁能源替代化石能源，走上绿色发展道路，逐步实现从化石能源为主、清洁能源为辅向清洁能源为主、化石能源为辅的转变。实施清洁能源的优势可以分为以下几个方面。

1）保障能源供应。全球清洁能源资源丰富，实施清洁替代，能够从源头上有效化解化石能源资源紧缺矛盾，保障人类日益增长的能源需求。清洁能源已成为增长最快的能源品种，将逐步成为世界主导能源。2000—2013 年，全球风电、太阳能发电装机容量年均增长率分别达到 24.8%、43.7%，非水可再生能源发电量占比已从 1.8%提高至 4.8%。如果全球风电、太阳能发电保持年均 12.4%的增长率，到 2050 年清洁能源将能够满足世界能源需求总量的 80%，形成以清洁能源为主的能源发展新格局，从根本上解决人类面临的各种能源问题。未来能源结构将明显呈现清洁化特征。

2）保护生态环境。实施清洁替代，可减少碳排放，缓解化石能源开发利用引发的全球气候变化，实现人类社会可持续发展。实施清洁替代，可以解决化石能源开发利用导致的大气、土壤、水质等环境污染问题。在现有技术和经济条件下，每度风电或光伏发电替代煤电可以减排二氧化硫 2.2g，减排氮氧化物 2.0g，减排粉尘 0.38g。

3）推动经济发展。清洁能源作为战略性新兴产业，投资拉动效应明显，发展空间广阔。发展清洁能源产业是各国增强经济发展动力、创造新的经济增长点的共同选择。发展清洁能源具有重大战略意义。近年来，随着能源资源约束的不断加大和环境问题的日益突出，应对全球气候变化成为国际共识，世界上许多国家都将发展清洁能源作为本国能源发展的战略目标。

实施清洁替代还需要解决的一些关键问题：

1）关键技术。实施清洁替代需要在清洁能源高效转换、大范围配置、并网消纳，以及极端条件下风电和太阳能发电等技术的研究方面取得重大突破。

2）经济性问题。虽然目前清洁能源发电成本较高，但随着清洁能源发电技术的不断突破和日益走向成熟，其开发成本将逐渐降低。当清洁能源发电技术自身成本和传统化石能源发电成本相当时，意味着清洁能源可以实现平价上网，具有了市场竞争力。

3）安全性问题。实施清洁替代要着力解决清洁能源大规模接入的电网安全问题和分布式电源接入配电网的安全问题等。

4）发展机制。实施清洁替代要建立科学可行的发展机制，如清洁能源技术创新机制、完全成本核算机制、市场培育机制等。

2. 电能替代

电能替代，是指在能源消费上以电能替代煤炭、石油、天然气等化石能源的直接消费，提高电能在终端能源消费中的比重。电能能源的优势可以分为以下几个方面。

1）提高能源效率。电能是清洁、高效、便捷的二次能源，终端利用效率高，使用过程清洁、零排放。随着清洁能源发电比例的提高，清洁能源发电将逐步取代化石能源发电，大部分一次能源将转化为二次能源使用，大幅降低能源转化损失，电能清洁高效的特点将会进一步凸显。

2）促进清洁发展。清洁能源大多需要转化为电能的形式才能被高效利用，实施电能替代是清洁能源发展的必然要求，是实施清洁替代的必然结果，也是构建以电为中心的新型能源体系的需要。随着新一轮能源技术革命的推进，清洁能源将得到更大规模利用，更多的一次能源将转化为电能，输送到负荷中心，为电动交通、电锅炉、电采暖、电炊具的大规模应用提供充足的清洁电力供应，有效地替代石油、煤炭等化石能源消费。

3）提高电气化水平。电气化是现代社会的重要标志。实施电能替代是提升电气化水平的重要内容。衡量电气化水平通常有两个指标：一是发电用能占一次能源消费的比重，二是电能占终端能源消费的比重。以目前清洁能源发展的速度，预计到 2050 年，全球电能占终端能源消费的比重有望超过 50%。

实施电能替代将全方位调整能源消费格局，重点任务是推进"以电代煤、以电代油、电从远方来、来的是清洁电"的电能替代战略。

1）"以电代煤"是指在能源消费终端用电能替代直接燃烧的煤炭，显著减轻环境污染。实施以电代煤有利于改善民生，例如湘瑞重工通过"以电代煤"改造，实现年替代电量 1100 万 kW·h，年节能 2125t 标准煤，可减少排放二氧化碳 5102t、二氧化硫 156t、氮氧化物 84t、碳粉尘

1409t，同时每吨原材料和使用冲天炉相比至少节约 20~50kg，其材料利用率可达 95%，大大降低企业成本，实现生产全电气化、无污染化。

2）"以电代油"主要是指在电动汽车、轨道交通、港口岸电等领域用电能替代燃油，一方面可以减少燃油带来的污染，另一方面可以减少对石油的依赖。通过电动汽车、电气化铁路、港口岸电替代等以电代油技术，在节能的基础上寻找石油的替代能源，已经成为世界交通运输业能源使用的共同方向。

3）"电从远方来"。能源资源与负荷中心逆向分布决定了"电从远方来"的基本格局。由于我国西部和北部大型能源基地的电力在本地消纳空间有限，因此电力开发以外送为主。将西部和北部地区的煤电和水电、风电、太阳能发电等清洁能源打捆外送至东中部地区，不仅可以保障东中部的电力供应，实现全国能源资源的优化配置，而且可以避免远距离输煤到负荷中心带来的煤电运紧张、环境污染等一系列问题。

4）"来的是清洁电"。站在全球能源可持续发展的角度，必须做到来电清洁，这是应对全球气候变化的基本要求。大规模发展清洁能源必然会带来清洁电力远距离输送和消纳规模的大幅增加，使清洁电力输送成为未来能源运输的主要形式。"来的是清洁电"还将是一个循序渐进的过程。

3. 全球能源观

推动世界能源可持续发展，必须正确认识和把握能源发展的内在规律，树立全球能源观，以全球性、历史性、差异性、开放性的立场研究和解决全球能源问题，推动构建全球能源互联网。

1）总体目标是可持续发展。全球能源观的首要任务是转变过度依赖化石能源的发展方式，消除大量碳排放对人类生存的长期威胁，保障人类社会可持续发展。清洁能源取之不尽，零排放、无污染，在全球范围开发清洁能源、提高电能在终端能源消费中的比重，既可以减缓化石能源日益枯竭带来的能源供应安全压力，保障能源的可持续供应，也可以减少化石能源在终端的直接利用，降低二氧化碳和污染物排放，保障生态环境的可持续发展。

2）战略方向是"两个替代"。能源开发从高碳向低碳发展的规律性，决定了以清洁能源为主导的能源生产趋势，这是全球范围开发清洁能源、推进清洁替代的理论基础。清洁替代从能源开发的源头实现能源的清洁低碳供应，清洁替代的程度越高，清洁能源的开发规模越大，需要开发的范围越广阔。能源利用从低效向高效发展的规律性，决定了以电为中心的终端能源消费趋势，这是实施电能替代、提高能源利用效率的理论基础。能源配置从局部平衡向大范围互联发展的规律性，决定了以电网为平台的能源输送趋势，这是实施"两个替代"的重要基础。

3）基本原则是统筹协调。能源问题具有全局性，涉及经济社会发展的方方面面，这要求把能源发展与全球政治、经济、社会、环境统筹考虑、协调推进，要通过技术创新、政策引导等措施减少经济社会发展对化石能源的依赖，提高清洁能源比重，在清洁能源充足供应的基础上，形成政治和谐、经济合作、环境优美、社会共赢的世界发展新局面。同时，能源发展方式与资源禀赋紧密相关，这要求在能源开发上，充分考虑世界能源资源，特别是清洁能源资源的禀赋特征，高效、统筹发展各种集中式和分布式能源，全方位保障能源供给。

4）发展趋势是清洁化、电气化、网络化和智能化。在能源开发环节，以清洁能源替代传统化石能源，实现能源开发清洁化；在能源消费环节，以电为中心，用电能替代其他终端能源，作为能源利用的主要形式，实现能源消费电气化；在能源配置环节，形成覆盖全球、广泛互联的电力网络，实现能源配置网络化；加快能源电力技术创新，广泛应用信息通信、互联网等先进技术，使清洁能源发电及并网、电网运行、用电更加安全智能，实现能源系统智能化。

5）战略重点是构建全球能源互联网。电力是清洁能源最主要的开发利用形式，全球开发利用清洁能源，需要构建全球能源互联网，把清洁能源开发和利用环节紧密连接，使全球范围开发的清洁能源通过能源互联网在全球范围配置，把清洁电力输送到世界各地。全球能源互联网是以互联网理念构建的能源、市场、信息和服务高度融合的新型能源体系架构，具有平等、互动、开放、共享等互联网典型特征。

[练习与思考]

一、单选题

1. 照明灯具火灾危险性最大的是（　　）。
   A. 碘钨灯　　　B. 荧光灯　　　C. 白炽灯　　　D. 节能灯
2. 下列哪种情况不会产生电火花。（　　）
   A. 电气开关开启或关闭时　　　B. 电路短路
   C. 使用防爆手电筒　　　　　　D. 电器设备漏电
3. 电气线路引起火灾的主要原因不包括（　　）。
   A. 短路　　　B. 过载　　　C. 接触不良　　　D. 断路

二、判断题（正确的打√，错误的打×）

1. 使用电加热设备时必须有人在场，离开时切断电源。（　　）
2. 易产生静电的易燃易爆化学物品生产设备与装置，必须按规定设置静电导除设施，并定期进行检查。（　　）
3. 配电箱内所用的熔丝越粗越好。（　　）
4. 增加空气的相对湿度和密度，可以减少静电电荷的积累。（　　）
5. 高、中倍泡沫灭火系统适用于扑救未封闭的带电设备火灾。（　　）
6. 发电机着火后，不得停机断电，可用直流水灭火。（　　）

三、问答题

1. 电气设备表面为什么涂灰漆？
2. 发生电气火灾，带电灭火时需要注意什么？

四、电工技能大赛

测量电动机、变压器的温升，为什么不宜使用水银温度计？

参 考 文 献

[1] 邱关源. 电路[M]. 6版. 北京：高等教育出版社，2022.
[2] 秦曾煌. 电工学：上册[M]. 7版. 北京：高等教育出版社，2009.
[3] 秦曾煌. 电工学：下册[M]. 7版. 北京：高等教育出版社，2009.
[4] 周长源. 电路理论基础[M]. 2版. 北京：高等教育出版社，1996.
[5] 王兆奇. 电工基础[M]. 3版. 北京：机械工业出版社，2015.
[6] 沈光玲. 电工基础[M]. 北京：中国电力出版社，2010.
[7] 周永闯. 电工电子技术[M]. 北京：电子工业出版社，2017.
[8] 俞大光. 电路及磁路：上册[M]. 北京：高等教育出版社，1986.
[9] 俞大光. 电路及磁路：下册[M]. 北京：高等教育出版社，1986.
[10] 瞿晓. 电工电子技术[M]. 3版. 北京：中国电力出版社，2021.
[11] 刘南平，艾艳锦，孟庆杰. 电路基础[M]. 北京：科学出版社，2006.
[12] 罗挺前. 电工与电子技术[M]. 2版. 北京：高等教育出版社，2008.